ENREDADOS

DRAKONTOS

Director:
JOSÉ MANUEL SÁNCHEZ RON

ENREDADOS

Qué es el alzhéimer
y qué podemos hacer para frenarlo

Michael Hornberger

Traducción castellana de
Tomás Fernández Aúz

CRÍTICA
BARCELONA

Primera edición: marzo de 2026

Enredados
Qué es el alzhéimer y qué podemos hacer para frenarlo
Michael Hornberger

Título original: *Tangled Up: The History and Science of Alzheimer's Disease*

Av. Diagonal, 662-664, 08034 Barcelona (España)
Crítica es un sello editorial de Editorial Planeta, S. A.

editorial@ed-critica.es
www.ed-critica.es

ISBN: 978-84-9199-858-7
Depósito legal: B. 24.537-2026

Printed in Spain - Impreso en España

PEFC Certificado
Este libro procede de bosques gestionados de forma sostenible
PEFC
PEFC/14-38-00305
www.pefc.es

Prólogo

En esta obra no se habla de la demencia, sino de la enfermedad de Alzheimer.

¿Y qué diferencia hay entonces entre ambas afecciones?

Son conceptos distintos: la demencia es una denominación de carácter general que designa todos los tipos de enajenación mental, y ocurre que la enfermedad de Alzheimer es la forma más común de esa clase de trastornos.

¿Y por qué resulta necesario un libro sobre el alzhéimer en vez de uno sobre la demencia?

Ya existen muchos textos sobre la demencia en el mercado. En cambio, y hasta donde yo sé, no puede encontrarse ninguno que exponga específicamente los datos científicos que subyacen al mal de Alzheimer.

¿Y qué relevancia tiene conocer esos hechos?

Si queremos comprender las causas subyacentes de la demencia, debemos examinar de manera muy concreta todas y cada una de las formas en que se presenta, ya que las diversas afecciones cognitivas obedecen a razones científicas muy diferentes. Hemos de entender el desarrollo cerebral de un particular tipo de demencia, los cambios que induce en el cerebro y de qué modo se traducen dichas transformaciones en los síntomas que observamos en esa clase de demencia. En esencia, tenemos que responder a esta pregunta: ¿cuáles son los fundamentos científicos que están en la base de los distintos tipos de demencia?

¿De qué trata este libro?

Este ensayo centra el foco en los hechos científicos (y la historia) de la enfermedad de Alzheimer. Para ser más exactos, lo que nos disponemos a hacer es analizar con detalle los vericuetos que determinan que las modificaciones que experimenta el cerebro den lugar a la sintomatología propia de la enfermedad, y cómo podrán plantar cara a esos cambios cerebrales los nuevos tratamientos que acertemos a idear en el futuro. También estudiaremos los factores de riesgo que aumentan la probabilidad de aparición de la enfermedad de Alzheimer y las fórmulas potencialmente capaces de reducirlos. Nuestro punto de partida será un viaje al pasado histórico, ya que eso nos permitirá averiguar cómo lograron Alois Alzheimer y Oskar Fischer «descubrir» esta dolencia.

¿A quién va destinado este texto?

A todo el mundo: insto a todas las personas que se interesen en los fundamentos médicos que explican la enfermedad de Alzheimer. Para comprender cuanto aquí se dice no es preciso ningún conocimiento científico previo, ya que me he esforzado al máximo en exponer de forma llana los conceptos biológicos y bioquímicos de todas las cuestiones importantes. Por consiguiente, si es usted lego en la materia pero le incentivan las informaciones científicas; si está afectado por la demencia; si tiene que cuidar —remuneradamente o no— a alguien que la sufre; si ha tenido o tiene experiencias personales vinculadas con la demencia y defiende activamente la mejora de las condiciones de vida de los enfermos para dar a conocer sus problemas cotidianos y generar cambios sociales positivos; si es un profesional sanitario, o incluso un facultativo clínico, esta obra le resultará muy útil. Hay que tener en cuenta, no obstante, pese a que el presente escrito resuelva cualquier duda relacionada con los hechos científicos que están en la base de la enfermedad de Alzheimer, que no voy a abordar en él los pormenores de la atención que precisan las personas con demencia —tema que ya cubren unas cuantas obras, todas excelentes y a disposición tanto de los cuidadores profanos como de los profesionales—. Por otra parte, si lo que le espolea es la curiosidad de conocer cómo es posible que los cambios cerebrales puedan producir la afección y los síntomas que lleva aparejados o si le interesa descubrir los medios potencialmente susceptibles de prevenir esas manifestaciones, desde luego el libro también le será de gran provecho.

Pero ¿por qué publicarlo ahora?

Llevo casi dos décadas dedicándome apasionadamente a la divulgación científica. El acicate que me llevó a concebir este ensayo fue la constatación de que, en el ancho mundo, la información científica capaz de proporcionar datos empíricos detallados y comprensibles sobre la enfermedad de Alzheimer era muy escasa. No solo no encontraba nada con esas características, sino que me veía forzado a elegir entre unas informaciones científicas de índole extremadamente genérica —como las que ofrecen los portales electrónicos, en los que pueden leerse frases del siguiente tenor: «[el alzhéimer] provoca en el cerebro cambios que afectan a la memoria»— y unas publicaciones específicas, repletas a rebosar de los acrónimos y los términos jergales propios de la ciencia, lo que impide que el profano entienda lo que se investiga en esos trabajos.

Creo que es factible llegar a un término medio entre estos dos extremos, lo que permitiría que el lector común y corriente adquiriera una comprensión más exacta de los hechos científicos que se hallan tras la aparición de la enfermedad de Alzheimer. Evidentemente, no soy la primera persona a la que se le ha ocurrido difundir esas nociones. La mayor parte de las instituciones y organizaciones benéficas que se dedican a ayudar a quienes padecen alguna forma de demencia ya proporcionan ese tipo de informaciones científicas divulgativas. Sin embargo, me fue imposible hallar un solo trabajo en el que se compendiaran todos los datos disponibles en un mismo volumen. En vista de la situación, decidí realizar un estudio propio, tomando como base las pruebas científicas más avanzadas —al menos en el momento de proceder a la redacción—. Esa idea —la de los últimos datos «en el momento de la redacción»— es un matiz relevante, dado que el progreso científico no se detiene, con lo que ciertos hallazgos podrían cambiar en breve.

No obstante, aún he de añadir otra advertencia: la de que esta obra no va dirigida al lector que desee obtener una rápida visión de conjunto sobre la demencia. A esas personas les recomendaría que consultaran los sitios web de las instituciones benéficas nacionales de apoyo a los dementes o que visiten las páginas de la Organización Internacional de la Enfermedad de Alzheimer (Alzheimer's Disease International: véanse los enlaces que figuran al final del libro). Este ensayo va dirigido a quienes desean una comprensión detallada de los datos científicos que explican la ocurrencia y el desarrollo del mal de Alzheimer. La recompensa de quien continúe leyendo será una profunda comprensión de la evolución cerebral de dicho padecimiento, de los mecanismos que generan sus síntomas característicos, de las vías terapéuticas que permiten tratarlo y, en último término, de las fórmulas potencialmente capaces de prevenirlo. También se entenderá el motivo de que haya puesto ese título a la obra.

Básicamente, quien persista en la lectura llegará a entender los fundamentos de la enfermedad y, a su vez, esto le ayudará a comprender cualquier clase de descubrimiento científico con el que pueda toparse en el futuro, al menos en este campo.

Con el fin de guiar al lector en el complejo terreno de la información científica relacionada con la enfermedad de Alzheimer, he estructurado el libro en cinco partes: I) Alois y Auguste (con una pizca de Oskar); II) Memoria y espacio; III) Amiloide y tau: dos macromoléculas clave; IV) Genética y estilo de vida; V) Formas infrecuentes de la enfermedad de Alzheimer.

1. Alois y Auguste (con una pizca de Oskar): la primera parte de la obra se zambullirá en la historia de la enfermedad de Alzheimer. Nos dará a conocer cómo se logró «descubrir» la

dolencia. Asistiremos al encuentro inicial entre el doctor Alois Alzheimer y la señora Auguste Deter —la «primera» persona a la que se le diagnosticó la enfermedad—. Es importante resaltar que también podremos seguir paso a paso, de la mano del propio Alzheimer, la pista de los hallazgos que llevaron a este psiquiatra a comprender que ciertos cambios, muy concretos, en la composición proteica del cerebro de la señora Auguste Deter eran la causa de los síntomas. Todos hemos oído hablar de una afección llamada «enfermedad de Alzheimer» pero son muchas las personas que ignoran quién era Alzheimer. Parece, por tanto, más que pertinente que el arranque de un texto dedicado a esa perturbación nos dé a conocer la figura del médico que le da nombre. Pero también presentaremos a otro facultativo, el doctor Oskar Fischer, que descubrió las modificaciones proteínicas del «alzhéimer» al mismo tiempo que su colega Alois. Por desgracia, la historia ha echado al olvido los trabajos de Fischer, pese a la importancia de su contribución, así que ya es hora de corregir esa negligencia.

2. Memoria y espacio: la segunda parte del texto examinará el funcionamiento de la memoria y centrará específicamente la atención en la forma en que opera la de carácter episódico. La razón de que dedique toda una parte del trabajo al estudio exclusivo de la memoria es que, pese a la intervención de otros cambios cognitivos en la génesis del alzhéimer, lo cierto es que la sintomatología asociada con la alteración de la memoria episódica es uno de los rasgos característicos de la enfermedad. En otras partes más adelantadas del libro, habiendo ya avanzado en la exposición de los hechos, nos ocuparemos de algunos de los signos cognitivos que aparecen en las formas menos frecuentes de la dolencia. No obstante, para comprender los síntomas distintivos de la enfermedad de Alzheimer, como ocurre al olvidar los acontecimientos o «vivir en el pasado», lo primero que debemos entender es el modo en que funciona de hecho el cerebro al activar la memoria. Estableceremos con claridad por qué el mal de Alzheimer incide úni-

camente en ciertas clases de recuerdos y por qué solo deben preocuparnos unas variaciones memorísticas y no otras. En la última parte del libro analizaremos otro de los síntomas relevantes: la desorientación espacial —que pese a presentarse en las fases tempranas del padecimiento no suele tenerse suficientemente en cuenta—. La desorientación espacial no solo es uno de los rasgos clave de la enfermedad de Alzheimer, también explica que el riesgo de quedar confundidas, o de llegar incluso a perderse, sea mayor en las personas que sufren esta patología. Según nuestra costumbre, también en este caso examinaremos cómo se materializa en el cerebro la orientación espacial y de qué modo afecta la dolencia a los procesos que la permiten.

3. Amiloide y tau: dos macromoléculas clave. En la tercera parte nos hallaremos ya en condiciones de profundizar en los aspectos biológicos de la enfermedad —es decir, en lo que se conoce como su fisiopatología—. El título de esta sección de la obra alude explícitamente al papel clave que desempeñan estas dos proteínas en el desarrollo de la enfermedad de Alzheimer. He de admitir la considerable complejidad de este largo apartado y por eso me atrevo a recomendar al lector que lea los capítulos poco a poco, ya que esa es la mejor manera de digerir bien toda la información que contienen —que desde luego es muy abundante—. Nuestro primer objeto de estudio será la proteína amiloide. Conoceremos tanto su estructura como su función habitual y solo después podremos penetrar con detalle en lo que sale mal en la enfermedad de Alzheimer. Acto seguido haremos lo mismo con la proteína tau, así que empezaremos por centrarnos en su funcionamiento normal para luego indicar lo que sucede al declararse la dolencia. Más tarde pasaremos a considerar cómo medir los niveles de amiloide y tau del cerebro, con la vista puesta en la futura posibilidad de un diagnóstico precoz de la afección. En los capítulos finales investigaremos los distintos enfoques terapéuticos que intentan corregir los problemas que generan las alteraciones funcionales de las

proteínas amiloide y tau —según viene haciéndose actualmente en los ensayos clínicos—. Por último, nos preguntaremos brevemente por qué han fracasado hasta la fecha la mayor parte de las evaluaciones experimentales destinadas a atajar la enfermedad y alcanzaremos a vislumbrar los destellos de esperanza que se perfilan en el período más reciente.

4. La cuarta parte de este ensayo abordará otra compleja y prolija cuestión: la de los factores ligados a la genética y el estilo de vida que determinan en qué medida corremos nosotros mismos el riesgo de contraer esta dolencia. Nos ocuparemos primero de la genética, ya que esa es muchas veces la gran preocupación de las personas que han tenido parientes aquejados de este mal. ¿Habré heredado yo de mis familiares los genes capaces de provocarme una futura afección de alzhéimer? La respuesta más rápida y tranquilizadora apunta a la improbabilidad de que la sola acción genética pueda desarrollar esta enfermedad. No obstante, nos preguntaremos si nuestros genes pueden influir en el riesgo de aparición de este trastorno. Con todo, hemos de tener en cuenta que la disciplina que explora la genética constituye un vasto universo en sí misma, así que, para explicar cómo inciden los aspectos genéticos en la enfermedad de Alzheimer, he añadido una sección (el capítulo 30: El abecé de la genética) para dar a conocer algunos de los conceptos científicos básicos del estudio de los genes. En la segunda mitad de esta parte del libro expondré tanto las opciones que tenemos al elegir nuestro particular estilo de vida como los factores medioambientales que influyen en el riesgo de desarrollar la enfermedad de Alzheimer. Para finalizar, estudiaremos la manera de modular los factores de riesgo medioambientales ligados al estilo de vida, lo que nos permitirá reducir los peligros que pudieran perfilarse en el futuro.
5. Cuando llegue usted a la quinta parte del libro, cabe esperar que su conocimiento de los hechos científicos subyacentes a la forma más habitual de la enfermedad de Alzheimer —la que cursa con esos característicos problemas de memoria y

desorientación— sea ya muy notable. No obstante, esta patología tiene algunas variantes poco comunes, en las que la sintomatología se aparta de la habitual, ya que las perturbaciones pueden afectar a la visión, al lenguaje o a las funciones motoras. Por desgracia, estas formas infrecuentes de la enfermedad, menos comprendidas, no siempre se identifican como tales. Por consiguiente, la última parte del ensayo pasará revista a todas y cada una de esas manifestaciones inhabituales —aunque, obviamente, la única dolencia de Alzheimer de la que no nos ocuparemos aquí será aquella con la que ya estamos familiarizados, dado que la habremos estudiado en la sección genética de la obra—. No obstante, la comprensión de estas formas raras es importante para entender que la enfermedad de Alzheimer puede presentar una gama muy distinta de matices sintomáticos y que sus efectos no se limitan a alterar la memoria y la orientación. Si nunca ha oído hablar de ninguna de esas variantes inusuales, espero que esta parte de mi trabajo amplíe sus horizontes y le permita saber que la enfermedad de Alzheimer se presenta en distintas formas y le dé a conocer los elementos que las caracterizan.

No hay inconveniente en leer independientemente las diferentes partes del libro. Sin embargo, para una comprensión más completa e integral de los fundamentos científicos que se hallan en la base de la enfermedad de Alzheimer, yo recomendaría recorrer los apartados del texto en el mismo orden en el que los he organizado. De hecho, resulta particularmente interesante entender cómo llegó a «descubrir» la dolencia el doctor Alzheimer y cómo se presenta la alteración sintomática de la memoria antes de internarse en los detalles proteínicos y genéticos, ya que esas secciones son las más complejas del texto.

Para finalizar, quisiera que el lector profano se animara a enviarme los comentarios y dudas que puedan surgirle en relación con cualquiera de los aspectos del libro. He dedicado mis mejores esfuerzos a lograr que los hechos científicos que explican los procesos fisiopatológicos que causan en último término la aparición del mal de Alzheimer resulten inteligibles para el lector corriente, pero siempre hay margen de mejora. Espero igualmente que mis colegas de profesión me disculpen por haber simplificado en exceso algunas de las secuencias fisiopatológicas de la dolencia. Como es obvio, la realidad científica es mucho más intrincada. En cualquier caso, en ese afán de sencillez he intentado con todas mis fuerzas no caer en el «simplismo» y transmitir, muy al contrario, los datos científicos que definen en esencia la enfermedad de Alzheimer. No obstante, que lo haya conseguido o no es una cuestión claramente debatible, así que acogeré encantado vuestros comentarios si deseáis hacerme llegar cualquier sugerencia relacionada con alguna forma de exponer mejor, o de manera más llana, algunos de los procesos fisiopatológicos que aquí nos incumben.

Sea como fuere, hora es ya de empezar con la historia y los hechos científicos asociados con la enfermedad de Alzheimer.

Primera parte

Alois y Auguste
(con una pizca de Oskar)

El 26 de noviembre de 1901 Alois Alzheimer cruzaba el umbral del hospital para enfermos mentales y epilépticos que se elevaba por entonces en las inmediaciones de la ciudad alemana de Fráncfort y, desde luego en esa fecha, llamada a revelarse crucial, el joven psiquiatra no sospechaba, ni de lejos, los acontecimientos que estaban a punto de desarrollarse. Ese día no solo iba a tener profundas repercusiones en los siguientes cinco años de la vida del doctor, también acabaría incidiendo, en el transcurso de unas cuantas décadas, en la existencia de millones de personas.

Alzheimer había pasado a formar parte de la plantilla del hospital en 1888, en calidad de médico auxiliar (o *Assistenzarzt*, en alemán). Había disfrutado plenamente del ejercicio de su profesión los trece años anteriores y contado además con el aprecio de sus colegas y del director del centro, el profesor Emil Sioli. De hecho, los factores que le habían hecho llegar al convencimiento de que le convenía trabajar en ese hospital habían sido justamente la personalidad de Sioli y las ideas que este defendía respecto de las características de esa nueva institución clínica. No se trataba únicamente de que las instalaciones respondiesen a los últimos avances de la época, también había pesado en su decisión el hecho de que el liderazgo de Sioli se basara en un claro compromiso con los más recientes métodos de cuidado y tratamiento de las enfermedades mentales, incluido el vital propósito de alcanzar una mejor comprensión científica de los cambios observables en la salud psíquica de los pacientes.

Tanto la determinación de desarrollar mejores sistemas de atención a las personas con problemas de salud mental como la vocación de conocer científicamente los factores desencadenantes de ese tipo de dolencias eran elementos que encajaban a la perfección con los planteamientos de Alzheimer, que ya llevaba tiempo persuadido de que la excelencia en la procura de cuidados médicos se hallaba íntimamente vinculada con la profunda comprensión de la raíz causal de las dificultades que encaraban sus pacientes. El nuevo hospital y la dirección de Sioli se hallaban en completa sintonía con la propuesta de este novedoso enfoque de terapia psicológica.

1

Las ideas del doctor Hoffmann

Durante largos siglos, ha sido habitual confinar a la gente con problemas mentales en unas instituciones conocidas coloquialmente con el mal nombre de «casas de locos». Ese había sido también su destino en Fráncfort, donde hubo una de esas «loquerías» entre comienzos del XVII y principios del XIX. Sin embargo, estos supuestos establecimientos eran en realidad simples prisiones encargadas de aislar del conjunto de la población a los individuos con afecciones psíquicas. El hecho de que su disposición interior se concretara en un determinado número de celdas, todas ellas inmundas, cerradas con llave y repletas de internos —en algunos casos encadenados a sus camas o a las paredes— no contribuía sino a acentuar el carácter carcelario de tales lugares. Por lo general, el personal encargado de atender este tipo de instituciones se limitaba a un supervisor y un guarda. Había asimismo un galeno que, distantemente instalado en su puesto de dirección, solo pasaba consulta en caso de «necesidad».

Si alguna vez quiere hacerse una idea del aspecto de estas instituciones y de lo que podía sentirse en ellas, yo le recomendaría que visitara —o buscara en internet— el Narrenturm (o «Torre de los Locos») de Viena. El Narrenturm es actualmente el «hospital psiquiátrico» más antiguo del mundo, ya que los anteriores no se conservan. En cualquier caso, el caserón tiene poco de hospital. La estructura del edificio habla con elocuente exactitud del propósito que pretendía cumplir: no consistía en tratar a la gente con problemas mentales, sino en confinarla. En nuestros días, el Narrenturm es un museo en el que se exhibe la colección clinicopatológica de la Universidad de Viena, pero un simple paseo por el inmueble, sumado a la inmersión en su particular atmósfera, nos proporcionará un horripilante vislumbre de las espantosas condiciones que se obligaba a padecer a las personas con afecciones psíquicas. Y en Fráncfort, situada a poco más de setecientos kilómetros de la capital austríaca, la situación no era distinta.

El carácter inhumano de las circunstancias reinantes en ese centro de Fráncfort para las personas con problemas mentales dejó conmocionado al doctor Heinrich Hoffmann. La impresión fue tal que, en 1851, al acceder al cargo de director de la «casa de orates» de la ciudad, decidió mejorar las cosas. Como Hoffmann no solo era un médico muy bien relacionado, sino autor asimismo de un libro infantil de enorme popularidad (*Der Struwwelpeter*,* que todavía sigue publicándose en alemán), gozaba de excelentes contactos en las más altas esferas de la sociedad francfortesa. Por consiguiente, Hoffmann decidió no aguardar a que la población de Fráncfort le proporcionara los fondos necesarios para erigir una institución nueva y «a la última» en la que atender a las personas aquejadas de algún tipo de enfermedad mental. Prefirió por tanto organizar una campaña recaudatoria con la que financiar la edificación prevista y para ello solicitó la ayuda económica que precisaba a las clases más pudientes de la sociedad local. La iniciativa fue un éxito rotundo, ya que la suma que reunió el doctor alcanzó para levantar un flamante sanatorio mental en Fráncfort.

Hoffmann no era hombre que hiciera las cosas a medias. Por ello, en lugar de ponerse inmediatamente manos a la obra y ordenar la construcción del nuevo hospital con las cantidades conseguidas, optó por recorrer Alemania y una selección de países europeos a fin de examinar *in situ* cómo estaban estructuradas y administra-

* Hay traducción castellana: *Pedro Melenas. Historias muy divertidas y estampas aún más graciosas*, José J. Olañeta Editor, Islas Baleares, 1987. (*N. del t.*)

das las demás instituciones psiquiátricas de vanguardia. Varios meses después regresaba a Fráncfort fortalecido por cuanto había visto en muchas de esas instituciones recién levantadas. Tenía una idea muy clara de lo que la urbe necesitaba para reemplazar su vieja «casa de enajenados». Armado con esta información, Hoffmann convenció al concejo municipal de Fráncfort de que era necesario construir una institución específicamente diseñada para las personas que padecieran problemas mentales o sufrieran de epilepsia. No obstante, la ciudad accedió a regañadientes, ya que sus autoridades «solo» tenían planeado sustituir sin más el edificio existente. Sin embargo, la eminente posición de Hoffmann en la sociedad francfortesa, unida a la importante cantidad recogida en la campaña de financiación, hizo que la vigilante atención del público se centrara en el sesgo de la decisión que pudiera tomar el ayuntamiento. De este modo, en vez de proceder a un simple cambio del antiguo «frenopático», situado en medio de la ciudad, la nueva institución para los enfermos mentales se levantó en lo alto de la colina de Affensteiner, justo a las afueras de la localidad, donde se vería rodeada de zonas verdes. El inmueble original no se ha conservado y en su lugar se alzan hoy los edificios de la Universidad de Fráncfort.

Hay quien piensa que la decisión de ubicar el nuevo hospital inmediatamente extramuros de la ciudad fue una iniciativa deliberada del consistorio, pues habría obedecido al deseo de situar a las personas con padecimientos psiquiátricos lo más lejos posible del día a día urbano. A Hoffmann le dio igual: de hecho, la situación del nuevo edificio bordeado de parques resultaba ideal. Una de las cosas que había aprendido en el transcurso de sus viajes era que los pacientes se recuperaban más fácilmente si podían disfrutar de un entorno natural, dado que eso les «calmaba los nervios». Por consiguiente, la posibilidad de disponer de un centro en el que los enfermos hallasen ocasión de pasear (con supervisión) por los jardines contribuiría a mejorar tanto la calidad de sus cuidados como la eficacia del tratamiento —una verdad que seguiría siendo cierta aun en el caso de que simplemente les fuera dado descansar en habitaciones asomadas a un hermoso paisaje—. Así las cosas, se aceptó la construcción del edificio en el lugar planteado y al poco se iniciaron las obras. El inmueble quedó terminado en 1864 y el doctor Hoffmann pasó a ser su primer director. Sin embargo, el fin de la fase arquitectónica del proyecto no significaba que las expectativas del psiquiatra hubiesen quedado colmadas.

El emprendedor médico no había perdido de vista su idea inicial y, en ella, la construcción de un edificio con los últimos avances no era sino un primer paso en el largo camino de ofrecer mejores cuidados a los pacientes. A su juicio, tan relevantes como el recinto en sí eran el perfeccionamiento de los tratamientos que ofreciera el hospital y la atención prestada a las personas aquejadas de un padecimiento psíquico. Pero tampoco acababa ahí la cosa. Hoffmann también quería vincular los cuidados y las terapias aplicadas a las enfermedades mentales con los conocimientos científicos, ya que sus viajes le habían mostrado que esa asociación podía mejorar significativamente la labor asistencial. La noción de que los cambios que experimentaba el cerebro, fueran mentales o físicos, podían explicar la mayor parte de las dolencias psíquicas también armonizaba claramente con las convicciones personales de Hoffmann. Esta era una idea verdaderamente revolucionaria, sobre todo en una época en que la inmensa mayoría de la población consideraba que los problemas relacionados con la salud mental se reducían a simples casos de conducta conflictiva; cuando no respondían a una circunstancia mucho peor aún, la de algún tipo de posesión demoníaca.

Ya desde los primeros compases de la planificación, y con el objetivo de incorporar las disciplinas científicas a la actividad cotidiana del hospital, Hoffmann destinó algunas de las salas del edificio a la investigación. No especificó de manera explícita el uso que iba a darse a esas habitaciones, pero era evidente que tenía un gran interés en crear un espacio dedicado a la punta de lanza de los estudios científicos centrados en la salud mental, incluidos los campos emergentes de la microscopía y la histología (el conocimiento de la anatomía microscópica de las células y el estudio de las características de los tejidos orgánicos, respectivamente). Las estancias de la primera planta del nuevo hospital permitirían a los médicos profundizar en las causas científicas de los desórdenes mentales y físicos que pudiesen sufrir los pacientes que ingresaran. Pese a que este enfoque ya se hubiera puesto a prueba en algunos de los más destacados centros médicos de Europa, lo cierto es que, en Fráncfort, este método constituía una auténtica revolución, dado que en esa época la ciudad no contaba con ninguna facultad de Medicina —de hecho, ni siquiera disponía de una universidad.

Otra de las pasiones de Hoffmann era la mejora de los cuidados y tratamientos destinados a abordar los problemas vinculados con la salud mental. Contrario a las prácticas que se limitaban a encerrar a los enfermos o llegaban incluso a encadenarlos a los muros o las camas, como ya hemos comentado, nuestro psiquiatra se convirtió en un firme partidario de aplicar el principio de «no restricción» en el ámbito de las terapias destinadas al tratamiento de las enfermedades mentales. Según este principio de la «no restricción», debía evitarse todo lo posible cualquier limitación de los movimientos de los pacientes que presentaran complicaciones de naturaleza psiquiátrica, y no digamos su sujeción con cadenas o ataduras —siempre y cuando pudiera garantizarse la seguridad del interesado—. Actualmente es una norma de uso común en el tratamiento de esta clase de situaciones, pero en esos años la medida era poco menos que una práctica sin precedentes.

Hoffmann había tenido noticia del novedoso método no restrictivo durante la visita que había efectuado a Inglaterra para determinar los antecedentes llamados a sentar más tarde la base de sus investigaciones. En ese país, varias instituciones específicamente seleccionadas llevaban ya algún tiempo valiéndose de esta técnica, inspirada en los trabajos, adelantados a su tiempo, que el comerciante y filántropo William Tuke había llevado a cabo en el siglo XVIII. Este enfoque debió de dejar profundamente impresionado a Hoffmann, ya que al diseñar el conjunto de su nuevo hospital tuvo perfectamente presentes las necesidades del principio de no restricción. De este modo, en vez de compartimentar el edificio en una serie de pequeños cubículos cerrados a cal y canto, ordenó dividirlo en dormitorios lo suficientemente amplios para permitir la libre deambulación de los pacientes. Había también sectores independientes en los que abordar los diferentes síntomas psiquiátricos de las personas admitidas. Así había, por ejemplo, una sección especial destinada a los pacientes maníacos y en ella se dispuso además un patio exterior por el que los enfermos podían pasear tanto como quisieran. De manera similar, los pacientes que sufrían de lo que entonces se conocía con el nombre de «neurosis de ansiedad»* contaban con un jardín y tenían libertad para recorrer, con la debida supervisión, las zonas verdes que circundaban el sanatorio.

Hemos de destacar, por último, el elemento inspirador del entusiasmo que despertaba en Hoffmann la ciencia y la no restricción. Me refiero a su perspectiva humanista, que concebía iguales a todas las personas y a todos los pacientes, con independencia de su situación económica y su trasfondo cultural o religioso. Impulsada por él, la nueva institución mental se convirtió en el primer centro de la región en permitir el ingreso de pacientes judíos, algo a lo que hasta entonces habían venido negándose tanto la «casa de locos» de Fráncfort como otras muchas instituciones del ramo. Al realizar la campaña de captación de fondos para su moderno hospital, Hoffmann había incluido deliberadamente a las familias judías adineradas de la ciudad, convirtiendo así a los miembros de la comunidad judía francfortesa en contribuyentes netos del nuevo inmueble, lo que a su vez redujo enormemente el margen de maniobra del ayuntamiento, que no tuvo más remedio que admitir el ingreso de los pacientes de dicha confesión, dado que sus correligionarios locales habían pasado a ser copropietarios del edificio. Queda por tanto claro que no debe subestimarse el papel del doctor Hoffmann en el descubrimiento de la enfermedad de Alzheimer, ya que fue él quien creó el entorno ideal para la labor vanguardista de su colega Alois Alzheimer.

En su condición de director, Hoffmann administró durante veintidós años la reciente institución y tuvo ocasión de supervisar el surgimiento de grandes mejoras en el cuidado y el tratamiento de

* Hoy «trastornos de ansiedad». (*N. del t.*)

las personas de Fráncfort aquejadas de problemas de salud mental. Al dejar su alta responsabilidad, corriendo el año 1888, uno de sus mayores anhelos consistió en encontrar a alguien que no solo fuera capaz de continuar su obra, sino que pudiera caminar tras el objetivo, aún más importante, de ampliar su alcance. Halló al profesional indicado en la persona del doctor Emil Sioli, un facultativo que respaldaba plenamente la visión de Hoffmann. Sioli no solo era un fiel partidario de los métodos de su predecesor, también pertenecía a la primera generación de psiquiatras (o «médicos de los nervios», por emplear la expresión de la época) formada en tan concreta disciplina por la Alemania de esos años. Aunque la circunstancia de que Sioli se hubiese especializado en el campo de la psiquiatría, entonces relativamente nuevo, le convirtiera en el candidato idóneo para la vacante dirección del centro, también es preciso destacar el hecho de que se propusiera al mismo tiempo conformar un equipo clínico más sólido y capaz de secundarle en la consolidación de todo el trabajo efectuado con anterioridad por la institución.

Por consiguiente, poco después de tomar posesión de su nuevo cargo, Sioli nombró ayudante a un joven médico residente, de tan solo veinticuatro años a la sazón. Se trataba de Alois Alzheimer, y su tarea iba a consistir en asistirle en las tareas hospitalarias. No obstante, para contar igualmente con el criterio de un doctor más experimentado y capaz de asesorar a Alzheimer, Sioli asignó asimismo el puesto de consultor a Franz Nissl. Tanto Alzheimer como Nissl no se contentarían con compartir la escala de valores de Hoffmann y Sioli, también ensancharon los límites de los conocimientos científicos relacionados con la salud mental. Apenas podían sospechar que sus futuros trabajos fuesen a gozar de la imperecedera repercusión que están teniendo y menos aún que terminaran por constituir uno de los grandes hitos de la historia de la medicina. Pero había no obstante otra persona destinada a desempeñar, aunque de forma involuntaria, un papel relevante en su revolucionaria tarea: una mujer de mediana edad llamada Auguste Deter.

2

La señora Deter

El 26 de noviembre de 1901, Alzheimer se encontraba volcado en la revisión de una lista con los casos de los pacientes aceptados por el hospital el día anterior. La historia clínica de una mujer de cincuenta y un años le llamó la atención. La carta de recomendación que su médico de familia, el doctor Leopold L. (desgraciadamente no conocemos más que la primera letra de su apellido), le había proporcionado para facilitar su ingreso indicaba que la señora Auguste Deter «llevaba algún tiempo sufriendo problemas de memoria, delirios, alteraciones del sueño y estados de agitación» —a juzgar por la información que el médico había recibido de August Wilhelm Karl Deter, el esposo de la paciente—. El diagnóstico del doctor L. aseguraba que la desdichada señora Deter padecía una «parálisis cerebral crónica» (es decir, una *chronische Hirnparalyse*, en alemán) —una terminología médica actualmente caída en desuso—. Traducido literalmente, la expresión viene a decir que su cerebro parecía llevar largo tiempo sin funcionar de manera normal. En su escrito, el doctor L. sugería que se la tratase en el hospital psiquiátrico. El facultativo que había cumplimentado el trámite de admisión, el doctor Nitsche, también había anotado que, mientras efectuaba las diligencias, el marido había especificado que la pareja llevaba felizmente casada desde el año 1873 y que tenían una hija. Su mujer había sido siempre una persona muy activa y trabajadora, aunque a veces se ponía bastante nerviosa. En general había gozado de buena salud, y el doctor Nitsche añade asimismo que no existía historial de consumo de alcohol ni de infecciones venéreas.

Pese a que en nuestros días pueda parecer extraño que un psiquiatra pregunte en la anamnesis por posibles antecedentes de enfermedades de transmisión sexual (ETS), lo cierto es que en esa época era un dato incluido en las indagaciones rutinarias. Las ETS, como la sífilis, pueden llegar a causar, a la larga, graves alteraciones en la salud mental de quienes las hayan contraído y las estimaciones señalan que, antes de la introducción de la penicilina, en 1910, cerca del 10 % de la población era sifilítica. No es de extrañar, por tanto, que el estudio de la neurosífilis cubriera buena parte del naciente campo de la psiquiatría, así que era perfectamente natural que Nitsche tratara de informarse sobre la cuestión. Sin embargo, no había indicio alguno de que la señora Deter padeciera esa dolencia ni cualquier otra de origen sexual.

Una vez consultadas las notas que Nitsche había redactado al formalizar el ingreso, Alzheimer pasó a examinar a la propia señora Deter. Tras una breve presentación, el joven médico planteó una serie de preguntas a la interesada, algunas de las cuales todavía son de uso común en el reconocimiento de los pacientes, por ejemplo: en qué lugar se encuentra, cómo se llama o en qué calle vive. De hecho, las diligentes y meticulosas notas de Alzheimer nos permiten seguir la conversación exacta que mantuvieron:

ALZHEIMER: ¿Cómo se llama?
DETER: Auguste.
A: ¿Y su apellido?
D: Auguste.
A: ¿Cómo se llama su marido?
D: Creo que Auguste. [No está claro si realmente se estaba refiriendo a su esposo, ya que, para mayor confusión, este se llamaba August Wilhelm Karl.]
A: ¿Su marido?
D: Sí, ya veo, mi marido...
A: ¿Está usted casada?

D: Con Auguste.
A: ¿Con la señora Deter?
D: Sí, con la señora Deter.
A: ¿Cuánto tiempo lleva usted aquí?
D: Tres semanas.
A: ¿Qué tengo en la mano?
D: Un cigarro puro.
A: En efecto. ¿Y qué es esto?
D: Un lápiz.
A: Muy bien, gracias. ¿Y esto?
D: Una pluma estilográfica.
A: También correcto. ¿Y qué es esto, señora Deter?
D: Su billetera, doctor.
A: Así es, desde luego. ¿Y esto otro?
D: Un libro.
A: ¿Y qué hay junto a mi cuaderno de notas?
D: Un llavero.
A: ¿Y qué contiene?
D: Un montón de llaves.

Tomando como base este diálogo, que es literal, vemos que Alzheimer está sondeando diferentes aspectos de la memoria de la señora Deter. Tantea en particular la capacidad que muestra al pedírsele que recuerde los acontecimientos y nociones directamente vinculados con su propia persona (es decir, cuando se le solicita que active lo que da en llamarse la memoria episódica). Le pregunta para ello su nombre, su estado civil y la duración de su estancia en el centro. Sin embargo, también le plantea interrogantes de índole más cotidiana (para comprobar el funcionamiento de lo que denominamos memoria semántica): es lo que ocurre al animarla a mencionar los nombres de distintos objetos. Del intercambio de estas pocas frases se desprende claramente que la señora Deter se halla bastante confusa y desorientada, dado que cree llevar ya tres semanas en el hospital cuando en realidad su ingreso había tenido lugar la víspera. Hay un marcado contraste entre estos resultados y el hecho de que reconozca sin mayores dificultades los objetos que Alzheimer le va enseñando. Es evidente que sabe lo que son, incluso en el caso del cigarro puro, por extraño que se nos haga hoy que un médico se ponga a fumar un habano mientras examina a un paciente.

Para concluir esta primera exploración, el psiquiatra pide a la señora Deter que escriba unas cuantas palabras, entre otras, las correspondientes a su nombre y su dirección. Uno de los síntomas que percibe de manera inmediata es el que determina que la mujer olvide lo que se le ha solicitado antes incluso de haber terminado de garabatear las letras de «Auguste». Este signo, que denota una alteración de la memoria, excita la curiosidad de Alzheimer. Incluye en su informe la siguiente anotación: «trastorno amnésico de la escritura» (o *amnestische Schriftstörung* en alemán), aunque también deja constancia de que la señora entiende el significado de las palabras y puede identificar los nombres de los objetos cotidianos sin problema alguno.

Todo apunta a que, en los tres días siguientes, Alzheimer profundiza en sus reflexiones sobre los síntomas memorísticos de la señora Deter. Tras esas consideraciones, el médico decidirá mantener una entrevista más exhaustiva con su paciente.

ALZHEIMER: ¿Cómo se encuentra?
DETER: Uno es igual al otro. ¿Quién me ha traído aquí?
A: ¿Dónde se encuentra?
D: En este momento. Ya lo he dicho antes, carezco de medios. Todo lo que ha de hacer una... No sé quién soy, no sé... Dios mío, ¿qué es esto...?
A: ¿Cómo se llama?
D: Señora Deter, Auguste.
A: ¿Cuándo nació?
D: En mil ochocientos...
A: ¿En qué año nació?
D: Este año, no, el año pasado.
A: ¿Cuándo nació?
D: En mil ochocientos..., no sé...

Otro síntoma habitual de la enfermedad de Alzheimer es la notable desorientación que pueden manifestar los pacientes en relación con el tiempo y el espacio. Como podemos apreciar en el diálogo anterior, la señora Deter no logra recordar la fecha en que vino al mundo y titubea, revelándose incapaz de determinar si nació en el año en curso o en el anterior.

A: ¿Qué le he preguntado?
D: Pues Deter, Auguste...
A: ¿Tiene hijos?
D: Sí, una chica.
A: ¿Cómo se llama?
D: ¡Thekla!
A: ¿Qué edad tiene?
D: Se casó en Berlín, señora Wilke.
A: ¿Dónde vive?
D: Vivimos en Kassel.
A: ¿Dónde vive su hija?
D: Waldemarstrasse. No, diferente...
A: ¿Cómo se llama su marido de usted?
D: No lo sé...
A: ¿Qué nombre tiene su marido?
D: Mi marido no está aquí en este momento.
A: ¿Cómo se llama su marido?
D: [Con un brusco respingo.] August Wilhelm Karl, no sé si puedo decírselo así.
A: ¿Cuál es la profesión de su marido?
D: Administrador* [*Kanzlist*, en el original alemán]. Estoy tan confusa, tan confusa... No puedo.

Como vemos en este intercambio de preguntas y respuestas, Alzheimer trata de obtener información sobre las personas del entorno próximo a la señora Deter y pide a la paciente que le dé los nombres de su esposo y su hija, así como algunos detalles

* Estaba empleado en las oficinas del ferrocarril. (*N. del t.*)

de los mismos. La conversación deja claro que la mujer recuerda sin dificultad a su hija y que también es capaz de decir cómo se llama. También es consciente de que su hija está casada, de que ahora usa un apellido diferente y de que vive en Berlín. No obstante, empieza a mostrarse confusa al indicar el domicilio de la hija, ya que al contestar al médico sobre ese particular lo que señala es de hecho la calle en la que ella misma se crio, en la localidad de Kassel (situada unos doscientos kilómetros al norte de Fráncfort). Le resulta difícil recordar cómo se llama su marido, pero, una vez activada la memoria, le vienen rápidamente a la cabeza el nombre completo y la profesión. Esto sugiere que sus recuerdos permanecen intactos, pero que ya no logra acceder a ellos —un síntoma muy común en la fase temprana de la enfermedad de Alzheimer—. Por lo tanto, es frecuente observar que la gente se revela incapaz de recordar la información que se le pide, pero en cuanto la memoria se activa, sea por la razón que sea, consigue proporcionar el dato requerido.

Pero volvamos al diálogo:
A: ¿Cuánto tiempo lleva aquí?
D: Unos dos días...
A: ¿Dónde se encuentra?
D: Esto debe de ser Wilhelmshöhe...
A: ¿Dónde está su apartamento?
D: Pues en Fráncfort del Meno...
A: ¿En qué calle?
D: Waldemarstrasse... No, tiene que ser otra, espere un momento... Es que estoy tan, tan...

Una vez más, parece sufrir de desorientación espaciotemporal, pero hay algo más importante, pues lo que aquí vemos son los síntomas típicos de un paciente que, teniendo la enfermedad de Alzheimer, «vive en el pasado». Da la impresión de que la señora Deter cree haber regresado a Kassel, la población en la que nació y creció, aunque lo cierto es que, de hecho, pasó casi toda su existencia en Fráncfort. No comprende que está en Fráncfort y piensa, por el contrario, que se halla en Wilhelmshöhe, un altozano próximo a Kassel, similar a la colina de Affensteiner, que es donde realmente se encuentra. La mujer debe de haber sacado esa conclusión al observar el paisaje que se le ofrece desde la institución en la que está ingresada, ya que esta se alza en la cima de un cerro y, como cree vivir en Kassel, deduce que «Esto debe de ser Wilhelmshöhe...».

A: ¿Está usted enferma?
D: Solo aquí abajo, a lo largo de la columna...
A: ¿Me conoce?
D: Creo que ya me ha visto en dos ocasiones. No, disculpe, es solo que no puedo...
A: ¿En qué año estamos?
D: Mil ochocientos...

En esta parte de la entrevista, Alzheimer intenta comprobar si la mujer es consciente, en el grado que sea, de los síntomas que la aquejan, lo que no parece ser el caso, puesto que los problemas que menciona guardan relación con su espalda, no con su estado mental. El hecho de que el psiquiatra le pregunte si se acuerda de él también es una buena estrategia para que el profesional valore el volumen de recuerdos que la paciente conserva de sus anteriores encuentros, y lo cierto es que la señora Deter indica correctamente que ya se han visto dos veces, aunque casi inmediatamente titubea y ya no parece tener la seguridad de que así sea. Esto permite a Alzheimer determinar que la paciente recuerda algunos de los aspectos recientes de su vida, pero que, pese a ello, duda de sí misma o confunde lo que le viene a la memoria con otros acontecimientos. Por último, el doctor vuelve a pedirle que le diga en qué año están. Ahora bien, esto no se debe a que el propio Alzheimer haya olvidado *de facto* que ya le ha hecho esa pregunta ni a que se muestre cruel sin más. Nada de eso, lo que pretende es verificar si la señora Deter es capaz de recordar la información en ese momento, transcurrido un breve plazo desde la última vez que se le solicitó.

Volvamos a unirnos al diálogo, que termina como sigue:
A: ¿En qué mes estamos?
D: En el segundo mes.
A: ¿Cuáles son los nombres de los meses?
D: Enero, febrero, marzo, abril, mayo, junio, julio, agosto, septiembre, octubre, noviembre, diciembre.
A: ¿En qué mes estamos?
D: En el undécimo.
A: ¿Cómo se llama el undécimo mes?
D: El último dice... No, no el último...
A: ¿Cuál?
D: No lo sé...
A: ¿De qué color es la nieve?
D: Blanco.
A: ¿Y el hollín?
D: Negro.
A: ¿El cielo?
D: Azul.
A: ¿Una pradera?
D: Verde.
A: ¿Cuántos dedos tiene?
D: Cinco.
A: ¿Y ojos?
D: Dos.
A: ¿Piernas?
D: Dos.
A: ¿Cuántos *Pfennige* hay en un marco?
D: Cien.

* * *

Vemos una vez más, como ya ocurriera en la primera entrevista, que la memoria semántica de la señora Deter es excelente. Recuerda con claridad hechos y realidades del mundo, pero su memoria episódica, por el contrario, da muestras de haber sufrido cambios significativos. Alzheimer vuelve a pedirle que escriba su nombre, pero, tras haber marcado la abreviatura «Sra.», la mujer olvida lo que se le acaba de solicitar que anote. De manera similar, el médico la anima a leer un breve pasaje y ella hace grandes esfuerzos para pasar de un renglón a otro y muchas veces tiene dificultades para recordar lo que decía la línea anterior. Para concluir el examen, Alzheimer efectúa un reconocimiento físico y señala que el pulso es normal, aunque débil, y que no hay soplos cardíacos. Y al referirse al estado neurológico, el doctor señala lo siguiente: «ambas pupilas reaccionan con normalidad a la luz. Al sacar la lengua, resulta estar muy seca, probablemente debido a una ligera deshidratación». También anota que el habla parece normal, pese a que la paciente vacile y use dentadura postiza. En último término, tanto la exploración física como el examen neurológico dan la impresión de estar bien, pero está claro que la paciente presenta síntomas cognitivos, sobre todo, en el plano de la memoria episódica.

En el transcurso de las dos semanas inmediatamente posteriores, Alzheimer mantendrá varias entrevistas con la señora Deter y en muchos de esos encuentros le planteará preguntas idénticas a las que acabamos de enumerar: «¿Dónde se encuentra? ¿En qué año estamos? ¿Dónde vive?». Hay días en que las respuestas de la paciente son más lúcidas que en aquellos otros en que se muestra extremadamente taciturna o en que incluso el interrogatorio le genera angustia. Al margen de los diálogos con el doctor Alzheimer, las enfermeras del centro también señalan que se la ve muy nerviosa y que en ocasiones termina con estados de elevada agitación. Por todo ello, hay veces en que le reservan una habitación individual y evitan tenerla en los grandes dormitorios, en los que veinte o treinta enfermos han de compartir un mismo espacio. En las habitaciones unipersonales, la señora Deter parece encontrarse más tranquila. De este modo, y tomando como base tanto sus propias estimaciones como los episodios de agitación de la mujer, Alzheimer verá confirmada la idea de que la señora Deter debe permanecer en el hospital bajo atenta observación. Es asimismo probable que le prescribiera unas sesiones de hidroterapia, dado que ese era el principal tratamiento que se aplicaba por entonces en el centro. Dicha cura, originada en Inglaterra, consistía en hacer que los pacientes tomasen baños de agua tibia (la temperatura se mantenía constante, a unos 34 ºC). El fundamento teórico del método descansaba en la repetida constatación de que la inmersión en una bañera templada podía calmar a las personas con problemas de salud mental, lo que llevaba a inferir que tal vez pudiera modificar también sus síntomas. En esos años, los hospitales psiquiátricos modernos, como el que daba empleo a Alzheimer, no solo constaban de salas en las que alinear camas, disponían igualmente de vastas instalaciones con baños para los pacientes, con espacios independientes para hombres y mujeres.

Una de las curiosidades que vale la pena destacar es que Alzheimer se tome la molestia de registrar por escrito todas las entrevistas que mantiene con Auguste Deter y que a principios de 1902 pida a un fotógrafo que tome unas cuantas instantáneas de la paciente —la más célebre de las cuales es aquella en la que la mujer aparece sentada en la cama con su bata blanca (la vestimenta que se prescribía a todos los pacientes alojados en las dependencias del sanatorio)—. Es evidente que Alzheimer prestó mucha atención a la señora Deter, lo que no queda tan claro es si el psiquiatra supo inmediatamente que esa paciente era «especial». Por un lado, parece improbable, en primer lugar, debido a que tanto Alzheimer como otros clínicos examinaban cada semana a decenas de enfermos —todos ellos aquejados de sintomatologías distintas— y, en segundo lugar, porque, en esa época, al no existir criterios diagnósticos, resultaba imposible distinguir unas enfermedades psiquiátricas de otras (al menos en la mayor parte de los casos). Tenía que resultar por fuerza muy difícil identificar si un caso en particular era o no una variante de otro ya conocido o si se trataba, por el contrario, de una afección completamente diferente.

En los casos difíciles, también hoy puede seguir revelándose problemática esa determinación. Sin embargo, en la actualidad, los clínicos sí que disponen de claros criterios diagnósticos aplicables a la práctica totalidad de las dolencias —y hay además un verdadero arsenal de conocimientos que permiten saber sus características en profundidad—. En cambio, la diversidad de síntomas que se abrían en abanico ante los ojos de Alzheimer y sus colegas de la época debía de resultar realmente desconcertante. Lo más frecuente debía de ser que no se admitiera el ingreso de las personas en una institución mental más que habiendo entrado ya su enfermedad en una fase bastante desarrollada —aquella en que las familias no logran ya atenderlas debidamente—. Ese era desde luego el caso de la señora Deter. Es posible que algunos lectores ya se hayan percatado de que esta paciente atravesaba las etapas moderadas (por no decir avanzadas) de la enfermedad de Alzheimer. Y esa circunstancia, la de ver a los pacientes —como la señora Deter— en el período más tardío del mal que los afligía, dificultaba todavía más la tarea diagnóstica de Alzheimer y sus contemporáneos. Esto se debe a que en las enfermedades neurodegenerativas que cursan con una progresiva pérdida de facultades, como ocurre en la de Alzheimer, los síntomas más claros son los que se aprecian en los inicios del proceso, ya que en esas fases iniciales solo se ven afectadas ciertas zonas específicas del cerebro. Sin embargo, al propagarse la afección, es frecuente observar una mayor amplitud de los síntomas, por la doble razón de que surgen nuevas patologías y de que sus distintas expresiones se solapan. Podemos decir por tanto que el hecho de ver a los pacientes en las fases más avanzadas de la enfermedad, y sin ningún criterio diagnóstico, constituía un reto muy complejo, máxime teniendo en cuenta que el propósito de los clínicos consistía en realizar la diagnosis diferencial de las distintas patologías y en investigar sus causas y manifestaciones.

Con todo, da la impresión de que el doctor Alzheimer vio algo en la señora Deter. Eso explicaría que le dedicara la meticulosa atención que demuestran tanto sus extensas anotaciones como las fotografías. Le impresionó particularmente esa «amnesia de la escritura» que hacía que la paciente olvidara lo que estaba escribiendo en mitad de la frase, mostrándose al mismo tiempo perfectamente lúcida en cuanto a la distinción de los objetos y los hechos. Es probable que en los otros casos psiquiátricos que tenía a su cargo, o en la mayoría de ellos, los afectados mostraran una confusión de orden general y tuvieran dificultades para responder a sus preguntas, fueran de la índole que fueran. En cambio, la señora Deter, pese a hallarse notablemente desorientada, mostraba una disociación de la memoria episódica y la memoria semántica —y sin duda esto despertó la curiosidad del médico—. Otra de las razones que explicarían su especial interés en este caso podría residir en el hecho de que tres años antes, en 1898, ya hubiera visto otro similar. Había llegado a publicar incluso los detalles de aquella experiencia, junto con las asociadas a otras enfermedades psiquiátricas —aunque la verdad es que la información que tenemos sobre ese paciente previo y los síntomas del caso original es muy escasa—. Con todo, es posible que ese precedente actuara como catalizador del interés de Alzheimer al conocer a la señora Deter. Cabe presumir que, al hallar concomitancias entre la situación de aquel paciente de 1898 y Auguste Deter, el doctor concibiera la hipótesis de que no se trataba de dos casos aislados, sino de una enfermedad que, siendo potencialmente diferente a las conocidas, se caracterizaba por exhibir los mismos síntomas basales. Y como en ambos casos parecía existir una pauta reconocible en la sintomatología específicamente asociada con la memoria episódica, valía la pena ahondar en la investigación. Esto podría explicar las concienzudas anotaciones que realiza Alzheimer al tratar a la señora Deter. En vez de considerar que esta mujer fue la primera persona conocida con la enfermedad de Alzheimer, deberíamos verla como el primer caso bien documentado de esa misma dolencia. Es probable que tanto Alzheimer como otros médicos observaran casos similares ocurridos con anterioridad —y es incluso posible que informaran de sus características—. Sin embargo, lo que Alzheimer iba a hacer tras estos primeros exámenes acabaría contribuyendo decisivamente a convertir a la señora Deter en la primera persona a la que se le diagnosticara *de facto* la dolencia que hoy conocemos con el nombre del doctor que la atendió.

3

Alois Alzheimer

Alois Alzheimer nació el 14 de junio de 1864 en Marktbreit, una pequeña población de la Baviera septentrional que se halla en la actual Alemania, a medio camino, poco más o menos, entre Fráncfort y Núremberg. Fue uno de los tres hijos nacidos del segundo matrimonio de Eduard, notario de profesión, con Barbara, ama de casa. Alois estudió en la escuela primaria de su localidad natal, aunque más tarde, al trasladarse la familia a Aschaffemburgo —una población mayor, situada a cien kilómetros de Marktbreit—, tanto él como sus hermanos tendrían ocasión de cursar la educación secundaria en un colegio de mayor calidad. Según parece, el joven Alzheimer mostraba en esos años un vivo interés por las ciencias naturales, así que se tomó la decisión de matricularle en la facultad de Medicina. Dio sus primeros pasos en la carrera a caballo entre Berlín y Tubinga, pero la mayor parte de los estudios los realizaría en la vecina escuela médica de Wurzburgo.

No hay dato alguno que nos hable de un Alois particularmente brillante como alumno universitario. Al contrario, si se hizo notar fue más bien por su conducta indisciplinada —algo que le costaría varias reprimendas y daría pie a que se llegara incluso a hablar de su expulsión—. Da la impresión de que conservó toda su vida esa misma tendencia enredadora, ya que sabemos que le encantaba gastar bromas, y no solo a sus hijos, sino también a sus colegas, como si tuviera una cierta propensión a la excentricidad: valga decir que la mascota que vivía en la casa familiar era un mono.

Este carácter chusco podría explicar que Alzheimer ingresara en una hermandad estudiantil (es decir, en una *schlagende Verbindung*) llamada Corps Franconia —similar a muchas de las de la Alemania de la época, donde esas asociaciones gozaban de una enorme popularidad—. Estas fraternidades estudiantiles, que mostraban una doble tendencia, a un tiempo liberal y nacionalista, desempeñarían en 1846 un papel crucial en la creación de Alemania —que hasta entonces había sido un conglomerado de reinos (Prusia, Baviera o Sajonia) y principados—. Además de tener ese componente político, las hermandades universitarias eran también grupos de activismo social —famosas por celebrar duelos y embromar a la gente—. Las justas y los desafíos obligaban a los miembros de la cofradía a luchar a sablazos y debían hacerlo sin protegerse para nada la cabeza. La mayor parte de los integrantes de esas bandas mostraban con orgullo las cicatrices de esos enfrentamientos, demostrando con ello su arrojo y destreza. El propio Alois exhibía un marcado costurón en el lado derecho de la cara como resultado de uno de aquellos retos (como puede apreciarse completamente en algunos de sus retratos). Pese a que la pertenencia a esas hermandades le valiera de cuando en cuando una amonestación de las autoridades universitarias, lo cierto es que también habría de ser fuente de amistades y contactos para él —una ventaja que conservaría toda su vida—. Por todo ello, y pese a que no sería injusto calificar de *bon vivant* a Alzheimer, la verdad es que también es preciso destacar que trabajaba con extraordinario ahínco y meticulosidad en todo aquello a lo que se aplicara. O por decirlo a la manera de hoy: curraba de lo lindo y se divertía como si no hubiera un mañana.

En 1887, su último año de facultad, Alzheimer tuvo que defender una tesis científica. Esta acabaría teniendo un profundo impacto, tanto en su futura carrera como en el descubrimiento de la enfermedad que llevaría su nombre. Mientras preparaba la disertación, Alzheimer estuvo trabajando en el instituto anatómico de la Universidad de Wurzburgo, incorporado al grupo al que impartía clases el profesor Albert von Koelliker: un destacado académico, experto en anatomía, fisiología e histología al que interesaba de manera muy especial el novísimo y vanguardista campo de la microscopía.

Esta especialidad científica permitía, por vez primera, que los estudiosos examinaran las estructuras celulares y observaran con detalle los diferentes tejidos humanos (es decir, la histología de los órganos). La microscopía no solo facilitaba el estudio de las células y los tejidos de las personas sanas, también abría la posibilidad de comprobar los cambios que ambos elementos pueden experimentar cuando enferman. De ese modo se inauguraba la nueva disciplina de la patología, que investiga el efecto que tienen las dolencias en las células y los tejidos. Antes de la microscopía, los clínicos y los anatómicos debían fundar todas sus conclusiones en aquello que alcanzaran a ver a simple vista (es decir, en la observación macroscópica): solo así podían analizar las modificaciones que las enfermedades provocan en el organismo. La llegada del microscopio permitió a los facultativos complementar el examen macroscópico mediante la inspección microscópica. Actualmente, los médicos no solo podemos mirar a los pacientes para constatar las transformaciones que sufren cuando enferman, también podemos profundizar en la afectación morbosa que se manifiesta en sus células y tejidos gracias al microscopio. Este instrumento supuso un avance revolucionario en las ciencias de la salud y, desde luego, dejó fascinado a Alzheimer.

Pese a que el mismo Koelliker no llegara a ser conocido por sus investigaciones, lo cierto es que su divulgación de la microscopía influyó en toda una generación de estudiantes. Andando el tiempo, muchos de sus alumnos emplearían ese último grito tecnológico para llevar a cabo investigaciones revolucionarias —y, desde luego, Alzheimer iba a ser uno de ellos—. De hecho, la propia tesis de Alois se centraría en la histología de las glándulas ceruminosas, encargadas de producir el cerumen de los oídos. Pese a que, en sí misma, la cuestión no fuera a tener una relevancia directa en la venidera carrera profesional de Alzheimer y aunque tampoco desempeñara un papel en sus futuros descubrimientos, todo parece indicar que quedó prendado de la microscopía —por no decir que estaba enganchado a ella—, dado que pasó siempre un sinfín de horas aferrado al ocular del instrumento. La cuestión aquí, en lo que hace a la defensa de su proyecto de fin de estudios, es que el tribunal le otorgó una distinción en reconocimiento de la dedicación y la minuciosidad de su trabajo. Podemos concluir por tanto que el microscopio no solo contribuyó a que Alzheimer coronara con éxito sus estudios médicos, sino que también iba a estar presente a lo largo de toda su futura carrera clínica, cuya brillantez debe igualmente mucho a esta nueva técnica de observación y diagnóstico.

La microscopía fue también una de las razones que llevaron a Alzheimer a unirse al equipo médico del nuevo hospital de Fráncfort, dado que la ciudad era uno de los centros de investigación microscópica más avanzados de la Alemania de la época. En el cercano Instituto Patológico Senckenberg, Carl Weigert y Ludwig Erdinger se adelantaban a su tiempo al aplicar esa nueva metodología al estudio histológico y la identificación de las enfermedades. Tras instalarse en Fráncfort, Alzheimer adquirió el hábito de visitar esa institución con el fin de instruirse en las técnicas de la microscopía avanzada —que incluían, entre otras cosas, el estudio de la preparación idónea de los tejidos destinados a colocarse bajo la lente—. También aprendería a colorear (es decir, a teñir) las muestras, ya que solo de ese modo pueden diferenciarse las distintas estructuras sometidas a análisis.* Weigert y Erdinger se

* La tinción del tejido es un paso esencial en la técnica de observación microscópica —también en nuestros días—. Sin el contraste que aporta la tintura, la mayor parte de las muestras presentan un aspecto extremadamente anodino al ponerse en el portaobjetos. Yo mismo recuerdo haber experimentado de chico esa decepción al poner a prueba el equipo de microscopía que me habían regalado por Navidad. Temblando casi de emoción, situé en la platina las pieles de cebolla que acababa de escamotearle a mi madre, que, atareada en la cocina, preparando la cena, no había reparado en mi pequeño hurto. Sin embargo, el espectáculo que esperaba no se produjo y solo llegó a mi retina una imagen completamente insulsa. Solo más tarde, tras leer las instrucciones que acompañaban al aparato, comprendí que los frasquitos que incluía la caja con-

cuentan entre los precursores de la aplicación de distintos tonos de color a los tejidos expuestos a las lentes del microscopio —gracias a los cuales, las variadas estructuras tisulares pueden verse y distinguirse unas de otras—. Esto hizo posible comparar los tejidos de las personas sanas con muestras equivalentes de los enfermos, a fin de identificar qué cambios producen sus dolencias en el interior de la célula o en su entorno inmediato. Este enfoque, que entonces era verdaderamente revolucionario, es el que hoy se emplea en todas partes para establecer el diagnóstico de toda clase de pacientes y padecimientos. La posibilidad de desarrollar su labor en un medio marcado por la innovación era ideal para Alzheimer, ya que así podía ahondar en el apasionado interés que despertaba en él la microscopía sin dejar de ejercer la medicina clínica. Transformó una de las habitaciones que el hospital destinaba a la investigación científica —pues ese había sido el diseño original de Hoffmann— en un gabinete de microscopía. Esas nuevas instalaciones iban a permitir un examen pormenorizado de las alteraciones tisulares de los pacientes que acudían al sanatorio. Pese a su entusiasmo, lo cierto es que, en esa época, Alzheimer no era ningún experto en esa tecnología.

No obstante, el hospital no tardaría en contar con las decisivas competencias profesionales en ese campo tan puntero, encarnadas en la persona del doctor Franz Nissl.

Nissl era psiquiatra, al igual que Alzheimer, pero lo que le apasionaba de verdad era la flamante disciplina de la histopatología microscópica, esto es, la identificación de las enfermedades por medio del examen de los tejidos al microscopio. No sabemos con seguridad cuál fue el factor inicial que determinó el interés de Nissl por el hospital de Fráncfort, ya que procedía de una de las instituciones psiquiátricas más avanzadas de la Alemania de la época: la de Múnich. En esa ciudad, la formación de Nissl en ciencia microscópica vino de la mano del profesor Bernhard von Gudden, bajo cuya tutela Nissl consiguió desarrollar, como parte de

---

tenían diversos tintes. Esos pigmentos iluminaron con vivos colores las estructuras tisulares, volviéndolas distinguibles a los ojos del observador.

su tesis doctoral, una novedosa técnica de tinción que posibilitaba el recuento de las células nerviosas. Se trataba de un descubrimiento sumamente importante, ya que, gracias a él, los científicos lograron establecer por primera vez si existía o no alguna enfermedad que cursara con una pérdida de células nerviosas. Esa nueva técnica de pigmentación (la tinción de Nissl) hizo algo más que valerle a su inventor el premio a la mejor tesis doctoral, puesto que tuvo repercusiones de mucho calado: basta pensar que los histólogos y patólogos de nuestros días todavía siguen utilizando la «tinción de Nissl» al preparar la observación microscópica de los tejidos cerebrales. Nissl llegó al hospital de Fráncfort poco después que Alzheimer, en 1889, y según parece los dos médicos se cayeron bien desde el principio y trabaron amistad de inmediato. Y no solo eran colegas ideales para las tareas que tenían encomendadas (uno meticulosamente entregado a la paciente labor de anotar todos los síntomas —Alzheimer— y otro de concienzuda metodología histológica —Nissl—), también eran complementarios en lo personal. Alzheimer era un conocido amante de la buena vida y hombre de familia, mientras que Nissl, adicto al trabajo, destacaba por ser un eterno solterón. Pese a esas diferencias, ambos acabaron siendo amigos íntimos y su relación se mantuvo firme hasta el fallecimiento de Alzheimer.

Alzheimer ardía en deseos de aprender todo cuanto pudiera de Nissl, así que, tras la incorporación de este, los dos médicos consiguieron mejorar y expandir la sala de microscopía habilitada en la primera planta del sanatorio. Como sus pesquisas tenían lugar en un hospital psiquiátrico, es lógico que el principal interés de Alzheimer y Nissl girara en torno a la investigación del tejido cerebral de los pacientes que morían en el centro. Su objetivo, como ya hemos señalado, consistía en descubrir si los cambios concretos que alcanzaran a detectar en esos cerebros y esas células nerviosas enfermas podían explicar a un tiempo la dolencia y los síntomas. Para visualizar adecuadamente las muestras de tejido cerebral de sus pacientes utilizaron lo último en técnicas de tinción, incluida la que el propio Nissl había ideado. La coloración de las células nerviosas y de sus estructuras internas hizo posible observar, por primera vez en la historia de la medicina, las mutaciones patológicas que se hubieran producido, tanto en el plano intracelular como en el extracelular y parecía sensato pensar que esos cambios guardaran relación con la dolencia y los síntomas que hubieran presentado en vida los pacientes.

En el transcurso de los cuatro años inmediatamente posteriores, Alzheimer y Nissl trabajarían codo con codo hasta perfeccionar, aprendiendo el uno del otro, tanto la elaboración de los historiales clínicos como las técnicas de la observación microscópica. En 1894, Nissl dejó Fráncfort y se mudó a Heidelberg, población en la que había aceptado un puesto de trabajo bajo los auspicios del profesor Emil Kraepelin —un colega al que conocía desde los tiempos de Múnich—. Nissl dirigiría el instituto de histopatología de la Universidad de Heidelberg hasta su fallecimiento, en 1919. Pese a este traslado, Alzheimer y Nissl mantuvieron una asidua relación epistolar e intercambiaron información, tanto sobre sus pacientes como sobre cuestiones científicas. Y dado que Alzheimer se había «empapado» al máximo de los brillantes y expertos conocimientos de Nissl, él mismo había pasado a ser ya un competente especialista en microscopia e histopatología. Por consiguiente, todo había quedado dispuesto para su revolucionario encuentro con la señora Deter.

Sin embargo, antes de que se alzara el telón de ese episodio, sobrevino el desastre.

Si bien es cierto que la fecha de 1901 vino a marcar uno de los hitos profesionales de Alzheimer, debido a su trascendental contacto con Auguste Deter, la cuestión es que, en términos personales, fue un período devastador para él. A principios de ese año, la esposa de Alzheimer, Cecilie, murió súbitamente tras una breve enfermedad. A sus treinta y siete años, el psiquiatra quedaba así solo y al cuidado de tres hijos de corta edad (Gertrud, de seis años; Hans, de cinco, y Maria, de uno). Sus aficiones de buen vividor se esfumaron. Cecilie y Alzheimer se habían casado poco antes, en 1895, y él estaba perdidamente enamorado. (No solo no volvió a contraer matrimonio, sino que más tarde solicitaría ser enterrado junto a ella, en el cementerio judío de la calle Rat-Beil de Fráncfort.) Al enfermar Cecilie, la hermana de Alzheimer, Elisabeth, se había ido a vivir con ellos a fin de echar una mano y ocuparse de los chiquillos. Tras la viudedad de Alois, Elisabeth permaneció en la casa hasta la adolescencia de los tres muchachos. La pérdida de Cecilie dejó desolado a Alzheimer, ya que además de tener que sepultar a su esposa, también se veía obligado a prescindir de su amigo Nissl, al que añoraba terriblemente. Ya nada le retenía en Fráncfort. Así las cosas, corriendo el año 1902, y para desmayo de Sioli, que ansiaba desesperadamente hallar la manera de retener a un médico tan innovador, Alzheimer presentó la dimisión y siguió a Nissl hasta Heidelberg. Antes de partir hizo una última visita a la señora Deter para despedirse de ella. Una vez más, las notas de Alzheimer nos permiten conocer la conversación que mantuvieron, por lo demás bastante breve:

> ALZHEIMER: Buenos días, señora Deter.
> DETER: Ah, bien, márchese. No... No puedo... hablar.

No son posiblemente los adioses más cariñosos a los que hayamos asistido, pero debemos comprender que, en esta época, la salud de la señora Deter se había deteriorado de forma muy significativa —tanto que apenas lograba reconocer ya a unas pocas personas—. Es por tanto muy posible que no supiera quién era Alzheimer y que simplemente deseara que la dejasen en paz. Con todo, el hecho de que recorriera las distintas salas del hospital para decir adiós a sus pacientes antes de abandonar el centro es una nueva prueba de que Alzheimer empatizaba con ellos. Y lo que es más importante, también pidió a Sioli que le mantuviera al tanto de la evolución sintomatológica de la señora Deter y de la progresión de la enfermedad.

4

A Múnich por Heidelberg

Hace mucho tiempo que Heidelberg puede enorgullecerse de contar con una de las facultades de Medicina más afamadas de Alemania. Cabe decir, por tanto, que, al incorporarse a esa institución, Alzheimer estaba dando un salto muy significativo en su carrera, máxime teniendo en cuenta que procedía de una ciudad tan «atrasada» como Fráncfort, que en esos años no disponía ni de escuela médica ni de universidad. Además del placer de trabajar con su colega y amigo Franz Nissl, lo que atrajo a Alzheimer a esa localidad fue la posibilidad de unirse al grupo de práctica clínica e investigación psiquiátrica del profesor Emil Kraepelin.

En esa época, Kraepelin era una de las figuras más descollantes de la psiquiatría. Además de ser autor de uno de los primeros manuales sobre las enfermedades mentales, defendía también la idea de que debían indagarse los fundamentos biológicos del daño cerebral vinculado con las dolencias psiquiátricas. Para Alzheimer, la facultad de Heidelberg constituía un entorno clínico y científico perfecto, ya que le permitía proseguir los trabajos iniciados con Nissl y aprender de una de las eminencias más relevantes de la psiquiatría. Sin embargo, justo después de que Alzheimer se instalara en Heidelberg, Kraepelin aceptó un cargo en la Universidad Maximiliana de Múnich, a la que trasladó en 1903 tanto sus estudios de laboratorio como el ejercicio clínico que venía desarrollando en su anterior destino. En vista de la situación, Alzheimer decidió mudarse de nuevo y seguir los pasos de Kraepelin —aunque, curiosamente, Nissl prefirió permanecer en Heidelberg—. Esto resulta llamativo, puesto que Alzheimer y Nissl eran muy buenos amigos —hasta el punto de que una de las razones de que Alzheimer se trasladara a vivir a Heidelberg había sido justamente la presencia de Nissl—. Parece razonable suponer, aunque solo sea a modo de especulación, que Kraepelin debía de haber causado una inmensa impresión en Alzheimer y que ese fue el motivo de que optara por mantener sus lazos con el profesor y partir a Múnich.

Más sorprendente aún es la circunstancia de que a Alzheimer no le esperara ningún puesto de trabajo remunerado en la clínica muniquesa de Kraepelin. Esto obligó a nuestro médico a desempeñar su labor gratuitamente —al menos hasta 1906—. Para costear sus propios gastos y mantener a su familia (que se había trasladado con él) tuvo que echar mano de la herencia que le había dejado su esposa en el testamento. En el momento en que Alzheimer y Cecilie contrajeron matrimonio, ella era viuda de un tratante de diamantes de Fráncfort, así que la cuantía de la herencia bastaba para salir airosamente del paso. Para Alzheimer, el hecho de no hallarse sujeto a un empleo pagado presentaba tres ventajas: en primer lugar, la de hallarse en condiciones de dedicar muchas más horas a lo que más le gustaba, la investigación —sobre todo, en el nuevo gabinete de microscopía que él mismo había instalado en Múnich—. El segundo beneficio consistió en pasar más tiempo con sus hijos, por los que sentía total devoción, según referirán más tarde ellos mismos. Y, por último, ese tiempo libre también le daba ocasión de mantener correspondencia regular con Sioli, en Fráncfort, y recibir noticias sobre la evolución del caso de la señora Deter. Sioli, que no tenía el más mínimo inconveniente en tener a Alzheimer al tanto de la situación, enviaba periódicamente a su colega datos actualizados sobre los síntomas y el estado general de la paciente.

5

El año de 1906

El 9 de abril de 1906, Alzheimer recibió una llamada telefónica de Sioli. Este solo hecho ya era en sí mismo extremadamente insólito, puesto que la red nacional de telefonía todavía se hallaba en mantillas en la Alemania de la época, así que establecer una conferencia, y más aún una de «larga distancia», como la que media entre Fráncfort y Múnich, no solo se revelaba difícil, sino extraordinariamente caro. No obstante, Sioli tenía buenas razones para efectuar el contacto, pues lo que tenía que decirle a Alzheimer era que la señora Deter había fallecido la víspera. Alzheimer le preguntó inmediatamente si existiría la posibilidad de realizarle la autopsia y si su interlocutor estaría dispuesto a enviarle el cerebro de la paciente a fin de efectuar la oportuna investigación histopatológica. También le solicitó el conjunto de las notas clínicas que se hubieran tomado desde que él mismo abandonara el hospital francfortés en 1902. Sioli dispuso todo lo necesario para la necropsia de la señora Deter y remitió a Alzheimer la totalidad de las notas clínicas vinculadas con su caso, junto con su cerebro.

Si analizamos las cosas con los criterios actuales, es claro que estas acciones faltan gravemente a la ética. Ni la señora Deter ni sus familiares habían dado su consentimiento para la disección del cadáver y tampoco habían expresado ningún acuerdo en relación con la investigación de su cerebro. Ni siquiera sabemos si se les informó de lo que se iba a hacer o de cómo era el procedimiento. No obstante, la realización de autopsias sin el beneplácito de las personas directamente implicadas era una práctica común en esos tiempos. Solo después de la segunda guerra mundial, al introducirse unos principios morales más adecuados y restrictivos en el ámbito de las averiguaciones médicas, llegaría a convertirse en norma la petición de la aquiescencia de los pacientes.

Una vez llegados a Múnich los informes clínicos y el cerebro de la señora Deter, Alzheimer y dos médicos visitantes procedentes de Italia (los doctores Perusini y Bonfiglio —cuyo papel en la detallada exposición del primer caso conocido de la enfermedad de Alzheimer ha sido en gran medida olvidado—) se afanaron en preparar el cerebro para la investigación. En primer lugar, señalaron con todo cuidado el aspecto general que presentaba el órgano a simple vista, efectuando así el estudio macroscópico. A este examen lo siguió una minuciosa observación histopatológica al microscopio —para la que se efectuaron, entre otras cosas, distintas tinciones del tejido cerebral—. Los tres facultativos (Alzheimer, Perusini y Bonfiglio) coincidieron en señalar, cada uno de forma independiente, que los cambios histopatológicos detectados en el cerebro de la señora Deter no solo eran absolutamente singulares, sino que jamás habían sido observados con antelación. Esto fue motivo de cierto entusiasmo, así que los tres doctores prosiguieron su examen y se consagraron a él durante todo el verano de 1906.

Debido a estos nuevos hallazgos, Alzheimer solicitó dirigirse a sus colegas de profesión en la conferencia regional de psiquiatras que iba a celebrarse en la localidad alemana de Tubinga el 3 de noviembre de ese mismo año, prácticamente cinco años después —día por día— del primer encuentro entre Alzheimer y Auguste Deter. No es difícil imaginar la emoción que debió de sentir nuestro protagonista al exponer a los asistentes la situación en que había encontrado a la paciente y los descubrimientos histopatológicos que acababa de compilar en colaboración con los médicos italianos. De hecho, entre los miembros del público que le escuchaba figuraban algunos de los más eminentes psiquiatras y neurocientíficos de Alemania. Fiel a su característico talante, Alzheimer preparó con toda meticulosidad su presentación y apoyó los datos en una serie de diapositivas en soporte de cristal, gracias a las cuales podían apreciarse los hallazgos microscópicos. En esa época, la toma de fotografías de lo que alcanzaba a verse por el objetivo del microscopio constituía una verdadera innovación y más todavía mostrarlas a la audiencia mediante un proyector —en lo que venía a ser una suerte de precursor del PowerPoint—. Estos abundantes preparativos son un signo más de la gran importancia que concedía Alzheimer al caso de la señora Deter. De ese modo, tras no pocos esfuerzos, todo quedó listo para el día clave.

La tarde en que Alzheimer expuso su informe, el presidente de la conferencia, el doctor Hoche, le presentó con estas palabras a los asistentes: «Y a continuación, el doctor Alzheimer, de Múnich, disertará sobre "Una curiosa y grave enfermedad del córtex cerebral". Doctor Alzheimer, el estrado es suyo». A esta indicación, Alzheimer se levantó de su asiento y comenzó a explicar a sus colegas el caso de la señora Deter. Lo primero que hizo fue ofrecer una descripción pormenorizada de la historia clínica de la paciente. Indicó que, según había referido el esposo de la mujer, el primer problema había consistido en el olvido de información, la diseminación de los cacharros de cocina por toda la casa y la frecuente confusión respecto al lugar en el que creía encontrarse o el día en que vivía. A continuación, Alzheimer expuso los síntomas manifestados por la señora Deter tras su llegada a la clínica de Fráncfort y reveló el contenido de las entrevistas que había mantenido con ella. El psiquiatra comentó igualmente que, al llegar al hospital, la paciente ya tenía la memoria muy deteriorada y le resultaba difícil seguir una conversación o escribir frases completas. También subrayó que se desconcertaba y no sabía con exactitud dónde estaba. Por último, Alzheimer señaló que la paciente había fallecido cuatro años y medio después de su ingreso en el sanatorio, víctima de una infección —probablemente como consecuencia de una úlcera de decúbito, es decir, de una escara debida a la constante presión del cuerpo sobre los puntos de apoyo en el lecho, algo que en esa época era muy común entre los enfermos obligados a guardar cama.

Una vez completada la exposición general del cuadro clínico de la señora Deter, nuestro médico presentó a la concurrencia los hallazgos histopatológicos derivados del estudio del cerebro de la paciente. Alzheimer había preparado cuatro diapositivas en las que quedaban patentes los cambios experimentados por las células nerviosas del cerebro de la señora Deter, lo que le permitió resaltar que las neuronas parecían haber muerto por la acción de una «sustancia metabólica desconocida». En la primera transparencia hizo ver a los presentes que algunas células nerviosas se habían «desintegrado» y que lo que quedaba tras ese proceso destructivo era un conjunto de fibras neuronales desnudas —también llamadas «fibrillas»—. Lo que sospechaba, añadió, era que la aparición de esas fibrillas tenía que ser necesariamente un efecto de esa sustancia ignorada. En la segunda filmina se observaba la presencia de fibrillas en las diferentes células nerviosas cerebrales de la enferma, lo que demostraba que el número de neuronas afectadas por aquella «sustancia metabólica desconocida» era muy elevado. Alzheimer sostuvo que ese nuevo proceso patológico causaba estragos, como mínimo, en la cuarta parte de las células nerviosas y hasta en el 75 % de las mismas en el supuesto máximo. En la tercera diapositiva, el microscopio dejaba al descubierto un cambio diferente: se trataba de un conjunto de manchas, del tamaño de una semilla de mijo, en las capas externas del cerebro (es decir, en el córtex o corteza cerebral). Finalmente, en la última transparencia, Alzheimer mostró otras manchas de índole diferente, pese a seguir presentando el tamaño de esas mismas semillas. El psiquiatra explicó que las máculas se encontraban fuera de las células nerviosas desintegradas y que estaban llenas de otra sustancia misteriosa. Es probable que estas descripciones se le antojen tan enigmáticas como desconcertantes, pero no se preocupe: es normal. De hecho, también a mí me resultan igualmente extrañas —y desde luego, por fuerza debieron de parecérselo también a Alzheimer—. Con todo, este asombro es con frecuencia el sello característico del descubrimiento científico y la forma que adopta el proceso que conduce a él. Lo habitual es justamente que todo hallazgo científico novedoso comience con descripciones extremadamente simples de las observaciones, dado que todavía no se dispone de explicación alguna.

¿Qué eran entonces aquellas fibrillas y manchas del tamaño de una «semilla de mijo»?

En esa época nadie lo sabía, ni siquiera el propio Alzheimer. En tan temprana etapa de la investigación, lo único que conocía era que en el cerebro de la señora Deter se apreciaban esos cambios y que de algún modo guardaban relación tanto con los síntomas enumerados como con el desarrollo de la enfermedad.

Para concluir la ponencia, Alzheimer declaró que el proceso patológico le parecía cuando menos «curioso» y que los casos de ese padecimiento habían aumentado en los últimos años. Esta afirmación vuelve a apuntar al lógico hecho de que los médicos ya debían de haber visto a muchas personas con sintomatologías similares a los de la señora Deter antes de que Alzheimer detallara su caso concreto.

Ahora bien, si todo el mundo conocía ya la existencia de este tipo de pacientes, ¿dónde estaba la novedad?

La originalidad crucial reside aquí en la circunstancia de que se hubiera realizado una investigación microscópica e histológica del cerebro de la señora Deter. En esa época, el estudio de Alzheimer era realmente revolucionario, dado que, si bien muchos médicos y científicos habían expuesto con anterioridad el cuadro clínico de los pacientes psiquiátricos, eran sin embargo muy pocos los que habían relacionado los síntomas con un conjunto de cambios observables en el cerebro de los enfermos. Son estas investigaciones microscópicas las que determinan que la «primera» persona con un diagnóstico compatible con lo que hoy conocemos con el nombre de enfermedad de Alzheimer sea la señora Deter —por muy numerosos que fueran, sin duda, los informes de casos similares previamente observados por otros médicos.

Al término de su exposición, como es lógico, Alzheimer resaltó la necesidad de conceder una importancia mucho mayor a las modificaciones microscópicas e histológicas que acompañan a las «dolencias psiquiátricas», puesto que solo así se lograría alcanzar una mejor comprensión de la enfermedad, lo que a su vez haría factible ofrecer una ayuda más adecuada a los pacientes. En su alocución final, Alzheimer sostuvo que este nuevo enfoque «permitiría caracterizar de forma más precisa la enfermedad» y mejorar tanto la diagnosis como el subsiguiente tratamiento psiquiátrico. Llegado a este punto, Alzheimer quedó en silencio ante el atril y aguardó ansiosamente las preguntas que los asistentes quisieran formularle en relación con sus nuevos y palpitantes hallazgos. Pero nadie abrió la boca.

Pese a que todas las miradas estuvieran fijas en su persona, lo cierto es que Alzheimer se encontró frente a un muro de silencio. Tras una incómoda espera, intervino al fin el doctor Hoche, que presidía la reunión: «Gracias, por su presentación, doctor Alzheimer. Al parecer, no hay peticiones encaminadas a discutir sus hallazgos».

Y con estas palabras se despidió a Alzheimer.

6

Las consecuencias de lo ocurrido en Tubinga

Desde luego, no se comprendió de manera inmediata la auténtica relevancia de lo expuesto, cosa por cierto, que no es nada infrecuente en materia de descubrimientos científicos, ni siquiera entre los expertos.

Con todo, la muda acogida de lo que acababa de revelar debió de dejar absolutamente chafado a Alzheimer. No hay que olvidar que había dedicado los cinco años anteriores a seguir paso a paso la evolución de la señora Deter y a llevar un escrupuloso conjunto de anotaciones, a fin de confeccionar el más meticuloso de los historiales clínicos. Por si fuera poco, también había consagrado los últimos seis meses a investigar en detalle, junto con sus dos colegas italianos, los cambios histopatológicos registrados en el cerebro de su paciente, y ahora todo parecía indicar que el esfuerzo se había revelado inútil.

Para colmo de males, el comité organizador de la conferencia tomó la grave decisión de no imprimir, en la venidera publicación de una destacada revista psiquiátrica alemana, el contenido de la exposición del doctor Alzheimer. Los integrantes de la comisión basaban su postura en el hecho de «que nadie hubiera considerado oportuno plantear preguntas ni someter a debate» ninguno de los elementos señalados en la ponencia sobre la señora Deter. Antes de la era de internet, la divulgación de una antología de los descubrimientos más señalados de una presentación científica era una forma de permitir que un importante sector del público obtuviera información sobre los trabajos de investigación punteros. El hecho de que el caso de Auguste Deter no fuera seleccionado para su inclusión en ese órgano de difusión especializado tenía un significado claro. Era una forma de hacer saber al médico que lo había estudiado que los expertos presentes en la conferencia no habían juzgado que su labor tuviera la relevancia precisa y también equivalía a decir que no se comunicarían las conclusiones de Alzheimer al resto de la comunidad clínica y científica.

Aquello supuso un mazazo terrible para nuestro protagonista. Kraepelin, sin embargo, tuvo la sensatez de sacar el caso de la señora Deter de la inmerecida oscuridad a la que quería relegársele. Insistió una y otra vez en la importancia de la monografía y convenció al comité de que el caso en cuestión debía figurar en la publicación llamada a airear los hallazgos del coloquio. No podemos saber si lo que Kraepelin quería era simplemente ayudar a su protegido o si por el contrario había comprendido el auténtico alcance del caso de aquella paciente, ya que las intenciones del defensor de Alzheimer pertenecen al ámbito de las meras conjeturas. Sea como fuere, lo cierto es que su intervención iba a resultar crucial en el «descubrimiento» de la enfermedad como tal, puesto que sin su respaldo jamás habría visto la luz el artículo científico de 1907 en el que se incluyeron los datos revelados por Alzheimer en la exposición de Tubinga. Este brevísimo escrito —de apenas dos páginas— sigue considerándose actualmente la piedra angular de cuanto hoy conocemos sobre la enfermedad de Alzheimer.

La segunda intervención decisiva de Emil Kraepelin consistiría en dar a esa dolencia el nombre de quien la había estudiado y expuesto en tan trascendente conferencia.

Ya hemos dicho que en esos años Kraepelin era un afamado psiquiatra. No solo le debemos la primera descripción y clasificación de algunos padecimientos psíquicos confusamente concebidos hasta entonces, como el de la esquizofrenia, también es autor de algunos de los textos inaugurales de la psiquiatría. Gracias a él nace la práctica de utilizar esos manuales para enseñar a identificar y distinguir las enfermedades psiquiátricas a los estudiantes de Medicina y a los especialistas en la atención clínica. No obstante, los descubrimientos en el campo de las afecciones mentales estaban avanzando a tal velocidad que Kraepelin cayó muy pronto en la cuenta de que era necesario revisar el manual que él mismo había redactado originalmente, llegado a las librerías en 1904.

Kraepelin dedicó todo el año 1908 a la elaboración de ese nuevo libro, cuyo primer volumen, dedicado a la psiquiatría general, vio la luz en 1909, seguido, en 1910, por un segundo tomo, consagrado a la psiquiatría clínica. Los dos textos se convirtieron instantáneamente en obras clásicas de la diagnosis clínica y el tratamiento de las enfermedades psiquiátricas. El capítulo VII del volumen 2 se centra en el análisis de las demencias senil y presenil —una denominación que abarca muchas de las afecciones psiquiátricas de las edades mediana y avanzada—. Al concretar el contenido de ese capítulo, Kraepelin tuvo bien presente la ponencia que Alzheimer había leído en Tubinga en 1906. Tampoco echó al olvido a un paciente en concreto —Johann Feigl—, al que había visitado en su clínica, en compañía de Alzheimer, en la primavera de 1910, ya que el hombre presentaba síntomas muy similares a los de la señora Deter. En su libro, Kraepelin enumera minuciosamente los detalles del caso y describe asimismo los cambios que Alzheimer observó en su cerebro. Dichas transformaciones mostraban que en el cerebro del señor Feigl había fibrillas y placas parecidas a las halladas en la microscopía de la señora Deter. Así concluye Kraepelin la exposición de ambos casos en el manual: «En el momento presente, la interpretación clínica de la enfermedad de Alzheimer sigue siendo oscura».

Es la primera vez que aparece mencionada esta expresión de «enfermedad de Alzheimer». Y dado que los manuales de Kraepelin no solo gozaban de una enorme difusión, sino que contaban con muchos lectores, esa habría de ser en último término la denominación que adoptasen para referirse a la nueva patología tanto los especialistas clínicos como los investigadores. Por consiguiente, fue la indicación de Kraepelin lo que acabó por establecer la atribución de este tipo de demencia a Alois Alzheimer.

Lo curioso del caso es que el propio Alzheimer era mucho más escéptico que Kraepelin en este asunto, ya que no estaba en modo alguno seguro de que los pacientes que había estudiado padecieran efectivamente una enfermedad específica y distinta de otras. Pensaba que podía tratarse de una variante de lo que —en esa época— quedaba englobado, con general aceptación, bajo el rótulo de «demencia precoz». Ahora bien, no debemos olvidar que, en el ámbito de las enfermedades psiquiátricas, la visión de conjunto de Kraepelin era mucho más amplia que la de Alzheimer, lo que le permitía valorar con claridad que algunos casos, como los de la señora Deter y el señor Feigl, eran probablemente enfermedades de entidad muy distinta a otras que hasta entonces venían incluyéndose en el mismo saco. Por consiguiente, dio a Alzheimer y a su equipo de colaboradores más tiempo y recursos, todo ello para permitir que detectaran otros casos de idéntica índole. El resultado de esa iniciativa fue la publicación de un artículo firmado por Alzheimer y su colega Perusini. En él se analizaban cuatro casos de la nueva dolencia: los de la señora Deter, el señor RM, la señora BA y el señor SL. El texto vio la luz en 1909. Todos los enfermos mostraban sintomatologías muy parecidas y en el tejido cerebral de cada uno de ellos se apreciaban los mismos cambios histopatológicos. Unidos al caso del señor Feigl, estos cuatro individuos conformaron por tanto la base de las futuras diagnosis de la enfermedad de Alzheimer y proporcionaron el fundamento para todas las investigaciones posteriores.

Así las cosas, puede que nos preguntemos: ¿ha de quedar circunscrita nuestra gratitud por el descubrimiento de la enfermedad que nos ocupa a las solas figuras de Alzheimer y Kraepelin? No exactamente.

7

La enfermedad de Fischer

¿Han oído hablar alguna vez de la enfermedad de Fischer?

¿No...?

La verdad es que no me sorprende, porque la enfermedad de Fischer no existe. Sin embargo, lo que hoy entendemos por «mal de Alzheimer» muy bien podría haberse denominado «enfermedad de Fischer» o de «Alzheimer-Fischer». La razón hay que buscarla en el hecho de que, en 1907, el doctor Oskar Fischer publicara los detalles de varios casos de demencia senil al mismo tiempo que Alzheimer —en los que el cerebro de los pacientes presentaba invariablemente unas fibrillas y unas placas similares en tamaño a las semillas de mijo idénticas a las observadas por Alzheimer—. De hecho, corriendo el año 1910, Fischer publicaría un artículo científico de más de un centenar de páginas en el que exponía de manera pormenorizada las transformaciones histopatológicas de las demencias senil y presenil. Esto superaba con mucho todo cuanto el propio Alzheimer había señalado y dado a conocer.

Teniendo en cuenta tan sustancial contribución, ¿cómo es posible que no hayamos oído jamás el nombre de Oskar Fischer y que no supiéramos nada de él?

Este ignorado médico nació en 1876 en un pueblecito situado al noroeste de Praga. Formaba parte de la minoría de habla germana asentada en la localidad (que actualmente pertenece a la República Checa). Estudió Medicina en las universidades de Estrasburgo, en lo que hoy es Francia (ya que en aquella época la docencia se ejercía en alemán, al haber quedado anexionada la ciudad a Alemania entre 1872 y 1918). Más tarde, Fischer terminaría su educación en Praga. Tras obtener su licenciatura en la universidad alemana de Praga (la urbe poseía por entonces dos centros universitarios: uno alemán y otro checo —aunque en 1949 el centro germano sería absorbido por la institución checa—), Fischer trabajó en el Departamento de Anatomía Patológica y, posteriormente, en el de Psiquiatría (hasta 1919). Sería justamente este período laboral en la sección psiquiátrica lo que lograría imprimir un giro determinante a su carrera.

En ese período, el director del Departamento de Psiquiatría de la universidad alemana de Praga era uno de los más eminentes neurólogos conductuales de Europa: el profesor Arnold Pick —médico brillante y apasionado científico—. En cierto modo, el propio Pick tiene algo de héroe olvidado, ya que descubrió otra dolencia mental: la demencia frontotemporal. Se comprende por tanto que a este psiquiatra le entusiasmara la perspectiva de que su departamento lograra liderar el estudio y la investigación de las demencias senil y presenil, un emocionante proyecto en el que Fischer estaba llamado a colaborar activamente.

Al igual que Alzheimer, Fischer consideraba que la microscopía y las nuevas técnicas de tinción eran elementos decisivos para quien quisiera avanzar en la investigación de las enfermedades psiquiátricas senil y presenil. Desde luego, antes de Alzheimer y de Fischer, ya habían aparecido publicaciones de profesionales que señalaban la observación de placas «del tamaño de una semilla de mijo» en el cerebro de las personas aquejadas de demencia. Tal es el caso, por ejemplo, de dos miembros del equipo del hospital parisino de la Salpêtrière —los doctores Paul Blocq y Gheorghe Marinescu, que ya habían descrito en 1892 estos cambios en el cerebro de las personas con demencia senil—. De manera similar, también los estudiosos Emil Redlich, de la segunda clínica psiquiátrica de la Universidad de Viena, y Kiichi Miyake, de la clínica psiquiátrica de la Universidad de Tokio, habían observado —en 1898 y 1906, respectivamente— la presencia de esas placas del tamaño de un grano de mijo en el cerebro de los pacientes con demencia senil.

Entonces, ¿qué tenían de novedosos los descubrimientos de Alzheimer y Fischer?

El elemento clave en la definición que Alzheimer hace de la enfermedad que lleva su nombre radica en la doble observación de placas y fibrillas en el cerebro de las personas afectadas. Solo Alzheimer y Fischer señalaron esas dos variaciones tisulares y por ello es justo reconocerles el mérito de haber sido los primeros en describir esta patología. En la primera parte del libro veremos cuáles son los mecanismos que determinan que la presencia de ambas alteraciones provoque la enfermedad de Alzheimer.

En vez de considerar que Alzheimer y Fischer fueron dos casos de genialidad aislada, puede que resulte pertinente traer aquí a colación la célebre afirmación atribuida a Isaac Newton: «Si alcanzamos a ver más lejos que antes es por habernos aupado a hombros de gigantes». En la ciencia, el «genio solitario» es, en mi opinión, un mito, ya que el «descubrimiento» científico se basa siempre en el trabajo de otras personas. Es probable que tanto Alzheimer como Fischer conocieran la obra de Blocq, Marinescu, Redlich y Miyake. Sin embargo, fue su observación de aquellas placas y fibrillas —unida a la correspondiente descripción de las mismas en las publicaciones especializadas— lo que vuelve única su contribución a la definición de la enfermedad de Alzheimer.

Pero ¿por qué la afección no lleva el nombre de Fischer?

No lo sabemos, así que solo nos queda conjeturar las posibles razones. Puede que Fischer creyera que el hallazgo de las placas y las fibrillas solo se hallaba específicamente ligado a un subtipo de demencia: la presbiofrenia. En aquella época, este término se empleaba para designar la dolencia psiquiátrica que padecían ciertas personas, en concreto, aquellas con el llamativo síntoma de mostrar un estado de ánimo inusualmente elevado y un comportamiento hiperactivo, sobreañadido a un apreciable grado de desorientación. Con el tiempo quedaría patente que la presbiofrenia podía no ser de hecho un subtipo independiente de demencia y por ello la voz dejó de utilizarse, salvo en raras ocasiones, a partir de la década de 1920. Resulta igualmente posible que la comunidad científica desconociera los hallazgos de Fischer debido precisamente a la circunstancia de que utilizara este término de «presbiofrenia», ya que sus colegas podrían haber juzgado oportuno desentenderse de sus descubrimientos al saber que se había valido de un concepto abocado a caer muy pronto en desuso.

Otro de los motivos de que hoy conozcamos el padecimiento del que nos estamos ocupando con el nombre de «enfermedad de Alzheimer» radica quizá en el hecho de que Alois fuera un protegido de Kraepelin. Con esto no pretendo en modo alguno reducir la contribución de Alzheimer, pero también es preciso reconocer que la inclusión de los casos que él estudió en el manual de su mentor influyó muy notablemente en la difusión de ese vínculo entre la dolencia y su apellido, dado que los libros de Kraepelin no solo llegaban a todas partes, sino que eran traducidos a varios idiomas. No obstante, me pregunto si Kraepelin conocía los hallazgos de Fischer al redactar la versión revisada de su doble volumen, ya que, de haber sido así, surge otra interrogante: ¿qué pudo inducirle a no denominar enfermedad de Alzheimer-Fischer al padecimiento?

Sea como fuere, lo cierto es que el elemento trágico de la biografía de Fischer no se debió exclusivamente al hecho de que sus hallazgos científicos carecieran de reconocimiento, sino a otra circunstancia: la de que buena parte de su vida laboral estuviera presidida por una lucha denodada. En 1919 se le negó una plaza en la universidad alemana de Praga —algo muy sorprendente, teniendo en cuenta que había publicado sus descubrimientos y que estos eran verdaderamente significativos—. Tuvo que abrir una consulta médica particular en esa misma ciudad y continuar su actividad docente como simple «profesor adjunto». Es más, en 1941, el destino de Fischer adquiriría tintes aún más sombríos al arrestarle la Gestapo y dar con sus huesos en la prisión de Theresienstadt (la actual Terezín, en la República Checa), que era a la vez un gueto y un campo de internamiento para reclusos en tránsito —en el que se confinó a los judíos checos deportados, en espera de su envío a los campos de concentración nazis—. Fischer fue encarcelado en la *Kleine Festung*, o pequeña fortaleza, del gueto. En este edificio, que operaba de manera independiente, se encerraba a los presos políticos y a los intelectuales. Ni siquiera sabemos con exactitud qué razones se adujeron para su detención. Tenía antepasados judíos y también había intervenido activamente en las reivindicaciones políticas de los círculos izquierdistas praguenses de las décadas de 1920 y 1930. Lamentablemente, la brillante carrera científica de Fischer acabó de forma brutal: falleció en la cárcel de Theresienstadt en 1942, a los sesenta y cinco años. Sus decisivas contribuciones a la comprensión de la «enfermedad de Alzheimer» han sido en gran medida postergadas, cuando lo cierto es que estamos ante una dolencia que también debería llevar su nombre.

8

El legado del doctor Alzheimer

Pero ¿qué hay de la aportación de Alzheimer?

Sabemos que el legado de Fischer y su contribución al descubrimiento de las causas de la enfermedad de Alzheimer han quedado casi totalmente relegados al olvido. ¿Hemos de concluir por ello que al menos Alzheimer logró en vida la fama a la que se había hecho acreedor en virtud de sus hallazgos en este campo?

Ni muchísimo menos.

Pese al éxito que consiguió tanto al publicar sus últimos casos como al tener la fortuna de que Kraepelin vinculara su apellido a la nueva enfermedad, lo cierto es que las numerosas ocupaciones de Alzheimer le impidieron percibir las potenciales repercusiones futuras de sus trabajos. El principal motivo de todo ese ajetreo hay que buscarlo en el hecho de que, en 1912, se trasladara a Breslavia (la Wrocław de la Polonia de nuestros días) para tomar posesión de una cátedra y dirigir una clínica propia. La ciudad de Breslavia está muy lejos de Múnich, la capital bávara, lo que significa que Alzheimer quedó también un tanto aislado de los más recientes hallazgos científicos, cuya información no le llegaba de forma tan fluida como antes. Sin embargo, para Alzheimer el puesto de Breslavia era la materialización de un sueño, ya que el cargo le permitía concebir y gestionar a su modo las líneas maestras de un departamento universitario —algo que siempre había deseado—. El entusiasmo por su nueva situación se hizo evidente nada más llegar a la universidad, ya que pudo crear un novedoso laboratorio histológico y poner en marcha un servicio clínico. Con ello no solo concretaba al fin su vieja aspiración de contar con una clínica y un laboratorio propios, también hacía realidad algo aún más importante: dedicar gran parte de su tiempo a la pasión que le inspiraba la microscopía. Este período debería haber sido el inicio de una época dorada en la vida de Alzheimer y tendría que haberle dado la oportunidad de consolidar su condición: nada menos que la de ser uno de los psiquiatras más descollantes de la Alemania de la época, pero, por desgracia, esa fase de gloria profesional se reveló efímera.

Las informaciones que proporcionan tanto Kraepelin como otros colegas de Alzheimer muestran que, al abandonar Múnich para mudarse a Breslavia, nuestro protagonista ya realizó el viaje enfermo y que, tras su llegada, tuvo que pasar cierto tiempo en uno de los sanatorios de su nueva ciudad de residencia a fin de recuperarse. No obstante, en el transcurso de los tres años y medio siguientes, la salud de Alzheimer se fue deteriorando todavía más, lo que le obligó a interrumpir una y otra vez su labor. Según parece, su corazón se había debilitado y le faltaba a menudo la respiración. Todo indica que también sufría de los riñones. Pese a los denodados esfuerzos de sus camaradas de profesión, incluidos Nissl y Kraepelin (que trataron de apoyarle en la distancia), Alzheimer terminó falleciendo el 19 de diciembre de 1915, con tan solo cincuenta y dos años.

El legado de Alzheimer dista mucho de resultar claro —algo que suele ocurrir en el caso de las personas que mueren a edades relativamente tempranas—. Pese a que él mismo permaneciera persuadido de que los casos de la señora Deter y sus demás pacientes fueran «curiosos» y dignos de mención, la verdad es que no les prestó más atención que al resto de las historias clínicas de interés que sometió a concienzudo estudio. De hecho, los obituarios que reflejaron en su momento la desaparición de Alzheimer no solo no mencionan en ningún caso la enfermedad que habría de llevar su nombre, sino que tampoco hacen referencia a la señora Deter. En cambio, en las necrológicas que publicaron sus colegas sí que se resaltan los detalles de algunos de los demás expedientes psiquiátricos examinados por Alzheimer. Una de las ironías propias de la existencia humana en general estriba justamente en esto: en no saber ni cómo ni por qué se nos recordará cuando ya no estemos en este mundo. Lo más probable es que el mismo Alzheimer habría quedado desconcertado al conocer que su principal aportación a la ciencia llegó de la mano de su trascendental encuentro con la señora Deter.

Pese a la ocasional información de algunos casos —dejando aquí a un lado las más relevantes publicaciones de Alzheimer y Fischer—, la verdad es que, en las décadas inmediatamente posteriores a la muerte de nuestro psiquiatra, la investigación relacionada con la enfermedad de Alzheimer dio lugar a muy pocos textos. Habría que esperar a los años setenta y ochenta del siglo XX para asistir a una reactivación de la búsqueda científica de las causas del mal de Alzheimer —y es probable que dicha circunstancia obedezca a dos motivos—. En primer lugar, el hecho de que la población de Europa y Norteamérica empezara a alcanzar edades cada vez más avanzadas hizo crecer de forma muy notable la presencia de personas con dicho padecimiento en los consultorios médicos, incrementando con ello la necesidad de mejorar tanto la precisión diagnóstica como los cuidados y los tratamientos. Y, en segundo lugar, en el último cuarto del siglo pasado, la ciencia había progresado mucho, perfeccionando con ello la comprensión de los síntomas característicos de la enfermedad de Alzheimer y la averiguación de los factores causales que alteran las estructuras cerebrales. Gracias a ello, hoy nos hallamos en situación de abordar el examen de los hechos científicos que subyacen a esta dolencia. Pero antes de lanzarnos a ese análisis, vale la pena recapitular brevemente lo averiguado hasta ahora.

Resumen de la primera parte

En este apartado del libro nos hemos ocupado de los siguientes aspectos:

- La primera persona a la que se le diagnosticó la enfermedad de Alzheimer fue la señora Auguste Deter.
- El doctor Alois Alzheimer fue quien estableció el diagnóstico de la señora Deter en un hospital de la ciudad alemana de Fráncfort.
- Antes de conocerse el padecimiento de la señora Deter es muy probable que ya fuera muy elevado el número de personas que, teniendo síntomas similares a los de este primer caso oficial, se vieran sometidas a examen y diagnóstico por parte de los facultativos clínicos.
- En el caso de la señora Deter, la diferencia crucial radica en el hecho de que Alois Alzheimer estudiara el cerebro de la paciente tras su fallecimiento y detallara los cambios concretos que acertó a apreciar en sus tejidos, cambios que todavía hoy siguen considerándose el sello distintivo de la enfermedad.
- Es justamente la correlación observada entre los síntomas de la señora Deter y las transformaciones de su tejido cerebral lo que determina que esta mujer se convirtiera en la primera persona a la que se le haya diagnosticado jamás la enfermedad de Alzheimer.
- En una conferencia celebrada en la localidad alemana de Tubinga, Alzheimer expuso los descubrimientos logrados a sus colegas, pero la mayor parte de sus contemporáneos juzgó poco digna de interés su aportación.
- La excepción a esa tónica general fue la actitud del profesor Emil Kraepelin, que no solo pasó a convertirse en un acérrimo defensor de los hallazgos de Alzheimer, sino que elaboró un nuevo manual sobre el estudio psiquiátrico de las afecciones propias de los individuos de edad avanzada y vinculó el apellido de su colega a la dolencia misma.
- La persona que ha acabado postergada y no ha visto reconocida su condición de codescubridora de la «enfermedad de Alzheimer» es el doctor Oskar Fischer, ya que no solo publicó hallazgos similares a los del propio Alzheimer, sino que lo hizo aproximadamente por la misma época.

- Pese a sus méritos en este campo, lo cierto es que, en el transcurso de las décadas inmediatamente posteriores a sus trabajos, Fischer quedaría relegado y sumido en la oscuridad, y esta es precisamente la razón por la que la dolencia lleve el apellido de Alzheimer y no el de Fischer.
- El propio Alzheimer falleció sin poder ser testigo de la tradición académica que nació gracias a sus trascendentales descubrimientos, pues falleció poco después de sus primeros estudios —circunstancia que retrasaría hasta las décadas de 1970 y 1980 la reactivación de las investigaciones que él iniciara.

Segunda parte

Memoria y espacio

Todo el mundo sabe lo que es la memoria.

¿De veras...?

El acto de memorizar cosas, ya sea una lista de la compra o los nombres de nuevas amistades, forma parte de nuestra vida cotidiana. Sin embargo, solo cuando un individuo pierde sus recuerdos —como sucede en la enfermedad de Alzheimer— podemos alcanzar a entender de manera real y patente lo que significa decir que la memoria es *de facto* un elemento indisolublemente unido al yo y a la personalidad de quien la posee y la usa. Esto significa que la memoria es algo más que un elemento relevante de nuestro día a día, pues define efectivamente nuestra identidad.

El filósofo John Locke ya avanzó en el siglo XVII la idea de que la memoria es una de las facetas centrales de nuestra personalidad. Este pensador sostenía que la memoria es justamente aquello que nos permite saber que seguimos siendo la misma persona de siempre. En esencia, esto quiere decir que, gracias a ella, conseguimos tener presente que somos el mismo individuo que hemos venido siendo en las décadas anteriores (o en los años, semanas, minutos e incluso segundos previos). Tomando esto como base, la vida se aparece ante nosotros con el aspecto de una entidad continua —aunque lo más importante sigue siendo que la memoria es el elemento que define íntegra e indisolublemente «nuestro yo»—. De hecho, ni siquiera nos preguntamos si seguimos siendo la misma persona que hemos sido siempre: lo somos y ya está. Como es obvio, sabemos que hemos cambiado a lo largo de nuestra existencia, ya que hemos adquirido experiencia y, tal vez, unos cuantos kilos de más. Sin embargo, nunca se nos ocurriría pensar que la persona que vivió esos acontecimientos anteriores sea un hombre o una mujer diferente. Todo parece situarse en el *continuum* de nuestra experiencia vital. Pero pasemos a considerar ahora lo que pasaría si hubiésemos perdido, o estuviéramos perdiendo, los recuerdos almacenados en el transcurso de toda nuestra vida. Desde luego, habría otras personas capaces de señalarnos hechos y sucesos de esa existencia olvidada, pero nosotros mismos no los recordaríamos.

Nos preguntaríamos cosas de este estilo: ¿significa eso que estuvimos verdaderamente presentes en todos esos acontecimientos o acaso están hablando de otra persona?

Empezaríamos a interrogarnos en nuestro fuero interno y acabaríamos cuestionándonos nuestra propia identidad.

¿Quién soy yo en realidad si no logro recordar quién era antes?

No se trata únicamente de una interpelación filosófica: para las personas que padecen la enfermedad de Alzheimer se trata de una situación perfectamente real.

Para obtener un vislumbre de los desafíos a que han de hacer frente los individuos aquejados de dicha dolencia cada vez que se ven obligados a capear las consecuencias de la pérdida de memoria, lo primero que hemos de entender es en qué consiste la memoria y cómo operan sus mecanismos cerebrales. Solo entonces podremos empezar a comprender los síntomas memorísticos que acompañan a la enfermedad de Alzheimer, lo que a su vez nos permitirá averiguar cuál es la mejor manera de proporcionar ayuda a la gente que sufre esa sintomatología.

Nuestro punto de partida va a ser el estudio de los diferentes tipos de memoria.

9

«No eres mi tipo»

Son muchas las personas que se sorprenden al saber que existen distintos tipos de memoria y que solo algunas de esas variantes sufren los efectos de la enfermedad de Alzheimer. El tipo más común —aquel al que justamente hace referencia la gente al hablar de la memoria— es el de la «memoria episódica». Tal y como sugiere su nombre, esta memoria guarda constancia de los episodios o acontecimientos que jalonan nuestra existencia —a modo de ejemplo, baste citar el hecho de que una persona retenga la fecha en que se casó o lo que hizo el domingo anterior—. En esencia, la memoria episódica consiste en la capacidad de recordar los acontecimientos que hemos experimentado en persona. Como este tipo de memoria es en realidad la función memorística más relevante de cuantas se ven afectadas por la enfermedad de Alzheimer, vamos a dedicar algún tiempo a explicar cómo opera y cómo incide en ella esta patología.

No obstante, la importancia de otras clases de memoria no es menor de la que tiene la que hemos dado en llamar «episódica», pero sucede que no son tan conocidas como esta última. La «memoria semántica», por ejemplo, es la que nos permite conocer los datos relacionados con el mundo que nos rodea. A diferencia de la memoria episódica, la memoria semántica no se halla ligada a un acontecimiento específico, ya que se trata, por el contrario, de un conjunto de informaciones desvinculadas de todo acontecimiento concreto y que sin embargo permanecen almacenadas en nuestro cerebro. Esto puede parecer bastante abstracto, pero, dicho de manera sencilla, la memoria semántica es lo que ofrece a las personas la posibilidad de «conocer» las normas de carácter genérico que rigen en el mundo ambiente y que no guardan una relación directa con un acontecimiento. Sabemos, por ejemplo, que una taza es una taza, con independencia del lugar en el que la encontremos, de su color o de su forma. También sabemos, en este mismo sentido, que la mayor parte de los pájaros tienen dos patas, mientras que los mamíferos poseen cuatro, por regla general —por más que existan excepciones, como le ocurre a cualquier regla.

Por consiguiente, la memoria semántica es una memoria del mundo y se basa en normas, así que nada tiene de extraño que resulte crucial para la vida cotidiana de cualquier ser humano. Con todo, lo más habitual es que demos por sentada esa memoria, como si su información fuese algo dado —ya que los hechos brutos nos parecen una realidad elemental—. Una taza es sencillamente una taza y nada más. ¿Qué tiene eso de extraordinario? No obstante, si lo pensamos detenidamente, no es fácil especificar qué elementos definen lo que es una taza. Probemos, por ejemplo, a explicarle en qué consiste ese objeto a alguien que nunca haya visto ni tocado una taza. ¿Es simplemente «una vasija pequeña en forma de cuenco empleada por lo general para tomar líquidos y característicamente provista de un asa», como aseguran los diccionarios? ¿Y qué pasa entonces con las tazas que no tienen forma de cuenco o que carecen de asa? Seguiremos identificándolas como tales tazas pese a que no muestren todos los rasgos comúnmente asociados con una taza. Sea como fuere, lo cierto es que, para aprender las «reglas» que rigen la esencia típica de los objetos o los hechos de nuestra existencia, combinamos ese tipo de características (la forma de cuenco, el asa y el estar hechas de loza o porcelana en el caso de nuestro ejemplo inmediato). Tras haber visto un gran número de tazas a lo largo de nuestra vida, acabamos sabiendo simplemente cuáles son «las reglas» que determinan que una taza sea una taza y por eso no la confundiremos con otro objeto, aunque este muestre rasgos muy similares y tenga usos verdaderamente parecidos —como sucede con un vaso, por ejemplo—. Cuando la gente tiene problemas con su memoria semántica lo habitual es que empiece por encontrar dificultades al nombrar los objetos, puesto que no logra distinguirlos, sobre todo, si no presentan grandes diferencias: ¿esto es realmente una taza o se trata de un vaso...? Por fortuna, en el caso de la enfermedad de Alzheimer, la memoria semántica permanece relativamente intacta, al menos, hasta las últimas fases de la dolencia. Valga recordar la entrevista de Alzheimer con la señora Deter y el momento en que el médico constata que a la paciente se le hace muy cuesta arriba recordar cualquier acontecimiento específico de su vida (es decir, hacer uso de su memoria episódica), mientras que consigue enumerarle correctamente los meses del año o los colores de los objetos (ya que esos datos dependen de la memoria semántica). No obstante, es frecuente que surjan confusiones cuando la persona que acude al facultativo le indica que es «incapaz de recordar las palabras» —ya que, ante este síntoma, la memoria que falla o falta podría ser de cualquiera de los dos tipos—. En estos casos, el patólogo deberá comprobar, por ejemplo, si el paciente puede recordar los nombres de las personas que ha conocido en acontecimientos recientes (usando la memoria episódica) o si se revela incapaz de retener los nombres de los objetos cotidianos (vinculados a la memoria semántica).

El solo hecho de que trabajemos a un tiempo, y de manera similar, con la memoria episódica y la semántica ilustra lo entrelazados que se encuentran en nuestra mente los recuerdos episódicos y los semánticos, pese a ser dos tipos de memoria notablemente distintos. El acceso que tenemos a estas dos variantes memorísticas es explícito y por eso la clasificación científica las considera «memorias explícitas». En este caso, la palabra «explícito» significa que podemos recuperar la información de los acontecimientos o los hechos en cualquier momento, basta que deseemos hacerlo.

Hay no obstante otras funciones de la memoria a las que no resulta tan sencillo acceder de forma deliberada: se trata de las «memorias implícitas». Estas memorias implícitas se utilizan sobre todo para realizar movimientos físicos o poner en práctica las destrezas aprendidas. Imagínese, por ejemplo, que tuviera que recordar los movimientos que es preciso efectuar para coger una taza con dos dedos. Sería una verdadera lata y nos obligaría a actuar de una forma extremadamente lenta. Lo que ocurre, por tanto, es diferente: el cerebro puentea la mente consciente y simplemente «ejecuta» el movimiento sin que tengamos la más mínima necesidad de pensar cómo se hace. Esto explica que echemos mano de la memoria implícita en muchas de nuestras tareas cotidianas. Por clara que sea la conciencia que tenemos de que siempre se revela difícil hacernos con una habilidad nueva, lo cierto es que una vez que la dominamos ya no tenemos que pensar en cómo realizarla, sino que nos limitamos a «hacerla» sin más. El simple hecho de «andar en bici» es un ejemplo clásico de esta memoria implícita basada en las destrezas aprendidas. La adquisición de la habilidad no es sencilla, pues requiere la coordinación de un gran número de funciones corporales: intervienen los músculos, la vista, el sistema vestibular del oído interno (que nos permite mantener el equilibrio), etcétera.

Cuando nos iniciamos en el arte de llevar una bicicleta, tenemos que centrar nuestra atención en armonizar bien todos esos elementos. Lo más frecuente es que los primeros intentos desemboquen en fallos y que estos nos proporcionen una información importante, ya que gracias a ella podemos valorar las correcciones que es preciso llevar a cabo para coordinar adecuadamente todos los sistemas implicados (como decíamos: el movimiento, la vista, el equilibrio, etcétera). Aprender a manejar la bici puede llevarnos muchas horas. Sin embargo, una vez que lo conseguimos, podemos pedalear en ella sin pensar para nada en lo que debemos hacer. Y lo que todavía resulta más asombroso: recordamos cómo montar en la bicicleta aun después de haber dejado de practicar este deporte por un largo período de tiempo, sea de años o incluso de décadas. Una vez adquiridas, las memorias implícitas quedan almacenadas en nuestro cerebro durante mucho tiempo y podemos acceder a sus claves a lo largo de toda nuestra vida. Al igual que antes con el ejemplo de la taza, también ahora resulta muy difícil explicarle a alguien qué acciones es preciso efectuar para llevar la bici, pues se verifican de forma instintiva. Es complicado exponer los movimientos que conviene realizar para montar en bicicleta. Simplemente «se hacen», así que, si uno quiere aprender a pasear sobre dos ruedas, todo lo que tiene que hacer es practicar y practicar. Hay no obstante otras funciones de la memoria implícita que guardan una mayor relación con el condicionamiento, la creación de hábitos y la facilitación, elementos todos ellos conectados con aquello que hacemos de manera automática.

Los contenidos de la memoria implícita permanecen intactos hasta fases muy avanzadas de la enfermedad de Alzheimer. No obstante, al no ser este tipo de memoria especialmente relevante en el caso de la dolencia que aquí nos ocupa, no seguiremos ahondando en ella —por fascinantes que resulten sus capacidades—. Nos centraremos en la memoria episódica, puesto que es un tipo de memoria clave sobre el que incide de manera particular la enfermedad de Alzheimer.

Lo siguiente que hemos de entender son los factores que influyen en la memoria episódica y las vías que nos permiten disponer de una excelente memoria de esta clase.

10

El arte de recordar

En la Antigüedad se consideraba que la excelencia en el uso de la memoria episódica era un «arte» y, desde luego, se juzgaba muy importante poseer esa destreza. La principal razón de que se estableciera dicho criterio radica en lo determinante que era en esa época la capacidad de sobresalir de manera cotidiana en el uso de la memoria episódica, ya que, para mucha gente, la posibilidad de memorizar algo para sabérselo «al dedillo» era el único modo de retener la información, habida cuenta de que el papel era un lujo muy escaso. Además, la memoria episódica no solo se empleaba para recordar cosas relativas al día a día, también era imprescindible para transmitir relatos y dar discursos.

Las narraciones jugaban un rol relevante tanto en las actividades de entretenimiento como en la educación y, de hecho, antes de la palabra escrita, los narradores solo podían confiar en la memoria para conservar y transmitir sus historias. Para apoyarse y memorizar estos relatos, los escritores antiguos solían recurrir a ciertos trucos mnemotécnicos. La rima fue uno de los «ardides» que utilizaron muchas de las crónicas de esos tiempos remotos —como la *Odisea*—. La versificación ayuda al cerebro a recordar los datos, ya que no resulta excesivamente difícil «dar» con las palabras que se nos han olvidado si coinciden con las anteriores por su métrica y su sonido. La otra «argucia» a la que se recurría en los relatos de la Antigüedad era la repetición. La insistente reiteración de un mismo contenido nos permite consolidar (una palabra que procede de las voces latinas *cum* = «junto con» y *solido* = «dar solidez, asegurar, endurecer») la información que se escucha.

Todavía recuerdo que, tras empezar por primera vez la lectura de la *Odisea* de Homero, pensé: «Ya me has dicho mil veces que Odiseo es "el de pies ligeros". ¡A ver si empieza de una vez la historia...!». Sin embargo, es de hecho la repetición de esa particularidad del héroe lo que hace que me resulte fácil recordar hoy la expresión con que se lo califica, pese a que hayan transcurrido varias décadas desde que recorriera aquellas páginas. Dicho llanamente: una palabra o una frase que hayamos oído muchas veces tendrá más probabilidades de quedar grabada en nuestra memoria. La repetición resulta particularmente útil en aquellos casos en que no podemos fijar la información por escrito. El hecho de reiterarla oralmente nos abre la posibilidad de recordar las indicaciones que escuchamos y, por consiguiente, estas quedan finalmente grabadas en la memoria. No es de extrañar que podamos recordar con tanta facilidad los cuentos que más nos gustaban en nuestra infancia, ya que pedíamos que nos los contaran una y otra vez. Como efecto secundario de ese estado de cosas podría darse la circunstancia de que nuestros padres también los recuerden a la perfección, puesto que eran ellos quienes tenían que leérnoslos en bucle. Todavía soy capaz de recitar de carrerilla algunos de los cuentos que acostumbraba a leerles a mis hijos: *Huevos verdes con jamón* —¿le apetecen a alguien?*

Las canciones pegadizas tienen hoy un efecto similar, igualmente basado en la reiteración. Lo habitual es que estas tonadillas repitan sin cesar las mismas frases o palabras, sobre todo, en el estribillo. Si uno se toma la molestia de leer la letra de estas cantinelas, comprobará lo rematadamente absurdo que resulta el nú-

* Se trata de un cuento infantil escrito por Theodor Seuss Geisel, un caricaturista estadounidense, creador, entre otros personajes, del célebre Grinch. La obra a la que aquí se alude, publicada en 1960, es un libro para principiantes con un lenguaje muy simple y solo cincuenta palabras diferentes. (*N. del t.*)

mero de veces que se repiten las expresiones y los términos. Sin embargo, está claro que funcionan y lo cierto es que nuestro cerebro se muestra extremadamente receptivo a estas redundancias. Si nos dieran únicamente la primera parte de una canción o, mejor aún, el arranque de su estribillo, resultaría muy sencillo recordar el resto de la balada —y hasta es posible que pudiéramos cantarla—. Hoy conocemos el fundamento científico de que la rima y la reiteración actúen como elementos clave de nuestra memoria episódica, pero en realidad lo sabíamos ya por experiencia propia, puesto que lo que aprendimos en la escuela primaria quedó fijado en nuestra mente, en buena parte, gracias a la repetición y al abundante empleo de rimas y canciones, y parece claro que todo eso nos ayudó a recordar el abecedario, las tablas de multiplicar y los nombres de reyes y reinas.

No obstante, si tomamos ahora un poco de perspectiva y analizamos la cuestión con mayor detenimiento, observaremos que, en sí mismas, no son las rimas o las repeticiones las que nos ayudan *de facto* a recordar tan bien la información, sino la circunstancia de que esas rimas y esas repeticiones ordenen la información que deseamos retener. Al repetir una y otra vez la misma información, se nos queda grabado el orden en el que se presentan los datos y es justamente ese orden lo que hace que la recuperación de lo aprendido mediante la memoria adquiera un carácter más predecible. El orden nos permite predecir el contenido del siguiente elemento que debemos recordar. Es importante comprender que el hecho de ordenar la información es uno de los factores clave para disfrutar de una buena memoria —y, de hecho, esa es precisamente la razón de que llevemos siglos recurriendo al orden en el terreno de la educación—. Con todo, lo curioso del caso es que el orden de la información sea a su vez el «talón de Aquiles» de la memoria humana.

Todo el que haya asimilado un determinado contenido mediante su simple e insistente reiteración (es decir, echando mano de lo que suele llamarse el aprendizaje mecánico o la pura memorización) sabe que de esa forma conseguimos retener bastante bien los datos —siempre que se nos pida recordarlos en el mismo orden en que los grabamos—. Ahora bien, si se cambia el orden o se interrumpe o altera la secuencia de los elementos memorizados, es fácil que el recuerdo termine por volverse confuso. Intentemos recitar en orden inverso, por ejemplo, la tabla de multiplicar de un número cualquiera o recordar los nombres de los monarcas de un determinado linaje y enumerar luego, por separado, los de las soberanas que reinaron con ellos. Comprobaremos que resulta más que arduo conseguirlo recurriendo únicamente a la memorización mecánica, ya que el orden que dicho sistema impone dificulta muchísimo todo intento de recuperar por una vía diferente la información almacenada. Además, para tener una memoria episódica realmente excelente estamos dejando así a un lado dos componentes tan cruciales como eficaces: los objetos y los lugares.

Si queremos entender la relevancia que tienen los objetos y los lugares en la consecución de una memoria episódica de la máxima calidad debemos remontarnos una vez más a los antiguos, ya que ellos captaron hace siglos la importancia de estos dos factores. Solo han llegado hasta nosotros tres textos de la Antigüedad clásica cuyo contenido expone, siquiera de forma sucinta, los secretos del arte de la memorización —y también tienen la ventaja de ofrecer instrucciones concretas para lograr una memoria inmejorable—. Me refiero a *De oratore* de Cicerón, a *Institutio Oratoria* de Marco Fabio Quintiliano y al libro IV de una obra anónima titulada *Rhetorica ad Herennium*.

Lo primero que hay que señalar es que no se trata de escritos dedicados al arte de la memorización, sino a las técnicas de la retórica. En nuestros días, el concepto de retórica se asocia con la maestría en la oratoria, pero en la Antigüedad se entendía como la aptitud para la persuasión. En la retórica se distinguen cinco facetas clave: la invención, la disposición, la elocución (el estilo, diríamos en la actualidad), la declamación (o exposición) y la memorización. Cuando se persuade a un público, se puede modificar el punto de vista de los oyentes, así que es lógico que los antiguos tuvieran en alta consideración esta habilidad. Era el principal método de lograr que la gente quedara convencida de la pertinencia o la legitimidad de una causa, aunque también se revelaba sencillamente imprescindible para educar o entretener a la población —valga recordar lo que ya hemos dicho del papel de los narradores y los relatos en los siglos clásicos—. Los oradores de la Antigüedad tenían una única forma de pronunciar un largo discurso erudito y esta los obligaba ineludiblemente a saberse de memoria la totalidad del argumento o el relato. Esto resulta bastante fácil si lo que ha de decirse puede exponerse en menos de cinco minutos, pero se hace obviamente mucho más complicado si la duración de la perorata alcanza extensiones de cuarenta y cinco minutos, de una o dos horas o llega a cubrir incluso períodos más largos —cosa frecuente entre los disertantes y los narradores clásicos—. Los relatores profesionales de esa época eran capaces de recitar de memoria la totalidad de la *Odisea*.

No hay forma de recordar una historia de semejante longitud valiéndose de la pura memorización mecánica. Esto se aplica de manera particularmente pertinente a los oradores o narradores de la Antigüedad, ya que tenían que pronunciar un gran número de discursos o referir muchos relatos en diferentes ocasiones. Tiene uno la impresión de encontrarse ante una tarea imposible —a menos que el orador disponga como mínimo de unas cuantas notas escritas en las que apoyarse mientras desgrana su mensaje—. Sin embargo, los oradores y narradores de los siglos clásicos se las arreglaban perfectamente con un puñado de técnicas mnemónicas «confidenciales».

11

Unas cuantas técnicas de memorización «secretas»

No sabemos quién inventó estas técnicas de memorización «herméticas», pero somos conscientes de que su existencia se remonta a períodos muy anteriores al de su fijación escrita por Cicerón y Quintiliano.

Aun hoy pueden encontrarse un sinfín de libros que prometen transmitirnos esos «arcanos mnemotécnicos» y muestran al lector diversos sistemas orientados a la mejora de su capacidad de retentiva. Podría tenerse la impresión de que algunos de esos textos (como *Boost Your Memory* o *Limitless Memory*, por ejemplo) basan sus consejos en la ciencia moderna, pero en la inmensa mayoría de los casos se trata de refritos de las antiguas técnicas memorísticas expuestas por Cicerón y Quintiliano —aunque tampoco hay que olvidar que ellos también citaban a sus predecesores—. Por consiguiente, no hay ninguna información puntera en todas estas obras, contemporáneas o no, pero desde luego nos transmiten lo esencial de un conjunto de métodos que han superado la prueba del tiempo. Básicamente, la clave para disfrutar de una memoria episódica fuera de lo corriente no reside únicamente en el orden (expresado en forma de repetición o rima), sino que también guarda relación con la capacidad de combinar los elementos que hay que recordar con ciertos elementos vinculados con la información visual, como los objetos y los lugares.

Somos criaturas que encontramos en la vista nuestro mejor elemento de adaptación al mundo, y sería justo decir que el célebre dicho de que «una imagen vale más que mil palabras» se aplica de forma muy clara a nuestros procesos mentales. La información que recibimos a través de la vista nos resulta muchísimo más fácil de recordar que la obtenida por medio de los demás sentidos y, de hecho, el sistema visual del cerebro es muy amplio, al menos en comparación con el área destinada al oído, olfato, tacto y gusto. Lo mismo puede decirse de la mayor parte de los animales, que poseen una excelente memoria episódica, pese a no disponer de un lenguaje escrito. Valga el siguiente ejemplo: los animales saben qué alimentos pueden consumir sin peligro y dónde pueden hallar fuentes fiables de agua y comida. Es lógico, en términos evolutivos, que la estructura de nuestro cerebro tienda a dirigir espontáneamente la atención de su portador hacia los objetos y los lugares, puesto que son vitales para nuestra supervivencia, pero lo que aquí nos interesa es tener en cuenta que podemos valernos de esa predisposición evolutiva para conseguir una magnífica memoria episódica.

Los autores de la antigüedad sabían que es mucho más sencillo recordar la información visual y espacial que las palabras o los símbolos de carácter abstracto. Por consiguiente, el «truco» que emplearon los oradores de los siglos clásicos para recordar grandes retazos de información consistió en anclar los datos a retener en objetos y ámbitos espaciales pertenecientes al mundo real. Esto facilita muchísimo recordar más tarde los elementos que deseábamos conservar en la memoria. Para quien pretenda dominar la memoria episódica, la culminación de este proceso llega al unir nuestra eficaz capacidad de recordar objetos y lugares con el otro ingrediente crítico, ya mencionado, de la memorización: el orden. El ordenamiento de la información vinculada con los objetos y lugares fijados en la mente nos permite colocar de manera secuencial los datos asociados con esas cosas y esos espacios, lo que a su vez nos abre la posibilidad de recordarlos de un modo más estructurado.

Muy bien: ya tenemos todos los componentes de esta receta «secreta», pero ¿cómo utilizar en la práctica dichos ingredientes?

La clave está en sacar el máximo provecho del talento natural que tenemos para recordar tanto los objetos como las informaciones asociadas con esos objetos. Cualquiera puede hacerlo de forma muy sencilla: basta situar los elementos que deseemos recordar como otros tantos jalones a lo largo de una carretera que nos resulte familiar y recurrir a ciertas cosas como puntos de referencia de los asuntos que queramos recordar.

Suena un tanto abstracto, ¿a qué sí?

Veamos un ejemplo que seguramente nos dará ocasión de comprender el funcionamiento de este método.

Imaginemos por un momento que acabamos de empezar a trabajar en un puesto nuevo o que nos hemos unido a un club al que jamás habíamos pertenecido, y que por esa razón tenemos el firme propósito de retener en la memoria los nombres de todas las personas que vamos a conocer en breve. Tendremos que estrechar la mano de mucha gente y lo más probable es que se nos haga cuesta arriba recordar su identidad sin excepción —o lo que sería aún peor: quizá acabemos confundiéndolas—. Créanme, suelo pasar por ese mal trago: mi mujer todavía disfruta diciéndoles a sus amigas que siempre me presento dos, y hasta tres veces, a la misma persona cuando me invitan a un acontecimiento social...

Si deseamos aprendernos los nombres de pila o los apellidos de un gran número de individuos, podemos limitarnos a redactar una lista y a intentar memorizar tan heterogéneo inventario. Sin embargo, esto nos llevaría un montón de tiempo, sobre todo si lo que debemos recordar es la identidad de un grupo de personas desconocidas. Lo más verosímil es que bailemos los nombres de unos y de otros. «Espera un momento... ¿El señor Peters es el tipo bajito, delgado y con gafas, o el calvo larguirucho?»

Tomando como base este caso, ya se ve que intentamos asociar el apellido con una representación visual de la persona en cuestión. Cualquier rasgo distintivo (las lentes o la calvicie) resulta extremadamente útil para que nuestra memoria identifique a todas esas personas y las asocie con sus respectivas identidades.

Pero introduzcamos ahora en la ecuación el antiguo «método de los *loci*» (del latín *locus*, que significa «lugar» o «sitio», con lo que estamos, literalmente, ante el «método de los lugares»). Se trata de la fórmula que expusieron en su día tanto Cicerón como Quintiliano. Para que el método de los *loci* resulte operativo debemos distorsionar o conferir un aspecto grotesco a los rasgos físicos de las personas en cuestión —ya que eso nos permitirá recordar con mayor facilidad su fisonomía—. Una vez dado ese paso, ya solo necesitaremos colocar esas figuras caricaturescas como hitos dispuestos secuencialmente a lo largo de un determinado recorrido. Dicho itinerario puede ser, a nuestro antojo, del todo imaginario o perfectamente real. Podría tratarse, por ejemplo, de las habitaciones de nuestro propio domicilio, de uno de nuestros paseos predilectos, del trayecto que seguimos por las mañanas para acudir a nuestros menesteres, o de cualquier camino o carretera que conozcamos al dedillo. Una vez elegido el circuito por el que nos vamos a mover, lo que hemos de hacer es amueblarlo mediante la «inserción» de objetos en diferentes puntos de ese perímetro.*

Pongamos un ejemplo. Nuestro imaginario señor Peters podría ser uno de los personajes que deseamos reconocer en este recorrido. Sin embargo, en vez de situar el nombre del señor Peters en un lugar del trayecto, lo que vamos a hacer es colocar un objeto que nos recuerde al individuo en cuestión. La clave consiste en elegir la cosa más absurda o chocante que alcancemos a concebir, ya que siempre se revela más sencillo recordar objetos insólitos o extravagantes. Convengamos en que nuestro señor Peters gasta gafas y bigote. Por consiguiente, podremos encajar en algún punto del itinerario unas lentes gigantescas bajo las cuales deberemos pasar para proseguir la marcha o, mejor aún, pondremos uno de esos anteojos con bigote incluido, tipo «Groucho Marx». No hay duda de que, llegado el momento, recordaremos el nombre y la persona del pobre señor Peters.

No obstante, tampoco es imprescindible insertar las características físicas de la gente en los puntos estratégicos de nuestro reco-

* De ahí que el método de los *loci* se conozca también, en su formulación clásica, con los nombres de «palacio de la memoria» o «mansión de los recuerdos». (*N. del t.*)

rrido; podría ser cualquier objeto capaz de recordarnos a un individuo en concreto. Sugiero un nuevo ejemplo: una colega a la que nos acaban de presentar nos comenta que le encanta jugar al golf. Para recordarla, valdría emplazar en un ángulo del itinerario una gran verja formada por un conjunto de palos de golf gigantes, o disponer un minigolf a un lado del camino. Con esa información no solo nos acordaremos del nombre de la dama, también quedaremos en situación de preguntarle de vez en cuando: «Bueno, ¿cuál es ahora tu hándicap...?». Cuando compruebe que recordamos su pasatiempo favorito, lo más probable es que se sienta impresionada. Los políticos y otros personajes públicos o privados marcados por la necesidad de interactuar con un gran número de individuos utilizan esta clase de técnicas para generar algún tipo de vínculo personal con las gentes con las que han de codearse. Aunque lo que recordemos sea solo un pequeño detalle de la persona en cuestión, es muy posible que nuestro gesto tenga un espléndido efecto en la relación y nos presente a una luz muy favorable a los ojos del otro. Puede que toda esta estratagema de pensar en una serie de objetos con los que representar la información que queremos retener en la memoria, para situarlos a continuación a lo largo de un determinado recorrido, resulte un tanto aburrida. Sin embargo, la parte positiva es que el cerebro ya realiza automáticamente gran parte de esta tarea al operar con los acontecimientos de nuestra existencia. Pensémoslo detenidamente: un acontecimiento particular (como una fiesta de cumpleaños, pongo por caso) tiene lugar, por regla general, en un espacio específico y con personas y objetos muy concretos. Por este motivo, nuestro cerebro asocia esa gente y esas cosas (como los regalos) con un sitio preciso, digamos el restaurante en el que celebramos el festejo. Si traemos de manera deliberada a la memoria esa velada, podremos «revivir» la experiencia mentalmente y veremos con los ojos del intelecto tanto el espacio en el que nos reunimos como a todos los presentes.

Por consiguiente, el método de los *loci* armoniza a la perfección con las acciones que más eficazmente realiza el cerebro humano cada vez que necesita aprender o recordar sitios y objetos.

No obstante, como nos muestra el ejemplo en el que nos armábamos un lío con el señor Peters, el cerebro también puede llamarse a engaño cuando su poseedor tiene que acordarse de un gran volumen de informaciones similares, como los nombres de las personas desconocidas que nos presentan en un momento dado. Es en esos casos cuando el método de los *loci* cobra especial relevancia, ya que es una estrategia enormemente sólida de recordar vastos conjuntos de datos con el mínimo esfuerzo.

Para rescatar la información almacenada gracias al sistema de los *loci*, todo lo que tenemos que hacer es seguir el trayecto previamente trazado en nuestra mente. De ese modo, los objetos que jalonan esa ruta se nos «abrirán» como por ensalmo en el intelecto —lo que entre otras cosas explica que lo emplearan, como digo, los oradores y narradores de la Antigüedad—. Lo que hacían era sencillamente echar mano de aquellos objetos susceptibles de recordarles el siguiente apartado del discurso o el relato que previamente habían dispuesto en tantos fragmentos como jalones hubieran colocado a lo largo del recorrido. Por consiguiente, la imagen de un naufragio vendría a representar los episodios inmediatamente posteriores a la llegada de Odiseo y sus camaradas a la isla de Calipso, en la que habrían de vivir durante siete años.

Obviamente, el método de los *loci* carece de sentido si lo que se pretende retener es un acontecimiento singular (como, por ejemplo, una boda), ya que estas situaciones, al ser únicas, permiten que la normal capacidad de memorización de nuestro cerebro consiga encargarse de la tarea sin mayores dificultades. En cambio, utilizamos el método de los *loci* para conservar en la memoria una información formada por elementos muy similares entre sí y por ello mismo difíciles de recordar con el simple sistema de la memorización mecánica o las facultades espontáneas del cerebro. Solo me queda añadir una advertencia: el método de los *loci* tampoco es perfecto. De hecho, debemos evitar incurrir en cualquiera de estos dos errores: 1) no hay que emplear el mismo itinerario para tratar de retener dos cosas diferentes, ya que se interferirán, de ahí la importancia de mantener bien separados los recorridos, y 2) es preciso impedir que los caminos que escojamos para fijar informaciones en la memoria terminen cruzándose o superponiéndose en alguno de sus tramos, puesto que esa circunstancia también podría interceptar las referencias de la memoria e inducirnos a confundir las rutas en cuestión. Dicho llanamente: hay que mantener bien diferenciadas las sendas por las que transite nuestra táctica de memorización.

Recuerdo muy bien haberme topado con estas concretas maniobras del arte mnésico en mi época universitaria. Me sumergí en la lectura del maravilloso libro que Frances A. Yates dedica al filósofo italiano Giordano Bruno y en la obra que esta misma autora consagra al arte de la memorización. Al haber estudiado las estructuras cerebrales, lo primero que me llamó la atención fue el hecho de no haber tenido hasta entonces la menor noticia del método de los *loci*. Nadie había mencionado jamás esta técnica en ninguna de las conferencias y charlas a las que había asistido y, como es lógico, dudaba de su eficacia y hasta de su existencia —de hecho, es posible que llegara incluso a pensar que se trataba de pura palabrería—. Sin embargo, al final, la curiosidad se impuso al escepticismo y me dije: «¿Qué mal hay en intentarlo?».

En esa época estábamos preparándonos para un examen tristemente célebre por su dificultad. Se trataba de la prueba de neuroanatomía y su sola mención causaba gran temor a los estudiantes. Era un miedo justificado, puesto que la neuroanatomía, además de ser compleja, exige recordar un importante volumen de información sobre distintas estructuras cerebrales y nerviosas. ¿Por qué punto penetra este nervio concreto en la caja craneana? ¿Por dónde la cruza hasta llegar al hemisferio cerebral opuesto y con qué núcleos del cerebro se conecta? Aunque era una auténtica pesadilla recordar todo aquello, la verdad es que constituía un campo ideal para la aplicación del método de los *loci*.

Así las cosas, concebí mentalmente varios itinerarios y fui colocando a lo largo de ellos la información anteriormente mencionada. Una de las rutas, por ejemplo, reproducía el trayecto que separaba la estación del metro que tomaba al salir de la facultad de mi casa. Me limité a situar sin más la información que deseaba recordar en distintas zonas de dicho recorrido. Descubrí que había en las calles unas cuantas esquinas, cruces y otros espacios determinantes del itinerario que no solo resultaban muy característicos, sino que se revelaban perfectos para ubicar en ellos los datos requeridos. Cada uno de esos paseos venía a representar básicamente un nervio, así que el simple hecho de seguir el camino me permitía recordar toda la información relativa al punto de arranque de la rama nerviosa, al canal por el que cruzaba el cerebro, a sus zonas de inserción, etcétera.

Una vez que me hube aprendido los trayectos elegidos, quedé atónito al comprobar la eficacia del sistema. Se me hacía facilísimo recordar los pormenores de la inervación en cualquiera de sus niveles. De hecho, podía incluso avanzar o retroceder a lo largo del recorrido y recuperar a placer la información que deseara. En cambio, mis compañeros de estudios sudaban la gota gorda en su intento de embutirse los datos neuroanatómicos con el habitual método del aprendizaje mecánico, basado en la mera repetición. Comenté con unos cuantos amigos el «novedoso» sistema que estaba utilizando, pero, que yo sepa, ninguno recurrió a él. Supongo que era lo más natural, ya que no querían abandonar el comprobadísimo método de la memorización pura y dura para superar el reto que suponía recordar toda aquella información. Desde luego, el examen supuso el desafío esperado, pero me vi en situación de recorrer sencillamente mis trayectos y recuperar así los datos que me pedía el examinador. Andando el tiempo habría de usar de cuando en cuando este sistema y la verdad es que no ha perdido una sola de sus poderosas virtudes.

Por todo lo dicho tenemos ya en mano el conjunto de los «ingredientes secretos» de una memoria excelente: orden, repetición, objetos y lugares. Pero queda todavía un elemento más, capaz de auxiliar a la memoria episódica —y es necesario comprender la relación que existe entre su funcionamiento y los síntomas que presenta la facultad mnésica de los pacientes aquejados de la enfermedad de Alzheimer—: me refiero a la atención.

12

«¡Atención!»

A pesar de mis épicas hazañas en la memorización de los datos neuroanatómicos, lo cierto es que mi esposa no dudará en decirle que mi memoria episódica es absolutamente deplorable.

¿Cómo es posible?

Conociendo el método de los *loci*, ¿no debería tener una memoria perfecta?

Lamentablemente, mi mujer tiene toda la razón: muchas veces olvido cosas que se supone que estoy obligado a recordar.

¿Significa eso que padezco la enfermedad de Alzheimer u otra afección neurológica que altera el sistema memorístico de mi cerebro?

La respuesta más sencilla y breve es que no.

El problema guarda más bien relación con el frecuente hecho de que no preste la debida atención a lo que me comenta mi amada esposa. No es algo que me ocurra únicamente con ella, puesto que siempre he tendido a vivir en las nubes, enfrascado en mis propios pensamientos —o por decirlo con las palabras que empleó uno de los profesores de mi clase a fin de consolar a mi madre de mis despistes: «Solo es un poquito soñador...»—. Sin embargo, para desolación de mi mujer, eso es exactamente lo que me pasa y, la verdad, no me extraña que sea algo capaz de sacar de quicio a cualquiera.

Sea como fuere, lo cierto es que no se trata de una actitud que uno mantenga de forma consciente. Antes al contrario, ya que la mente de los individuos caracterizados por esta manera de ser empieza a «divagar» y se pone a pensar en otros asuntos tan pronto como la persona en cuestión se zambulle en algún tipo de actividad concreta o deja sencillamente de escuchar a su interlocutor. Al poco tiempo caemos no obstante en la cuenta de que ya no sabemos muy bien qué es lo que se nos había pedido hacer o de que hemos perdido por completo el hilo de la conversación que estábamos manteniendo con el contertulio que tenemos sentado frente a nosotros. Esta costumbre de echar a volar la imaginación, o de alejar la atención de nuestro entorno inmediato, puede dar lugar a momentos de cierta turbación, pero, desde el punto de vista de mi experiencia profesional, solo se convierte en una conducta problemática a los ojos de las personas de edad avanzada, que pueden concebir el miedo de hallarse ante los primeros síntomas del mal de Alzheimer.

¿A qué se debe esto?

A lo largo de los años, han sido muchas las personas a las que he escuchado referir en los siguientes términos lo que consideran un problema de memoria que las sume en la zozobra: «Subo las escaleras y, en cuanto me planto arriba, resulta que ya no me acuerdo de lo que quería hacer en la planta alta...»; o incluso: «Voy a la habitación de al lado y descubro que se me ha olvidado lo que me ha llevado a ella...».

Estos presuntos «problemas de la memoria atencional» se consideran, por regla general, totalmente inofensivos y, desde luego, no constituyen ningún signo premonitorio de la enfermedad de Alzheimer. La razón que subyace a estos contratiempos es sencillamente que nos distraemos o nos «dejamos llevar» por alguna de las cuestiones que bullen habitualmente en nuestro fuero interno. Lo explicaré con un ejemplo: mientras subimos la escalera con idea de coger algo en la parte de arriba, nos cruza de pronto por la cabeza que después tenemos que sacar la basura o nos decimos algo de este estilo: «¡Qué interesante era la serie que vimos anoche...! Desde luego, no me esperaba ese final...». De ese modo, al llegar al descansillo superior nos quedamos medio estupefactos: «Pero ¿para qué he vuelto yo a subir aquí...?».

Otro caso que expone a las claras los «problemas de memoria» que jalonan mi vida cotidiana es el que se produce cuando tengo que preparar a los chicos para ir al cole. Siempre hay un millón de cosas que es preciso tener presentes: la fiambrera con el bocadillo, la bolsa de deporte, los deberes de manualidades, etcétera. Y lo que es todavía peor, como vamos con retraso un día sí y otro también, solemos andar muy escasos de tiempo y no hay más remedio que apresurarse para prepararlo todo y salir de casa... Por consiguiente, tengo que estar centrado al máximo... El inconveniente es que, al estar tan pendiente de los chavales, me distraigo y olvido los bártulos que yo mismo debo coger para ir al trabajo, como la tarjeta de identificación e incluso el sándwich del mediodía... De nuevo, la atención se concentra tanto en las cosas de los críos que se me pasan las que yo mismo necesito habitualmente en el departamento. Debo admitir que mi sufrida esposa se desenvuelve muchísimo mejor en este tipo de circunstancias, pues ella tiene muchos menos olvidos que yo, tanto en lo tocante a las cosas de los chicos como a las suyas propias. Esto me permite resaltar el doble hecho de que existen también diferencias individuales y de que desde luego hay personas que parecen menos proclives a presentar estos problemas de memoria atencional. ¿Será algo que solo nos ocurre a nosotros, los que fantaseamos...?

En cualquier caso, lo normal es que los problemas de memoria atencional sean anécdotas que no es preciso tomarse demasiado en serio, tal y como ocurre, por lo demás, con los «lapsus de memoria» ocasionales. En la inmensa mayoría de los casos, los problemas de memoria atencional no deben preocuparnos en absoluto y no son un síntoma de la enfermedad de Alzheimer. Por consiguiente, no debemos darles mayor importancia cuando se presenten. No obstante, si la inquietud persiste, siempre resultará juicioso comentárselo al médico, que podrá efectuar alguna prueba de memoria de carácter más formal a fin de determinar si mostramos o no los primeros signos de la enfermedad de Alzheimer.

Conocemos ya cuáles son los ingredientes clave que posibilitan el disfrute de una buena memoria episódica. Y lo que es más importante, sabemos también que los problemas de memoria atencional no deben alarmarnos. A continuación, vamos a señalar las zonas del cerebro en las que se procesa la información vinculada con las distintas variantes de la memoria episódica, ya que necesitaremos estar al tanto de esos detalles para entender cómo incide la enfermedad de Alzheimer en esas regiones cerebrales y de qué forma provoca eso, a su vez, los típicos síntomas de pérdida de memoria.

13

«Que entre el caballito de mar»

El circuito de Papez (que debe su nombre al doctor James Papez, un médico de los años treinta del siglo XX, especializado en neuroanatomía), está formado por un interconectado conjunto de estructuras cerebrales y todas ellas contribuyen tanto a la formación de nuestra memoria episódica como al almacenamiento y la recuperación de sus datos. De hecho, uno de los sistemas que lo configuran reviste especial importancia en el correcto funcionamiento de la memoria episódica: el hipocampo.

¿Qué significa exactamente la palabra «hipocampo»?

Se trata de una voz con la que la lengua latina* designa al «caballito de mar». ¿Y por qué esta asociación de ideas? El motivo más prosaico se reduce a la simple circunstancia de que los anatomistas de los siglos XVIII y XIX —que fueron los primeros en describir las regiones del cerebro— dieron a las estructuras que iban descubriendo en ese órgano nombres acordes al aspecto que presentaban. Si extrajéramos el hipocampo del lóbulo cerebral en el que se aloja y pudiéramos examinarlo, nos sorpren-

* En realidad, la lengua del Lacio la compone a su vez con los términos griegos *hippos* (caballo) y *kampos* (un mitológico monstruo marino femenino, guardiana del abismo del Tártaro, al que Urano había arrojado a sus primeros hijos, los hecatónquiros y los cíclopes, a los que temía). (*N. del t.*)

dería comprobar lo mucho que se parece su silueta a la del animal que dio marchamo definitivo a su denominación (como puede apreciarse en la figura de la página 3 del cuadernillo central).

El hipocampo se asienta en una región del cerebro conocida con el nombre de lóbulo temporal. Dicha zona se halla a su vez inmediatamente por detrás de las sienes, a ambos lados de la cabeza. Esto significa que en realidad tenemos dos hipocampos —uno en el costado derecho del cerebro y otro en el izquierdo—. Por lo que hace a la memoria, los dos hipocampos efectúan funciones similares, pero el izquierdo tiende a recordar específicamente la información verbal, mientras que su homólogo de la derecha suele retener datos de carácter visual. No obstante, hay que tener presente que estamos ante una distinción muy sutil y que existe desde hace mucho tiempo un debate científico, todavía no zanjado, respecto al nivel de especialización efectiva, sea lingüística o sensorial, de los hipocampos derecho e izquierdo.

El hipocampo recibe la información visual que llega al cerebro y tiene la singular aptitud —en muy alto grado— de vincular entre sí los datos relacionados con objetos, lugares y tiempos. Por consiguiente, el hipocampo es un órgano ideal para la navegación espacial, ya que nos permite asociar las cosas y los sitios que precisamos para orientarnos en el mundo y saber en qué punto nos encontramos en un momento dado. Del mismo modo, este tipo de informaciones relativas a objetos, lugares y referencias temporales resultan cruciales para la memoria episódica, dado que la posibilidad de recordar los acontecimientos depende de conocer cuándo, dónde y con quién se produjeron. Por ejemplo: «¿Te acuerdas del día que fuimos a ver a mis padres y el coche se nos estropeó por el camino?». Es claro, en consecuencia, que el hipocampo es el ámbito perfecto para la creación de recuerdos de carácter episódico, ya que en él se combinan las informaciones concernientes a objetos, lugares y contextos cronológicos, importantes factores todos ellos —como sabemos gracias al método de los *loci*— para disponer de una memoria episódica excelente.

Si tomamos como base esta información, es muy posible que no nos cause excesiva sorpresa saber que, en caso de que se declare la enfermedad de Alzheimer, el hipocampo se verá afectado, ya que, en términos de memoria, esta es precisamente una de las regiones cerebrales clave. En la tercera parte del presente libro estudiaremos los mecanismos concretos que rigen el proceso de deterioro del hipocampo y sus zonas vecinas durante el desarrollo del mal de Alzheimer, pero en este momento nos contentaremos con aceptar sencillamente que este órgano del cerebro tiene una notable relevancia en el padecimiento que aquí nos ocupa. A continuación, examinaremos de qué modo afecta la enfermedad de Alzheimer a la memoria episódica y a la orientación en el espacio.

Lo primero que hemos de entender es que la dolencia de Alzheimer no se desarrolla de la noche a la mañana en el hipocampo, sino que tarda años en instaurarse, cuando no décadas. Al decir que el inicio de la enfermedad es lento y gradual, lo que queremos significar es que los síntomas memorísticos son muy sutiles en los primeros estadios, ya que la mayor parte de las células nerviosas del hipocampo siguen trabajando con normalidad. Por consiguiente, los cambios que provoca la enfermedad de Alzheimer en la memoria episódica se manifiestan muy poco a poco. En teoría, la muerte de las células nerviosas del hipocampo se incrementa a medida que el padecimiento se afianza, lo que a su vez terminaría por manifestarse con el empeoramiento de la memoria episódica. La realidad, sin embargo, es que nuestro hipocampo parece tener la capacidad de compensar largo tiempo la pérdida de células nerviosas, así que la memoria episódica se conserva intacta en gran medida. No obstante, al generalizarse la pérdida de neuronas, lo más frecuente es observar un significativo descenso de la eficiencia de la memoria episódica. Esto se produce cuando la enfermedad de Alzheimer se consolida y el hipocampo empieza a fallar, generando con ello las características ausencias de memoria que se asocian con esta patología.

Desde el punto de vista teórico, cabe considerar muy positivo el hecho de que la enfermedad se instale de forma lenta y progresiva, ya que nos permite detectar las potenciales modificaciones de la memoria episódica en fases bastante tempranas e incidir en ellas mediante un tratamiento. En la práctica, sin embargo, las transformaciones de la memoria episódica pueden ser notablemente leves y por ello mismo difíciles de detectar. En una persona que esté atravesando las primeras etapas de la enfermedad de Alzheimer se tenderá a asistir a un aumento paulatino y ocasional de los «lapsus de memoria», como, por ejemplo, la incapacidad de recordar determinadas citas, informaciones o nombres. Los facultativos clínicos suelen utilizar la palabra «incipiente» para referirse a la naturaleza suave y escalonada de esta fase del desarrollo de la enfermedad —queriendo indicar con ello que, en sus principios, el mal se instaura de manera sigilosa—. Esto no solo añade dificultad a la tarea de detectar esos problemas de la memoria episódica, también complica los esfuerzos encaminados a distinguir dichos aprietos de las complicaciones leves que plantea la memoria episódica en un proceso de envejecimiento normal y saludable.

Mucha gente se sorprende al saber que el hipocampo cambia a medida que nos acercamos a edades avanzadas con buena salud, sin que se presente la enfermedad de Alzheimer. De hecho, el conjunto de nuestro cerebro alcanza su máximo rendimiento entre los últimos años de la adolescencia y los primeros de la veintena, tal y como también sucede con las destrezas físicas en general. Una vez llegado a su punto de mayor eficiencia, entre los veinte y los treinta, las aptitudes de nuestro cerebro permanecen estables en esa meseta de competencia antes de iniciar, muy poco a poco, el declive. Esto significa que ya en el tramo final de la treintena y los comienzos de la cuarentena comienza a apreciarse una levísima retracción cerebral (también en el hipocampo). Este encogimiento se acelera al superar los sesenta años.

No podemos decir que conozcamos con claridad meridiana la razón de que tanto el hipocampo como otras regiones del cerebro se contraigan con la edad. Hay algunas teorías que sugieren simplemente que, tal como ocurre con otras partes del cuerpo, nuestra biología no realiza a la perfección las tareas de reparar o sustituir las células del cuerpo a medida que cumplimos años, lo que en el caso del cerebro determina una reducción de las poblaciones neuronales y la disminución del volumen de diversas áreas cerebrales.

Esta contracción del hipocampo, vinculada a la edad, no repercute de manera drástica en nuestra memoria episódica, pero sí da lugar a una serie de cambios bastante tenues. La mayor parte de la gente puede atestiguar que, en comparación con lo que sucede en nuestra primera juventud, el aprendizaje de nueva información se hace después mucho más cuesta arriba, incluso en la mediana edad. Desde luego, yo mismo puedo confirmar este extremo, máxime si cotejo mis capacidades con las de mis alumnos, que no encuentran dificultad alguna en «empaparse» de datos novedosos y retenerlos, haciéndolo además a una velocidad increíble —cuando a mí me resulta ya obligatorio repetir varias veces la información desconocida para grabarla en la memoria—. Conservar dicha información en la mente también se revela más arduo y, de hecho, con la edad estamos más expuestos a olvidar los datos recién almacenados. Por consiguiente, es muy complicado superar a nuestros hijos cuando estos entran de lleno en la edad juvenil —y menos aún en juegos como el oportunamente denominado *Memory*—.* La capacidad de los jóvenes para recordar, por ejemplo, en qué lugar se hallan escondidas las parejas de las figuras representadas en las cartas de la baraja de este entretenimiento de mesa opera con una precisión con la que no podemos competir. Esta falta de exactitud en la recuperación de datos dependientes de la memoria es justo lo que se observa con el envejecimiento del hipocampo.

Evidentemente, a medida que cumplimos años, también nos resulta más fácil compensar ese déficit con el amplio conocimiento general del mundo que hemos ido adquiriendo, pero, desde luego, el aprendizaje detallado de las informaciones nuevas se convierte en una tarea mucho más problemática. «Loro viejo no aprende a hablar», asegura el refranero y, por lo que llevamos vis-

* El autor se refiere probablemente al «juego de la memoria», o Memorama, según la más reciente versión comercial en castellano. El pasatiempo consta de una baraja de cartas con pares de imágenes repetidas que los participantes deben encontrar valiéndose únicamente de su capacidad de concentración. (*N. del t.*)

to, no se trata únicamente de una mera cuestión de actitud ante la vida, puesto que también interviene, y cómo, la memoria... El natural declive de la memoria episódica con la edad también incide de manera muy acusada en el modo de identificar los más tempranos síntomas de la enfermedad de Alzheimer. Como los problemas de la memoria episódica se consideran uno de los signos nucleares de esta patología, todas las personas que piensen que su memoria se ha transformado de forma tan notable como rápida deberían sopesar la posible pertinencia de consultar con el médico. Sin embargo, como también es natural que nuestro cerebro envejezca, puede resultar difícil determinar si nuestros problemas de memoria son efectivamente los primeros signos de la enfermedad de Alzheimer o derivan por el contrario del normal y saludable proceso del envejecimiento. Ahora bien, ¿hay alguna modificación concreta de la memoria episódica que nos permita diferenciar la lógica evolución de la edad de la patología identificada por Alois Alzheimer?

Para dar respuesta a esta pregunta, hemos de entender un poquito mejor los fundamentos neurocientíficos de la memoria episódica y del modo en que se ve afectada en caso de que se declare la enfermedad de Alzheimer.

14

Codificación, almacenamiento y recuperación

En el plano cerebral, la memoria está constituida por tres procesos diferentes que sin embargo se hallan estrechamente relacionados: la codificación de los datos, su almacenamiento y su posterior recuperación. La codificación consiste simplemente en la formación de un recuerdo nuevo. Como ya hemos visto, son muchas las regiones cerebrales que codifican la información, pero el hipocampo desempeña un papel crucial en la tarea de asociar entre sí objetos, lugares y referencias temporales a fin de generar el conjunto de nuestras memorias episódicas. En la actualidad, los científicos continúan ahondando en la investigación de los mecanismos específicos que intervienen en la configuración, en el hipocampo, de esos recuerdos vinculados a episodios. En cualquier caso, sabemos ya que tanto la atención como la repetición y el orden de la información son elementos importantes para la codificación de la memoria episódica. Si dichos elementos vienen a confluir con datos relativos a cosas, sitios y momentos, el cerebro codificará un nuevo recuerdo episódico, llamado después a quedar almacenado en la memoria.

El modo en que nuestros recuerdos acaban fijados *de facto* es el proceso menos comprendido del funcionamiento memorístico. A lo largo del tiempo se han ido proponiendo varias teorías y distintos modelos para dar explicación al proceso. Aquí repasaremos únicamente uno de los planteamientos teóricos dominantes, ya que, además, es particularmente relevante en el caso de la enfermedad de Alzheimer: la teoría de las trazas múltiples. Esta hipótesis sostiene que, al cabo de un determinado período, la información codificada en el hipocampo se transfiere a otras regiones del cerebro a fin de que quede allí almacenada. Es importante comprender en qué consiste la idea, ya que significa que el hipocampo no es de hecho el lugar en el que se guardan los recuerdos de carácter episódico (que sin embargo es justamente lo que sugieren otros postulados). La argumentación que vertebra la teoría de las trazas múltiples indica que el hipocampo solo conserva la multiplicidad de trazas (o índices) que integran nuestros recuerdos, no la memoria episódica propiamente dicha.

Como todo esto podría parecer un tanto abstracto, convendrá profundizar un poco más en las tesis en que se basa esta teoría.

De acuerdo con los supuestos de la misma, debemos concebir el hipocampo como un mecanismo de clasificación, o de indexación, que no retiene el recuerdo en sí, sino que conserva más bien un índice o listado del lugar en el que el cerebro tiene almacenada la memoria correspondiente a un episodio determinado. A modo de analogía propongo concebir el hipocampo a la manera de un motor de búsqueda como los que se emplean en internet: el buscador no guarda la página web como tal, pero sí permite encontrar el sitio al que intentamos acceder cuando le aportamos unas cuantas palabras clave. Los términos introducidos se parecen a los índices o las trazas que el hipocampo retiene para cada recuerdo en concreto. Si acertamos a suministrar al sistema las palabras clave adecuadas, daremos con la información correcta. En cualquier caso, no se trata de una analogía exacta y, desde luego, falta uno de los aspectos decisivos: el relacionado con la circunstancia de que el hipocampo pueda contener vínculos que remiten a múltiples detalles distintos de un recuerdo dado. No obstante, cuanto más vívido sea el recuerdo de un acontecimiento, tanto más elevado será el número de índices o trazas que conserve de dicho recuerdo el cerebro. No solo nos resulta posible evocar, por ejemplo, dónde y cuándo sucedió un acontecimiento en particular, también tenemos la posibilidad de traer a la memoria pormenores aparentemente insignificantes, como los colores, los olores y demás datos de la experiencia sensorial. Los recuerdos más intensos de la memoria episódica nos abren la posibilidad de «revivir» un acontecimiento concreto, hasta el punto de poderlo visualizar con los ojos de la mente.

Queda por explicar el proceso de recuperación, que consiste en esencia en acceder a la información almacenada. Los procesos de restitución de un recuerdo dependen notablemente de las denominadas «pistas de recuperación». Dicho sencillamente, una pista de recuperación viene a ser una suerte de catalizador, o detonante, capaz de desencadenar la secuencia de acceso al recuerdo guardado. Imaginémonos sencillamente que deseamos recordar unos datos concretos. En la mayor parte de las ocasiones, centraremos la atención en rescatar esos elementos haciéndonos una pregunta simple, similar a esta: «¿Era hoy cuando tenía que llamar a Juan?». La interrogante en cuestión es de hecho nuestra pista de recuperación. Básicamente, la interpelación da pie a que el hipocampo rescate el recuerdo deseado o busque los listados en que aparece el elemento requerido a fin de hacerlo aflorar al plano consciente. Esta restitución explícita, puesta en marcha por el simple hecho de pensar en lo que uno quiere recordar, es lo que sucede de manera habitual en la vida cotidiana. Sin embargo, hay ocasiones en las que simplemente no logramos recuperar la información buscada, por más que lo intentemos. En esos casos recurrimos a otras pistas o indicadores, como nuestros diarios o notas —cuando no apelamos a las personas que tan paciente y abnegadamente sufren nuestros incesantes sondeos—, esforzándonos de ese modo en recordar el dato olvidado.

En otras situaciones puede ocurrir que no solo no alcancemos a recordar la información que necesitamos, sino que tampoco haya nada ni nadie capaz de acudir en nuestra ayuda. Y también hay casos en los que el pormenor al que ansiamos echar el lazo parece «venirnos» sin más ni más a la mente en un momento en el que nos hallamos enfrascados en una tarea o actividad completamente inconexa con el recuerdo en cuestión. En esta última eventualidad, lo que ocurre es simplemente que la mente consciente ha olvidado que andamos tras esa información, mientras la parte inconsciente, que continúa en silencio la pesquisa, termina por proporcionárnosla. Esto puede llegar a parecer cosa de magia, ya que no somos conscientes de que el proceso de recuperación del dato se halla en funcionamiento.

Debido a los mecanismos subyacentes, las pistas de recuperación de los elementos almacenados en la memoria resultan fascinantes: de hecho, los recuerdos diferentes pueden responder a desencadenantes distintos. Buen ejemplo de ello es la circunstancia de que los olores tengan la capacidad potencial de actuar como pistas de recuperación extremadamente potentes, sobre todo, en el caso de los recuerdos vinculados con la memoria episódica. A veces, un olor nos transporta directamente a un acontecimiento ocurrido mucho tiempo atrás o sencillamente suscita en nuestro ánimo una sensación vivida en el pasado, sea buena o mala. La música también puede ser una gran pista de recuperación. Baste recordar que las melodías pegadizas se nos meten en la sesera hasta el punto de seguir ahí cuando pretendemos evocarlas años o décadas después de haberlas escuchado por primera vez. Esto también explica que las personas que padecen alguna forma de demencia sean frecuentemente capaces de tararear algunas canciones, tanto en las fases moderadas de su enfermedad como en las más avanzadas, pese a haber perdido ya acceso a la mayor parte de los recuerdos de otra índole.

La palabra «acceso» es aquí la clave. La circunstancia de que conservemos la facultad de recuperar determinadas informaciones, aun en las etapas más agudas del mal de Alzheimer, pone de manifiesto que hay una gran diferencia entre perder un recuerdo concreto y carecer «únicamente» del acceso a los datos de la memoria. Dicha diferencia es crucial si queremos comprender los problemas de memoria que caracterizan la enfermedad de Alzheimer.

15

«Todo es cuestión de acceso»

Debo insistir en el importante extremo que acabo de señalar: en la enfermedad de Alzheimer, los síntomas vinculados con la memoria episódica se deben fundamentalmente a problemas de acceso a los recuerdos, no a dificultades en su almacenamiento —al menos, en las fases iniciales de la dolencia—. Dicho de otro modo, las personas que se encuentran en las etapas tempranas de la enfermedad de Alzheimer conservan en el cerebro los recuerdos asociados a episodios de su vida, pero no pueden acceder a ellos.

Retomemos la analogía del motor de búsqueda de internet para tratar de explicar esto un poco más a fondo. Imaginemos que deseamos encontrar un sitio de la red pero que no solo hemos olvidado su nombre, sino también las palabras clave que es preciso aportar al motor de búsqueda —aunque el fallo podría estar igualmente en el buscador mismo—. Si nos vemos en esas circunstancias, nos resultará muy complicado acceder a la página en cuestión, pese a que esta se encuentre en algún punto del sistema. Cabe asemejar, por tanto, la información que introducimos en el motor de búsqueda a la pista de recuperación que usamos para rescatar la información que atesora el cerebro. Si no podemos emplear la pista de recuperación adecuada o si el índice memorístico del propio hipocampo está dañado, ya no tendremos forma de acceder a los recuerdos de la memoria episódica, pese a que dichos recuerdos sigan guardados en alguna de nuestras regiones cerebrales.

Estos problemas de acceso a los recuerdos son los que explican los síntomas que se manifiestan en la memoria de quien atraviesa las primeras fases de la enfermedad de Alzheimer.

En consecuencia, pese a que es posible que las personas afectadas por este padecimiento conserven el recuerdo de un conjunto de acontecimientos —como los generados por lo que hicieron durante el fin de semana—, lo cierto es que la presencia de índices defectuosos no les permite más que un acceso muy restringido a esos bancos de memoria. La gente que sufre esta dolencia solo consigue recuperar la idea general de los recuerdos que busca —cosas del tipo: «Fuimos a un restaurante»—, pero tendrá dificultades para rescatar los pormenores de esa visita (lo que comieron, por ejemplo). De este modo, en las personas que se hallan en las primeras fases de la enfermedad de Alzheimer, hay fallos en los índices del hipocampo y estos provocan a su vez una disminución de los detalles de los recuerdos, que resultan menos vívidos.

¿Significa eso que todos los recuerdos permanecen intactos en el cerebro de las personas que sufren la enfermedad de Alzheimer y que se trata de un «simple» problema de acceso a los bancos de memoria?

Si nos referimos a las etapas iniciales del padecimiento, la respuesta es en gran medida afirmativa. No obstante, en las fases avanzadas, la pérdida de células afecta a otras muchas zonas del cerebro y esto determina que se deterioren los recuerdos almacenados *de facto* y que el problema ya no resida únicamente en la alteración de los índices con los que se accede a ellos. Si comprendemos este problema de acceso a los recuerdos, entenderemos la inmensa mayoría de los síntomas que aparecen en los primeros momentos de la enfermedad de Alzheimer. Por ejemplo: el motivo de que las personas que padecen alzhéimer puedan recordar unas cosas y otras no radica en el hecho de que los índices memorísticos de ciertos recuerdos permanecen intactos, mientras que los de otros se hallan descompuestos.

Hay otro síntoma memorístico extremadamente común que acostumbra a causar perplejidad entre los familiares de los afectados: me refiero a la circunstancia de que los enfermos revelen poseer una memoria malísima para los acontecimientos recientes, pero una estupenda capacidad de evocar sucesos de tiempos lejanos. Muchas veces, las familias resumen la situación diciendo que sus allegados «viven en el pasado». Este es uno de los testimonios habituales: «Se acuerda perfectamente de lo que hizo en su primera juventud, pero apenas recuerda lo ocurrido el último fin de semana». Una vez más, la clave para comprender esta memoria «anclada en el pretérito» reside en el mecanismo de clasificación que opera en el hipocampo cuando deseamos acceder a los recuerdos de carácter episódico.

Aunque todavía no la hayamos mencionado, una de las cualidades de esa indexación es que el listado de los recuerdos almacenados en la memoria episódica se refuerza tanto más cuanto más se evoque un recuerdo. Cada vez que rescatamos una información almacenada en la memoria, se reactiva el índice (o índices) de dicho dato. Por regla general, esta reactivación refuerza el recuerdo, aunque en ciertas circunstancias también puede debilitarlo. Como el número de acontecimientos lejanos que tenemos que recuperar a lo largo de la vida no para de crecer y puesto que la cantidad de esas evocaciones aumenta también con el paso de los años, los índices de esos acontecimientos tan solicitados son mucho más sólidos y se hallan mejor fijados que los de los sucesos más recientes. Por consiguiente, los listados de los acaecimientos que solemos recordar y se cuentan entre los más antiguos o los más lejanos son mucho más firmes.

Por lo tanto, al instaurarse la enfermedad de Alzheimer, los recuerdos más recientes serán precisamente los más expuestos al avance de la patología, puesto que su afloramiento al plano consciente se ha producido en muchas menos ocasiones, lo que a su vez ha generado una indexación más débil. Además, los listados de los sucesos más próximos al momento presente no se han ordenado o lo han hecho de manera defectuosa porque la dolencia ya ha provocado daños en el hipocampo—. Estos factores aumentan considerablemente la probabilidad de que la gente aquejada del mal de Alzheimer «viva en el pasado», ya que los recuerdos de ese período de tiempo son mucho más vívidos para ellos.

Estos problemas de clasificación de los acontecimientos nuevos son también los que causan que estos pacientes hagan una y otra vez las mismas preguntas, ya que carecen literalmente de «toda traza» de lo escuchado o experimentado recientemente.

Como es obvio, las dificultades derivadas de la indexación de nuevos recuerdos pueden resultar enormemente frustrantes y no solo para los enfermos, sino también para sus familias. Es frecuente oír las mismas preguntas una y otra vez a lo largo del día —aunque de cuando en cuando se intercalen recuerdos o relatos de épocas muy antiguas en esa sucesión de repeticiones (recuerdos o relatos que, por otro lado, ya se habrán referido un montón de veces)—. Es importante tener presente que las personas que sufren la enfermedad de Alzheimer no adoptan esta actitud adrede. La culpa de que se les haga imposible acceder a una parte de sus recuerdos, aunque no a todos, es de las alteraciones del hipocampo.

Todo esto debería aclarar tanto a los cuidadores como a los familiares de los afectados que no tiene sentido repetirle a una persona que padezca la enfermedad de Alzheimer «que ya se le ha explicado algo mil veces». No echan por propia voluntad al olvido lo que se les indica, lo que ocurre es que el hipocampo les falla y no logran encontrar una sola pista de lo que se les ha dicho. Comprender esta diferencia puede ser un elemento capaz de producir un significativo cambio en el modo en que tratamos los problemas de memoria que se manifiestan en quienes padecen el mal de Alzheimer, mejorando con ello el bienestar de todos cuantos se vean inmersos en esta situación.

* * *

De lo que nos hemos ocupado hasta ahora en esta parte del libro ha sido básicamente de un conjunto de conceptos vinculados con la memoria y de carácter relativamente abstracto. Para infundir cierta «vida» o realidad a dichos conceptos, vamos a hacer la prueba de entrar en relación con una persona imaginaria afectada por la enfermedad de Alzheimer (la señora A) y su marido. Dos han sido las razones que me han llevado a valerme del artificio narrativo de una paciente ficticia:

1. Proteger la identidad de los enfermos de alzhéimer de carne y hueso que me ha sido dado conocer a lo largo de mi experiencia profesional. Ha de considerarse que la señora A es simplemente un arquetipo capaz de expresar, en esencia, lo que han tenido que vivir los enfermos que hemos estudiado en los largos años de investigación que llevamos ya a las espaldas.
2. Mostrar en su totalidad los síntomas típicos de la enfermedad de Alzheimer. Es frecuente constatar que la gente presenta *de facto* una sintomatología de lo más variada, así que, a todos los efectos explicativos, la señora A viene a ser una suerte de «manual» de lo que le ocurre a una persona afectada por esta dolencia.

16

La imaginaria señora A

La señora A, una mujer de setenta y dos años, tiene un título universitario y tres hijos adultos. Su marido, que la acompaña en la visita, me dedica un saludo de lo más amistoso: «Me alegro mucho de volver a verle, doctor», dice, haciendo que la frente de la señora A se frunza de forma casi imperceptible. Con un poquito de retraso, la mujer se aventura a terciar: «Sí, en efecto, encantada de saludarle de nuevo». Pido a ambos que tengan la amabilidad de sentarse y les explico el procedimiento que vamos a seguir en esta cita, en la que voy a tener que hacerles un cierto número de preguntas, ya que el objetivo consiste en precisar el estado de la paciente.

En la entrevista que había mantenido con el matrimonio el año anterior les había solicitado que me refirieran con detalle el inicio de la enfermedad y los problemas que se les estaban presentando en esos momentos. En la segunda visita me interesé por los síntomas y quise saber si habían ido a mejor o a peor. También anoté si me habían expuesto las mismas dificultades que en nuestro primer encuentro o si habían surgido otros signos.

Pero echemos un vistazo a las respuestas que dio la señora A a las preguntas que le hice sobre su memoria.

Me giré hacia la paciente y le dije:

—Bueno, ¿qué tal le ha ido el año?

—No demasiado mal, no me quejo.

—¿Puede contarme algo en particular de lo sucedido en este tiempo, como alguna fiesta o acontecimiento familiar?

La mujer, girándose hacia su esposo, dice:

—Errm... Fuimos de vacaciones, ¿verdad?

El hecho de que se viera obligada a contrastar su afirmación con el parecer del marido era una señal clara de que su memoria había empeorado, ya que en la primera entrevista todavía era capaz de indicarme a grandes rasgos, y sin ninguna ayuda, los sucesos recientes, como lo ocurrido en unos días de asueto. El gesto de volverse hacia el acompañante sugiere que la persona es incapaz de confiar en su propia memoria y necesita que alguien la ayude a recordar lo que se le ha preguntado. Son muchos los clínicos que convienen en denominar «signo del giro de cabeza» a este comportamiento y, de hecho, es, por regla general, el primer indicador de que hay algo que no va bien en la memoria de la persona que acude a la consulta.

Por fortuna, el señor A recuerda que en la visita del año anterior yo mismo le había aconsejado que guardara silencio ante el desconcierto de su esposa, dado que el objetivo de la entrevista era, y es, averiguar el volumen de recuerdos que conserva la señora A sin auxilio externo. Por este motivo, el señor A se limitó a encogerse de hombros en respuesta a la pesquisa de su mujer.

En vista de la situación, la señora A se giró nuevamente, esta vez hacia mí, y prosiguió:

—Bueno, yo creo que fuimos de vacaciones a Francia.

—¿Y en qué época viajasteis? —me interesé.

—No estoy segura, pero hacía calor, así que tuvo que ser en verano.

Esto ejemplifica adecuadamente el hecho de que, en muchas ocasiones, la gente puede colmar las lagunas de su banco de memoria a pesar de no recordar en realidad la información. Como conserva en la mente la idea de que las temperaturas eran altas, la señora A concluye que debía de tratarse de unas vacaciones estivales, pese a que no recuerde ni la estación ni el mes en que hicieron aquella escapada.

—¿Y fueron a algún sitio en particular?

—Bueno, fuimos a la playa, a un lugar en el que ya habíamos estado antes, y tuvimos un tiempo espléndido.

—¿Recuerda algo más de esas vacaciones?

—No, solo que hizo un tiempo magnífico.

Obsérvese que intento darle pie a que añada más detalles, aunque siempre apuntando a nociones de carácter genérico («¿Recuerda algo más de esas vacaciones?») y sin proporcionarle ninguna información. Quiero darle ocasión de evocar todos los detalles que pueda de esa excursión concreta.

Hasta el momento, lo único que sabemos es que el señor y la señora A se tomaron unas vacaciones en verano, pero ignoramos la fecha y el lugar exactos (Francia es un país muy grande, evidentemente), la duración del viaje, si los acompañaron algunos amigos, qué sitios visitaron o si se produjeron o no acontecimientos de particular interés. Cualquier persona con la memoria intacta habría proporcionado un breve resumen de la experiencia y este contendría al menos una parte de esos datos. Sea como fuere, la verdad es que basar toda la indagación en un único recuerdo es un tanto incierto. Podría suceder que la señora A no deseara traer a colación los hechos de aquellas vacaciones. Modifiqué, por tanto, el enfoque y me puse a comprobar otros elementos recientes de la vida de la señora A.

—Recuerdo que también me comentó que tenía varios nietos. ¿Ha podido verlos a menudo en el último año? —pregunto.

—¡Sí, ya lo creo, los hemos visto un montón de veces! Me encanta estar con ellos, aunque siempre acabo agotada cuando se marchan. ¡Están tan llenos de energía! —asegura entre risas.

—¿Podría recordarme sus nombres y la edad que tienen?

—Bueno, está Sophie, que tiene nueve años, luego viene George, de seis, y Harry, ¿de cuatro, no?

La señora A vuelve a girarse hacia el marido. Esta vez, él le dedica una mirada inquisitiva y alza una ceja, ante lo cual ella contesta rápidamente:

—¡Ah, sí, casi olvido al más reciente miembro de la familia! Jules vino al mundo hace dos meses.

Preguntar los nombres y las edades de los nietos también es un buen sistema para entrever la situación en que se encuentra la memoria de los datos recientes. El carácter titubeante de la respuesta nos permite saber que la paciente ha estado a punto de no recordar al nieto menor —algo que puede explicarse teniendo en cuenta la circunstancia de que el índice memorístico de este suceso es el que menos tiempo lleva usándose, con lo que resulta ser el más débil—. Por último, pido a la señora A que recuerde un acontecimiento público o una noticia del año anterior. De nuevo, la señora A se revela incapaz de recordar grandes cantidades de información y, en los casos en que sí consigue evocar algún suceso, lo único que alcanza a señalarme es un vago perfil del asunto, con muy pocos detalles.

Hecho esto, paso a preguntar al marido por sus vacaciones y sus nietos. Además de confirmar los datos, esto nos permite establecer una comparación directa entre los niveles de información que logran proporcionar, respectivamente, el señor y la señora A en todo cuanto guarda relación con esos recuerdos recientes.

Volviéndome hacia el señor A, digo:

—¿Le importa si le pido ahora que me refiera lo que hizo durante esas vacaciones y que me indique asimismo los nombres y las edades de sus nietos?

Acto seguido, el señor A me ofrece una crónica pormenorizada de los días de asueto que pasó el matrimonio en Italia (!), incluidos los sitios y las iglesias que visitaron (ya que los templos son una de las pasiones que han mantenido toda la vida). También me dice que sus nietos tienen en realidad once, siete, cinco y dos años y que la nieta «recién nacida» tiene dieciocho meses.

Queda así claro que, en general, el señor y la señora A recuerdan los mismos acontecimientos recientes. Sin embargo, ambos señalan con muy distinto grado de detalle lo ocurrido. La señora A sigue recordando los sucesos, pero parece confundirlos, ya que se muestra totalmente segura del país al que fueron. De manera similar, al preguntar los nombres y las edades de sus nietos, la señora A aportó una información más general. Sabía sus nombres y los reconocía, pero, al llegar a los detalles, como las edades, le costó mucho más recordar con precisión las cifras. En cambio, el señor A logró darme una minuciosa explicación, tanto del viaje como de sus nietos y, de hecho, si se lo hubiera preguntado, habría podido recordar todo el itinerario de sus vacaciones y proporcionado una meticulosa descripción de las actividades que realizaron día a día. Como ya sabemos, los detalles que faltan en las respuestas de la señora A se deben fundamentalmente a los fallos que muestra el hipocampo en la persona que padece la enfermedad de Alzheimer. Y como los índices del banco de memoria están deteriorados, los recuerdos ya no aparecen dispuestos de forma correcta o no logran recuperarse en todos sus detalles —ya que únicamente se conserva la idea general de esos recuerdos—. Por todo ello, lo que observamos en los pacientes que sufren las fases tempranas de esta patología no es una completa pérdida de la memoria, sino que sus recuerdos pierden detalle y quedan reducidos a un «esbozo», apareciendo a veces mezclados con los de otros acontecimientos similares.

¿Y qué ocurre con los recuerdos antiguos? Para saberlo de forma práctica, hemos de volver a la señora A.

—¿Podría contarme algo del día en el que se casó? —le pregunto.

—¡Santo cielo, hace muchísimo tiempo, pero claro que me acuerdo! La ceremonia tuvo lugar en una preciosa capilla campestre de Norfolk. No fue uno de esos casorios de lujosa fantasía como los que tanto le gusta celebrar hoy a la gente, pero lo pasamos genial. Recuerdo que el vestido, que había costado un ojo de la cara, se manchó en cuanto abrí la portezuela del coche de mi padre y puse el pie en el suelo para dirigirme a la iglesia —explica con una sonrisa—. Mi familia, que estaba allí prácticamente al completo, tenía aires de multitud, mientras que los parientes de mi marido eran muy poquitos. Así las cosas, optamos finalmente por mezclar a los dos grupos en los bancos de la ermita, ya que habría resultado muy extraño tener a un gentío en el lado de la novia y a solo unas cuantas personas en el del novio. Una vez celebrado el enlace en la iglesia, dimos una fiesta en el salón de un pueblecito cercano. Unos amigos amenizaron el convite tocando unas baladas deliciosas y casi toda la comida fue casera. Todavía me parece estar viendo a mi madre en la cocina, rodeada de cacharros y metida en faena hasta las tantas, la víspera de la boda. ¡Fue sencillamente un día maravilloso!

¿Captan la diferencia?

La señora A conserva recuerdos claros y perfectamente vívidos de esa fecha tan señalada, aunque el acontecimiento se produjo hace ya muchas décadas. Gracias a su solo relato podemos imaginárnosla saliendo del coche y visualizar la disposición de los invitados en la iglesia. Si le diera pie, estoy seguro de que podría haberme enumerado los platos que se sirvieron y la música que se escuchó en la velada —lo que da fe de su capacidad de ofrecer recuerdos pormenorizados de un hecho muy distante en el tiempo.

La otra cara de la moneda es que no consigue recordar los detalles de las vacaciones del pasado año ni lo que ha hecho a lo largo de las dos últimas semanas. Ya sabemos que este es un fenómeno característico de la enfermedad de Alzheimer y que las personas con esta patología conservan mejor los recuerdos antiguos que los recientes, cuya impronta en la memoria revela ser significativamente más tenue. Tiene igual interés reparar en las diferencias de conducta que muestra la paciente. Al tratar de evocar recuerdos recientes, mostraba bastante vacilación e intentaba comprobar la exactitud de lo que estaba señalando girándose hacia su marido, al que no dejaba de mirar. Por el contrario, al hablar de su boda, la vemos totalmente relajada y no necesita en absoluto su colaboración.

Muchas veces, el hecho de que titubee al responder a las preguntas puede constituir una señal más de que los problemas de memoria de la persona afectada no son simples «lapsus», sino la prueba de un cambio real en sus bancos de memoria. Para constatarlo, basta pensar en una situación en la que, hallándonos de charla con un amigo, tenemos de pronto una laguna. Casi todo el mundo se echaría a reír y se diría para sus adentros: «¡Qué tontería no acordarme de eso...!». Pero imaginemos ahora que nos asaltan constantemente este tipo de lapsus de memoria. No lograríamos recordar los distintos acontecimientos de nuestro día a día u olvidaríamos las citas que hubiéramos concertado —por mucho que la gente nos asegurara que asistimos de hecho al acontecimiento en cuestión o que los detalles de la cita nos habían sido debidamente comunicados—. Si esto sucede de manera reiterada, el problema dejará de causarnos hilaridad. Lo que ocurrirá será todo lo contrario, ya que empezaremos a poner más cuidado en nuestras interacciones con los demás o nos dará por vacilar al conversar con otros —evidentemente porque no podremos seguir sabiendo a ciencia cierta lo que está sucediendo.

Esto nos permite vislumbrar lo que debe de sentirse al experimentar los síntomas memorísticos propios de la enfermedad de Alzheimer. No es de extrañar, por tanto, que las personas que sufren estos déficits de memoria titubeen cada vez más al decir algo, puesto que no pueden saber ya con seguridad lo que ha ocurrido anteriormente. Además, estos fallos de memoria no solo constituyen un problema para el enfermo, también alteran gravemente el curso normal de su existencia cotidiana y la vida de las personas que le rodean. Olvidar los detalles recientes de unas vacaciones o incluso las edades de sus nietos podrían ser situaciones susceptibles de arrancarnos una sonrisa y hacernos menear indulgentemente la cabeza. Ahora bien, si una persona encuentra problemático evocar los pormenores de los acontecimientos recientes, resulta obvio que se le hace muy difícil conservar la debida constancia de las citas a las que se ha comprometido a acudir, de las facturas que le toca pagar y hasta del estado, apagado o encendido, del horno en el que se acaba de cocinar un plato. En muchas ocasiones, los cambios que provocan en las actividades diarias las disfunciones de la memoria pueden ser los aspectos más estresantes de la enfermedad de Alzheimer, pues inciden en el conjunto de las tareas cotidianas que la persona afectada ha venido realizando durante décadas sin necesidad de ayuda alguna.

De hecho, el señor A me informa de las numerosas veces que su esposa ha olvidado apagar el horno o ha guardado los platos en una alacena equivocada. Me indica que hay días en los que tiene la sensación de que también él va a acabar trastornado, al tener que responder, una y otra vez, al sinfín de preguntas repetidas que ella le dirige constantemente: «¿Qué hacemos hoy?», «¿Qué hay de comer?», etcétera. Es normal que estas cosas se reiteren a lo largo del día —digamos una o dos veces—, pero las personas que padecen alzhéimer pueden repetirlas muchísimo en unas cuantas horas, lo que sin duda pone a prueba la paciencia de la gente que las rodea. El mejor consejo que puedo dar a los individuos o las familias que han de cuidar de allegados con esta patología es que no discutan cuando el enfermo les plantee una y otra vez las mismas preguntas, ya que, sencillamente, el interesado no es capaz de recordar que ya ha hecho esa misma pregunta poco antes, debido al fallo de su hipocampo. Por mucho que uno le explique a la persona con alzhéimer que ya se le ha dicho cinco veces cuándo estará lista la comida, lo cierto es que el enfermo lo olvidará al poco rato y volverá a preguntar por la hora de comer. En lugar de encararse con el afectado, lo mejor es simplemente repetir por enésima vez la respuesta en cuestión. Pero una cosa es decirlo, evidentemente, y otra muy distinta encontrar la paciencia suficiente para hacerlo, ya que hay que tener mucho temple para vivir con un enfermo de alzhéimer, capaz de repetir las mismas preguntas veinticuatro horas diarias, los siete días de la semana...

Pero volvamos con la señora A y ahondemos tanto en los cambios que experimenta cotidianamente como en las estrategias que pueden emplearse para bregar día a día con sus problemas de memoria.

Pregunto a la paciente:

—¿Qué tal se le da recordar las citas que tiene concertadas o hacer todo lo que exige la vida diaria?

—Todavía me las arreglo estupendamente —responde.

—O sea, ¿no le causa a usted problema alguno recordar sus citas? —le pregunto sin poder ocultar mi asombro.

—Desde luego que me acuerdo de esas cosas, puede que padezca una demencia, pero no he perdido la cabeza, todavía no, al menos... —me replica.

Entonces saca inopinadamente del bolso una agendita y añade con expresión pícara:

—Evidentemente, esto también me ayuda...

Como permite apreciar el caso de la señora A, las personas que atraviesan las fases tempranas de la enfermedad de Alzheimer encuentran rápidamente tácticas compensatorias —como la agenda, en este caso— para tratar de superar las dificultades que sufren a diario a causa de sus fallos de memoria. El doble hecho de disponer de una agenda y de haber colocado un calendario en un lugar bien visible de la cocina la ayuda a tener presentes los acontecimientos y las citas a que debe acudir, pero sin estos elementos nuestra amiga tendría muchas dificultades para recordar cualquier circunstancia a la que debiera responder. A largo plazo, sin embargo, ni siquiera la agenda y el calendario lograrán que la paciente venza las dificultades, ya que, andando el tiempo, lo más probable es que olvide consultar la libreta y el almanaque —e incluso puede que no vuelva a acordarse en absoluto de que un día dispuso de esos recursos—. No obstante, la doble decisión de apuntar las cosas en una agenda y colgar un calendario de grandes dimensiones en la cocina permitió al señor y a la señora A capear a corto plazo los problemas generados por los síntomas de esa alteración de la memoria. En vez de tener que preguntar hasta la saciedad lo que hay de comer, ambos podían anotar esa información en el calendario y, en caso de olvido, el esposo podía limitarse a contestar sencillamente: «¿Por qué no lo miras en el calendario?», evitándose así la reiteración del menú de cada día. El hecho de optar por esas estrategias compensatorias fue una gran solución y ayudó a la pareja en dos objetivos fundamentales: bregar con la sintomatología (ahorrándose al mismo tiempo cualquier motivo de riña por la pesadez de las preguntas) y alimentar el sentimiento de estar luchando juntos contra la enfermedad. Pese a que estas estrategias de compensación no constituyan un remedio eterno, es indudable que resultan extremadamente valiosas.

Gracias a estas tácticas «compensatorias», no se tiene la impresión de que la señora A se halle muy enferma —al menos, a los ojos de un observador incidental—. Se trata simplemente de una mujer que ya ha cumplido los setenta y que lleva una agenda para no pasar por alto ningún compromiso. Esta sensación es muy habitual en las fases iniciales de la enfermedad de Alzheimer y, de hecho, es frecuente que los clínicos aludan a esta circunstancia con frases como esta: «Aparentemente normal en un examen informal». Dicho de otro modo, si uno no ha visto nunca a la señora A, cuando se la presenten es muy posible que le parezca que no sufre el menor problema. Será simplemente una encantadora dama de cierta edad que de cuando en cuando olvida alguna cosilla. Sin embargo, la gente que la conoce bien, desde hace mucho tiempo, percibirá al instante que algo va mal, pues los recuerdos que tiene de los acontecimientos recientes son un tanto esquemáticos y de pronto se la oye repetir una y otra vez sus viejas anécdotas, siempre las mismas. A esos amigos y conocidos, dicho comportamiento les llamará la atención y se les hará raro, ya que, en general, la señora A tenía muy buena memoria y nunca había olvidado un acontecimiento señalado ni repetido varias veces una historia en un mismo encuentro.

—Ah, por cierto, casi olvido mencionarle una cosa, doctor —interviene de pronto el señor A—, he observado que se está desorientando cada vez más y que en ocasiones no parece saber con seguridad dónde se encuentra. Es bastante extraño, porque llevamos muchos años en la misma vivienda. Sin embargo, ahora se arma de cuando en cuando un lío o llega incluso a perderse en casa, incapaz de recordar a qué habitación dan las distintas puertas...

—¿Y qué ocurre si salen a la calle, como al ir a la tienda de la esquina o al súper? ¿Sigue yendo ella sola a dar esos breves paseos de compras? —pregunto a mi vez.

—¿Sola? Desde luego que no. Ya tuvimos un buen susto hace algún tiempo al ir ella a pie hasta el ultramarinos que hay al lado de casa para comprar un par de cartones de leche. Pero tardaba mucho en volver y empecé a preocuparme de verdad... Pensaba que le había ocurrido algo y empecé a llamar a los conocidos del barrio. Acabé saliendo en su busca en compañía de unos vecinos y la encontramos en la otra punta del pueblo. Desde entonces no la he perdido de vista un solo instante, así que siempre salimos de casa juntos. El día en que desapareció así, de sopetón, pasé simplemente un miedo terrible... Le compré también un localizador GPS y se lo pongo en el bolso o en el bolsillo cada vez que salimos a la calle, por si se pierde y no consigo dar con ella.

Este último síntoma —la desorientación espacial— es asimismo enormemente común en las fases iniciales de la enfermedad de Alzheimer, pero no es frecuente que los cuidadores o familiares lo indiquen, pese a que sus consecuencias sean potencialmente significativas, cuando no fatales... En los próximos capítulos estudiaremos con más detenimiento este síntoma.

17

La desorientación espacial

La desorientación espacial es, junto con los fallos de la memoria episódica, uno de los síntomas clave de la enfermedad de Alzheimer. Sin embargo, aunque todo el mundo da la impresión de inquietarse mucho por los problemas memorísticos que acompañan al envejecimiento, son muy pocas las personas que tienen noticia de que la desorientación espacial también puede ser un signo temprano de la patología que aquí nos ocupa.

¿Qué es la desorientación espacial?

Con esta expresión designamos el hecho de no estar seguros del lugar en el que nos encontramos. De vez en cuando, todos podemos sentirnos desorientados y tener dudas sobre nuestro paradero. Un ejemplo perfecto de esta situación nos lo brinda el hecho de viajar a un sitio desconocido, como ocurre al salir de vacaciones. Es fácil «perder el norte» al encontrarnos en una ciudad que visitamos por primera vez, dado que no tenemos en mente sus puntos de referencia ni la disposición general de sus calles o edificios. Solo un mapa, una aplicación para dispositivos móviles o un receptor GPS nos permite encontrar el camino y situarnos. Es totalmente normal sentirnos desorientados y perdidos en un entorno con el que no estamos familiarizados. Sin embargo, lo que les ocurre a las personas con alzhéimer es diferente, ya que estos enfermos también se despistan o se pierden incluso en espacios que les son familiares:

por ejemplo, en una población o un vecindario en el que hayan estado viviendo largos años. Puede llegar a pasarles en su propia casa, en la que acaban por extraviarse y viéndose en la necesidad de abrir todas las puertas de la vivienda para ver cuál es la habitación que hay al otro lado. La película *Siempre Alice*, cuyo argumento aborda los problemas de una mujer que sufre demencia precoz —brillantemente interpretada por Julianne Moore—, retrata a la perfección este tipo de situaciones. En una de las escenas de la cinta, Alice, la protagonista, tiene que ir al baño, pero, al haber olvidado dónde se encuentra, la desorientación acaba en incontinencia. Esto es algo muy común y el filme lo describe de una forma muy veraz.

Es importante saber que en la enfermedad de Alzheimer el desconcierto espacial puede producirse en cualquier momento, incluso en lugares conocidos, ya que las personas que padecen esta patología pueden perder sus puntos de referencia y acabar confusas. En los lugares poco conocidos, la tendencia a la desorientación se acentúa y, en esos casos, los pacientes corren el grave riesgo de aturdirse o perderse.

Ahora bien, ¿cuán raro es encontrar alusiones a la desorientación espacial, pese a tratarse de una característica clave de la enfermedad de Alzheimer?

Varias son las razones que podrían explicar esta circunstancia. Tal vez suceda, sin más, que los problemas de memoria adquieran un relieve muy notable y ensombrezcan cualquier otro síntoma, como el de la desorientación espacial. De hecho, se observa con frecuencia que la idea de perderse físicamente en un sitio no preocupa tanto a la gente como la posibilidad de perderse mentalmente en los laberintos de la memoria. Además, el síntoma de la desorientación espacial también tiene un carácter más «privado». Utilizo aquí la palabra «privado» en el sentido de que la persona demente puede sentirse ligeramente despistada en ocasiones sin que sus acompañantes se percaten de su ofuscamiento —a menos que resulte totalmente obvio—. Pondré un ejemplo: la persona demenciada titubea brevemente al salir por una puerta, pero no queda claro si no está segura del lugar en el que se encuentra o si simplemente le ha pasado por la cabeza la posibilidad de usar una vía alternativa. Por último, hay que tener en cuenta que nuestro cerebro puede compensar durante bastante tiempo los síntomas de la desorientación espacial. Podemos valernos de otras funciones cerebrales que, estando vinculadas con la orientación espacial, no dependen tanto del hipocampo para situarnos en el espacio —aunque se trata de un recurso que solo es viable en las fases iniciales de la dolencia.

La desorientación espacial no tiende a resultar patente a los ojos de la gente sino una vez que el avance de la patología impide al afectado seguir compensando sus déficits de ubicación. En otros términos, la desorientación espacial sigue presente, pero nuestro cerebro puede compensar la pérdida funcional durante algún tiempo. Los datos científicos muestran que el 70 % de las personas que sufren algún tipo de demencia se han extraviado al menos en una ocasión, lo que viene a revelar, una vez más, que la desorientación espacial es una afección inseparable de la enfermedad misma.

Es habitual considerar que la desorientación espacial es una suerte de «efecto secundario» de los generalizados problemas de memoria que se asocian con la enfermedad de Alzheimer. Dicho de otro modo, tiende a pensarse que estos enfermos son incapaces de recordar, bien los lugares en que se encuentran, bien la forma de orientarse para ir de un sitio a otro. Aunque la afección de la memoria contribuya ciertamente a la desorientación espacial, como ambas funciones —recordar y situarse— dependen de manera muy notable del hipocampo, la parte más significativa de la responsabilidad de esos despistes corresponde a los cambios que inciden *de facto* en el sistema de navegación espacial del cerebro —resultado a su vez de la enfermedad de Alzheimer.

Para comprender de qué modo afecta esta patología al sistema de navegación espacial del cerebro, primero debemos conocer cómo opera dicho sistema en los cerebros sanos. Sabemos ya que el hipocampo es un órgano relevante para que la memoria episódica cumpla correctamente su cometido, pero ahora toca señalar que también estamos ante una región clave para el funcionamiento de la navegación espacial. La importancia del hipocampo en la orientación de la persona no se supo hasta los años setenta del siglo pasado, época en que las investigaciones médicas determinaron que las distintas células nerviosas de ese órgano únicamente se activaban en sitios concretos. Esta es la razón de que demos a esas neuronas el nombre de «células de lugar» —dado que parecen registrar el punto del espacio en el que nos hallamos—. En la década de 2000, se descubrió la existencia de otro tipo de neuronas específicamente relacionadas con la navegación. Son las llamadas «células de red» y se han convertido en un factor determinante en la comprensión del mal de Alzheimer. Estas células se encuentran en la corteza entorrinal, situada a su vez junto al hipocampo. A diferencia de las células de lugar, las de red no toman nota de nuestra localización, ya que lo que registran y miden son nuestros movimientos en el espacio.

El descubrimiento de las células de lugar y de red permitió a los científicos determinar, por primera vez, cómo se las arregla el cerebro para tener constancia del lugar en el que nos encontramos y de cómo nos movemos —realizando operaciones similares a las del GPS de nuestro vehículo—. No obstante, las funciones del cerebro que guardan relación con la navegación no se encuentran únicamente en el hipocampo y la corteza entorrinal. En los procesos de la navegación espacial humana participa toda una red de regiones cerebrales. Sin embargo, el motivo de que destaque aquí la contribución del hipocampo y la corteza entorrinal se debe a que estas dos regiones son las primeras a las que afectan las proteínas implicadas en la génesis de la enfermedad de Alzheimer. Y dado que ambas zonas son cruciales para una navegación espacial adecuada, su disfunción también explica que las personas que padecen esta patología acaben desorientándose o lleguen incluso a perderse.

Ya sabemos que la dolencia en que aquí nos centramos afecta tanto al hipocampo como a sus regiones vecinas y que eso puede causar problemas de memoria notables. Ahora bien, como también hemos aprendido que estas dos zonas del cerebro son relevantes para el correcto desarrollo de la navegación espacial y la orientación, es lógico que la gente con alzhéimer encuentre difícil saber por dónde anda y hacia dónde debe dirigirse. Más sorprendente resulta en cambio el hecho de que esos síntomas de la navegación y la orientación espacial puedan aparecer antes de que los enfermos de alzhéimer empiecen a presentar problemas de memoria. La razón estriba en el hecho de que la corteza entorrinal (la encargada de que las células de red cumplan sus funciones de navegación) sea una de las regiones en las que primero incide la patología de Alzheimer —de hecho, se ve afectada antes incluso que el hipocampo—. En la tercera parte del libro examinaremos con mayor detalle el tipo de perturbación que provoca la enfermedad en estas regiones, pero hoy sabemos que las proteínas que causan el padecimiento que nos ocupa (amiloide y tau) se acumulan en la corteza entorrinal antes de que esos depósitos se propaguen a la zona adyacente —es decir, al hipocampo—. Esto quiere decir que existen grandes probabilidades de que la afectación de las neuronas de la corteza entorrinal, y muy en particular la de las células de red, preceda al daño de las neuronas que se encargan de elaborar los índices hipocampales de nuestros recuerdos.

¿Significa esto que debemos prestar mayor atención, en las fases tempranas de la enfermedad de Alzheimer, al funcionamiento de la corteza entorrinal y de la navegación espacial en lugar de centrarnos en las operaciones del hipocampo y la memoria episódica?

Es una buena pregunta y en la actualidad carecemos de hecho de una respuesta adecuada. Una de las razones de que nos concentremos en el hipocampo y en la memoria episódica es de carácter circunstancial, ya que el conocimiento y la constatación de los cambios que se registran en estas regiones se remonta al año 1907 —fecha en la que Alois Alzheimer y Oskar Fischer publicaron sus cruciales observaciones—. La diferencia queda clara si pensamos que los hallazgos relacionados con la corteza entorrinal no se produjeron sino en la década de 2000. Esto podría explicar por qué no hemos pasado todavía a poner el foco en la navegación espacial y seguimos centrados en la memoria episódica. De hecho, hasta la fecha son muy pocos los diagnósticos cognitivos de la enfermedad de Alzheimer que hayan puesto a prueba la navegación espacial y la orientación de los sujetos estudiados. Será el tiempo el factor que nos diga si la desorientación espacial termina siendo o no un criterio diagnóstico clave en la futura determinación de la enfermedad de Alzheimer —capaz tal vez de facilitar la identificación de la patología antes incluso de que los pacientes desarrollen síntomas memorísticos.

Dejando esto al margen, está claro que la desorientación espacial genera importantes problemas tanto en el día a día de las personas con alzhéimer como en la vida de sus familiares. En concreto, la posibilidad de que un enfermo se extravíe es un síntoma tan desatendido como potencialmente peligroso.

18

«Perdidos en el espacio»

Perderse o acabar en paradero desconocido es uno de los problemas que han de afrontar habitualmente las personas que padecen la enfermedad de Alzheimer. En Reino Unido se extravían todos los años unos cuarenta mil individuos con esta patología. La inmensa mayoría de los pacientes aparecen sanos y salvos poco tiempo después de su desaparición. Sin embargo, anualmente hay también un cierto número de situaciones trágicas en las que la desorientación de esos enfermos resulta ser tan grande que el desenlace no es feliz, bien porque sufran algún daño, bien porque, al hallarse a la intemperie, terminen pereciendo a causa de la hipotermia.

El de George Herbert fue uno de esos casos desdichados. El hombre se perdió en el condado de Norfolk, en Inglaterra, y lamentablemente falleció. Sin embargo, no murió en vano, ya que la investigación a que dio lugar el suceso sirvió para recomendar la creación de un procedimiento destinado a ofrecer a la policía y a los grupos de búsqueda y rescate herramientas capaces de ayudarlos a encontrar con mayor rapidez a las personas con demencia —o a evitar como primera medida el extravío mismo—. Actualmente, todas las fuerzas policiales de Reino Unido utilizan dicho sistema, oportunamente conocido con el nombre de Protocolo Herbert. El método consiste en lo siguiente: la persona con demencia y su familia cumplimentan un formulario en el que se incluyen los datos básicos de todos ellos, así como los itinerarios que solía realizar durante su vida activa el enfermo y los sitios que tenía costumbre de visitar —como su antiguo lugar de trabajo o su anterior residencia—. A fin de prevenir la posibilidad de que alguien aquejado de demencia acabe perdiéndose, sus familiares entregan este impreso en la comisaría de policía local o a los servicios de búsqueda y rescate. De ese modo, las autoridades y los profesionales encargados de las labores de salvamento pueden apoyarse en el documento para localizar al paciente.

¿Qué más puede hacer la gente para estar preparada y actuar en caso de extravío?

Es importante comprender unos cuantos aspectos clave relativos a cuándo y cómo se pierden los enfermos de alzhéimer, ya que esto puede contribuir a que sus cuidadores y familiares cuenten con una mejor preparación en caso de extravío.

El primer elemento crucial que ha de tenerse en cuenta es que la ocurrencia inicial de esta clase de episodios suele coger a la gente completamente desprevenida. Como lo más frecuente es que ni el cuidador ni la familia sean conscientes de que la persona con alzhéimer sufre episodios de desorientación espacial, lo habitual es que den por supuesto que no hay problema alguno en que el enfermo salga a dar una vuelta por su cuenta. Ya sabemos que la desorientación espacial se presenta desde el comienzo mismo de la dolencia y que los afectados logran compensar esta alteración durante bastante tiempo. Sin embargo, cuando los mecanismos de compensación dejan de funcionar, los pacientes pueden llegar a perderse hasta en un paseo rutinario: por ejemplo, al sacar al perro a la calle o al ir a la tienda de la esquina. Además, como este tipo de actividades al aire libre son tan corrientes como cotidianas, es lógico que sean también las ocasiones que más habitualmente propician que el enfermo de alzhéimer se extravíe.

La otra posibilidad de que una persona con esta patología acabe perdiéndose, por orden de frecuencia, es la que conocemos con la expresión de «aguardar en un sitio» a alguien. Esta circunstancia se produce, de hecho, como consecuencia de una combinación de problemas, todos ellos derivados de los déficits de memoria y orientación espacial que se dan en estos pacientes. Por regla general, las situaciones vinculadas con la necesidad de «aguardar en un sitio» a alguien son aquellas en que las personas con alzhéimer y sus cuidadores salen a dar una vuelta. En un momento dado, el responsable de atender al enfermo pide a este que le espere en un punto dado mientras él o ella realiza rápidamente un recado. Buen ejemplo de este tipo de situaciones es la que determina que el individuo afectado por los síntomas tenga que aguardar a su acompañante frente al escaparate de una tienda a fin de que el cuidador entre en el establecimiento y se apresure a comprar en él unas cuantas cosas. En estos casos, puede muy bien ocurrir que el enfermo de alzhéimer olvide las instrucciones recibidas. De ser así, no se quedará en el lugar convenido, sino que lo abandonará para deambular sin rumbo fijo. Esto no tendría por qué suponer necesariamente un problema, de no ser por el hecho constatado de que el paciente al que le resulta difícil orientarse en el espacio termina por perderse debido a esa disfunción. Entretanto, el cuidador sale del comercio y descubre que el ser querido al que debía ayudar no solo se ha esfumado, sino que no aparece por ningún lado.

En la inmensa mayoría de los percances asociados con la desaparición de los enfermos de alzhéimer, lo que sucede es que estos se pierden durante un paseo rutinario o después de que se les haya pedido aguardar en un sitio concreto, así que resulta evidentemente muy importante tener clara conciencia de este peligro. Con todo, hay asimismo otras dos circunstancias que pueden provocar el extravío de una persona con la enfermedad de Alzheimer, aunque desde luego son mucho menos frecuentes. El desencadenante de la primera eventualidad es la agitación, derivada, pongo por caso, de un roce o un enfado con el cuidador o aun de un estado de irritación del paciente consigo mismo. Este desasosiego hace que al individuo en cuestión le pase por la cabeza la idea de marcharse de casa. La otra rara posibilidad es que el cuidador se quede dormido o no se halle cerca del paciente, permitiendo así que este salga de la vivienda por haberse convencido de que ha de visitar a alguien. Pondré otro ejemplo: en los últimos estadios del proceso patológico es habitual que los afectados queden sumamente confusos y tengan deseos de «volver a casa» —entendiendo por «casa» el hogar en el que residían en la infancia— o sientan el impulso de ir al trabajo, pese a que lleven ya mucho tiempo jubilados. El elemento clave que distingue los casos de extravío comunes de los raros reside en el hecho de que los primeros se producen cuando los enfermos se encuentran ya en el exterior, mientras que los segundos ocurren invariablemente al abandonar estos las viviendas en las que residen.

¿Qué debemos hacer si nos encontramos ante una situación de esta naturaleza?

En primer lugar, hay que tener muy presente que el factor crucial pasa por mantener la calma. En la gran mayoría de los casos, las personas con demencia aparecen cerca de su lugar de residencia, en un radio inferior a los tres kilómetros, y menos de una hora después de su desaparición. La policía y los servicios de búsqueda y rescate consideran que estos sesenta minutos son decisivos y por esta razón los denominan la «hora de oro» —obviamente porque existen menos probabilidades de que las personas que aparecen en ese período de tiempo sufran algún daño—. Por consiguiente, si alguien se pierde, debemos actuar con rapidez y ponernos invariablemente en contacto con la policía, aunque es muy posible que la persona extraviada aparezca en cuestión de minutos —tal vez en el jardín del vecino, por poner un simple ejemplo.

En Reino Unido, la cumplimentación del Protocolo Herbert tendría que ser una prioridad para cualquier paciente al que se le haya diagnosticado la enfermedad de Alzheimer y, obviamente, también para su familia. Solo así, previniendo con dicho documento los potenciales acontecimientos futuros, podrán evitarse situaciones comprometidas o peligrosas. Basta rellenar el formulario y conservarlo en un sitio seguro pero accesible a fin de utilizarlo en caso de que un enfermo de alzhéimer se extravíe. La policía de otros países también ha puesto en marcha diversos sistemas y mecanismos destinados a abordar los casos en que una persona con demencia termina perdiéndose. En Estados Unidos, por ejemplo, existe un método de notificación pública —denominado Silver Alert— que transmite por radio y televisión los datos de las personas desaparecidas y las circunstancias de cada caso concreto, contribuyendo de ese modo a dar con su paradero.

¿Hay alguna forma de prevenir la ocurrencia de esos percances?

Pueden adoptarse cierto número de precauciones, pero ninguna de ellas elimina el riesgo por completo. Existen distintas medidas tecnológicas, como la colocación de alarmas o sensores en las puertas, que pueden permitir que el cuidador tenga conocimiento de que la persona en cuestión está saliendo de la casa. Aunque complementarios, dichos sistemas son una buena fórmula para «no perder de vista» a los pacientes que sufren esta patología —y, desde luego, añaden tranquilidad al cuidador—. Las alarmas en las puertas son un elemento estándar en casi todas las secciones hospitalarias o residencias consagradas al cuidado de los pacientes con demencia, así que no es de extrañar que el porcentaje de extravíos sea cada vez menor, tanto en las clínicas como en los hogares para personas mayores. De hecho, merece realmente la pena sopesar la posibilidad de instalar este tipo de alarmas o sensores en las viviendas particulares.

La mejor opción para prevenir el problema que supone el extravío de un enfermo de alzhéimer durante un paseo rutinario pasa por procurarse un receptor GPS. Los navegadores específicamente concebidos para los casos de demencia pueden presentarse en dos formatos: como aplicaciones para instalar en el móvil o como discretas cajitas pensadas para ser llevadas en un bolso o en los bolsillos. Los dispositivos GPS permiten que el cuidador o la familia localicen la posición de la persona que sufre la dolencia. Hay personas que consideran que este sistema constituye una intrusión que desborda en exceso el derecho a la privacidad del enfermo, pero no hay duda de que aporta tranquilidad a sus cuidadores y familiares, que de ese modo saben en todo momento dónde se encuentra el paciente —siempre y cuando lleve encima el localizador, claro está.

Y ahí está la clave. Como es obvio, para que el sistema sea eficaz, resulta imprescindible que la persona que padece alzhéimer tenga en su poder el aparato GPS. Si se dejan el móvil o el localizador en casa, la precaución será inútil. Del mismo modo, si se lo quitan, lo dejan caer o se desembarazan de él cuando salen a dar una vuelta, será imposible dar con su paradero —al menos, con este sistema—. Pese a estas limitaciones, los dispositivos GPS pueden ser de enorme utilidad, y no solo porque contribuyan a localizar a la persona con alzhéimer, sino también porque ofrecen a los familiares y a los cuidadores la posibilidad de generar lo que denominamos «geocercas». Una geocerca es una zona definida como el espacio en el que la persona que lleva el receptor GPS puede deambular a sus anchas. Sin embargo, en el momento en el que sobrepase los límites de ese perímetro, saltándose de ese modo la geocerca virtual, se envía una alarma o un mensaje de texto al cuidador, alertándole de que el enfermo que tiene a su cargo ha salido de la zona previamente estipulada. Al ser más refinado, este enfoque da a las personas con alzhéimer una mayor libertad y autonomía, sin impedir que sus cuidadores sigan teniendo la posibilidad de protegerlas.

Los episodios de extravío no repercuten únicamente en el enfermo, también inciden claramente en sus cuidadores y familiares. Los datos científicos muestran que los cuidadores de las personas que se pierden reiteradamente a causa de su demencia padecen unos niveles de estrés muy superiores a los de los responsables de pacientes que no se extravían con frecuencia —y, de hecho, la carga de trabajo del primer tipo de cuidadores también es mucho mayor que la de sus colegas con mejor fortuna—. Asimismo, los casos de pérdidas repetidas multiplican por siete los ingresos de los pacientes en residencias u hogares para ancianos, lo que todavía reduce más su autonomía y su independencia. Por consiguiente, al estudiar la mejor manera de abordar este tipo de situaciones, es importante alcanzar un buen punto de equilibrio entre la seguridad y la autonomía del individuo demenciado.

En la enfermedad de Alzheimer, como puede verse, la desorientación espacial no solo constituye un factor de peso en la tarea de detectar lo más pronto posible los cambios significativos que puedan experimentar las funciones cognitivas de una persona, también incide en la protección de la gente que padece esta patología, así como en sus cuidadores y sus familiares.

Resumen de la segunda parte

En esta parte del libro hemos abordado las siguientes cuestiones:

- Hay diferentes tipos de memoria y, de entre ellos, destaca la de carácter episódico. Esta memoria, que se encarga de recordar los acontecimientos personales que vive el individuo, es al mismo tiempo la que más profundamente se ve afectada en las fases iniciales de la enfermedad de Alzheimer.
- La memoria episódica se basa en la combinación de la información relativa a objetos, lugares y referencias temporales (es decir, la asociada con el qué, el dónde y el cuándo). Y gracias a este conjunto de datos consigue elaborar recuerdos sumamente vívidos de los acontecimientos.
- El hipocampo es una región cerebral clave que interviene decisivamente en la formación de nuestra memoria episódica. En realidad, el hipocampo no almacena los recuerdos como tales, sino que crea índices o catálogos susceptibles de recuperar el detalle de dichos recuerdos.
- Con el envejecimiento, aun saludable y bien llevado, el hipocampo encoge. Por eso, la memoria disminuye, en general, con el paso de los años.
- La enfermedad de Alzheimer altera directamente el hipocampo, cuyas células nerviosas mueren, lo que a su vez perturba los índices memorísticos.
- El fallo de los índices memorísticos menoscaba la memoria o, dicho de otro modo, da lugar a una memoria que ya no recuerda con excesivo detalle los acontecimientos vividos. Es frecuente conservar los aspectos esenciales de los recuerdos, pero ya no es posible recuperar muchos de los pormenores de lo sucedido.
- En las fases iniciales del alzhéimer lo característico es tener básicamente un problema de acceso a los bancos de memo-

ria del cerebro. Dicho de otro modo, ya no podemos entrar en el detalle de nuestros recuerdos debido al deterioro de los índices del hipocampo.

- Los índices de los recuerdos antiguos son mucho más sólidos que los de los registrados en época reciente. Por lo tanto, es habitual que la gente logre evocar los episodios de épocas muy distantes de forma mucho más pormenorizada que los de momentos vividos poco antes. Esta es la razón de que las personas con alzhéimer parezcan vivir tan frecuentemente «en el pasado».
- Es común no dar excesiva importancia a la desorientación espacial, pese a tratarse de un síntoma corriente en los comienzos de la enfermedad de Alzheimer. La causa de esa desorientación radica en el hecho de que se acumulen ciertas proteínas en la red neuronal del cerebro encargada de situar y dirigir a la persona en el espacio, red que se solapa parcialmente con la red de la memoria.
- Todo parece indicar que las primeras regiones del cerebro que se ven afectadas por la enfermedad de Alzheimer son precisamente algunas de las que integran esa red dedicada a la orientación espacial —de hecho, la incidencia de la patología en esas zonas precede incluso a sus efectos en la red memorística.
- Por todo ello, cabe considerar que la desorientación espacial es tal vez —al menos, potencialmente— el primer síntoma de la enfermedad de Alzheimer, ya que se presenta antes que los propios problemas de memoria.
- La desorientación espacial tiene asimismo notables repercusiones en la vida cotidiana de los pacientes de alzhéimer, ya que existe el peligro potencial de que se pierdan y sufran algún daño. Esto tiene a su vez implicaciones en la búsqueda de un equilibrio entre la autonomía del enfermo y su protección.

Tercera parte

Amiloide y tau: dos macromoléculas clave

Antes de profundizar en los mecanismos que rigen el desarrollo de la enfermedad de Alzheimer en las células cerebrales conviene recapitular brevemente lo que hemos ido averiguando hasta aquí sobre esta dolencia.

En la primera parte del libro presentamos a los personajes que han sido clave en la evolución de la patología desde el punto de vista histórico. Dos de ellos destacaban de manera muy particular: el doctor Alois Alzheimer y la señora Auguste Deter. Sabemos que antes de la época del psiquiatra Alois Alzheimer ya se habían descrito casos de la dolencia que acabaría llevando su apellido. Sin embargo, él permitió dos avances cruciales: en primer lugar, el de identificar los cambios observables en la memoria de su paciente, la señora Deter, y, en segundo lugar, el de señalar las transformaciones físicas concretas que presentaba su cerebro y que se hallaban directamente relacionadas con su padecimiento. La microscopía fue un factor determinante en la detección de dos «sustancias desconocidas» en el tejido cerebral de la señora Deter. De hecho, el doctor Alzheimer llegó a la conclusión de que dichas sustancias tenían que hallarse necesariamente asociadas tanto con los síntomas de la paciente como con la enfermedad misma. Alzheimer fue justamente el primero en informar a la comunidad científica de la existencia de esos acúmulos de proteínas. Lo hizo en la conferencia de Tubinga, aunque la respuesta que obtuvo de sus colegas fue decepcionante.

En la segunda parte de la obra descubrimos que la acumulación proteica es la causa de los característicos problemas de memoria que hemos visto en la enfermedad de Alzheimer. Las proteínas que se aglomeran en el hipocampo deterioran su mecanismo de indexación, lo que dificulta el acceso a los recuerdos. La retentiva de los acontecimientos recientes está especialmente expuesta a los perjuicios derivados de esa acumulación de proteínas y de ahí que las personas que padecen este mal tengan problemas muy concretos al tratar de rescatar los datos de la memoria próxima —mientras que, por el contrario, la información de los episodios remotos permanece en gran medida intacta—. Por eso, se tiene la impresión de que estos enfermos «viven más en el pasado» que en el presente.

Ahora bien, ¿en qué consisten estas acumulaciones de proteínas? —o de «sustancias desconocidas», por recurrir a la expresión que emplearon tanto Alzheimer como Oskar Fischer al exponer sus descubrimientos—. ¿Y qué relación guardan dichas sustancias con los problemas de memoria inherentes a la enfermedad de Alzheimer?

Empezaremos explicando lo que son *de facto* las proteínas y por qué son tan importantes para nuestro organismo.

19

¡Dichosas proteínas!

Las proteínas son unas moléculas grandes y complejas, formadas por un conjunto de aminoácidos. Suele decirse que los aminoácidos son los «componentes básicos de la vida». De hecho, lo que determina la estructura de las diferentes proteínas es precisamente la secuencia en que se ordenan los aminoácidos y su número. La relevancia de dicha estructura reside en el hecho de que es lo que establece el papel que desempeñan las proteínas en el cuerpo. Podríamos comparar las diferentes estructuras de las proteínas con los diversos perfiles de las llaves. Para que consiga abrir la puerta, la llave ha de encajar a la perfección con la cerradura. De manera similar, la estructura de las proteínas define el modo en que se acoplan o se integran en las membranas o los diferentes orgánulos de las células a fin de permitir que estas realicen su función. En el interior de las células de nuestro organismo, las proteínas efectúan diversos cometidos vinculados con la estructura, el funcionamiento y la regulación de nuestros órganos y tejidos.

No debiera extrañarnos, por tanto, que el cuerpo quede expuesto a situaciones caóticas cuando las proteínas «trabajan mal». Y otro tanto puede decirse del cerebro, ya que en este órgano los cambios en las proteínas pueden generar problemas muy significativos. De hecho, estas mutaciones son la causa de la mayor parte de las enfermedades neurodegenerativas, como el alzhéimer, el párkinson, la enfermedad de Huntington o la esclerosis lateral amiotrófica. Pese a que los síntomas de estas dolencias sean muy distintos, lo cierto es que todas ellas tienen un elemento común: el de pertenecer al grupo de lo que se denominan «proteinopatías». Una proteinopatía es una enfermedad vinculada con la presencia de cambios en las proteínas.

En algunas proteinopatías, lo que falla es la construcción de las proteínas. En otras, lo defectuoso es su desmantelamiento. En un tercer caso, la proteinopatía consiste en una «sobreexpresión» o «infraexpresión» de las proteínas, en referencia al hecho de que la producción de esas macromoléculas sea excesiva o insuficiente, respectivamente —y hay que saber que ambas circunstancias provocan cambios significativos en el cerebro—. Es importante entender que la disfunción de las proteínas no deriva de un único proceso erróneo. Antes al contrario, son varios los fallos posibles y cada uno de ellos da origen a proteinopatías distintas (como los que determinan que la secuencia de aminoácidos se arme de manera incorrecta, se desmantele equivocadamente o se ensamble en cantidades escasas o demasiado abundantes).

En lo que hace a las proteinopatías, aún debemos comprender otro extremo: que las proteínas diferentes causan demencias disímiles. Pongamos un ejemplo: la enfermedad de Alzheimer obedece a una proteinopatía distinta de la que causa la demencia frontotemporal o de la que cursa con presencia de cuerpos de Lewy.* Y para complicar todavía más las cosas, algunas formas de demencia pueden expresarse por medio de unos síntomas totalmente diferentes, pese a deberse a una misma proteinopatía. Espero que toda esta complejidad no le provoque vértigo...

Pero si así fuera, no se preocupe: hasta los expertos en este campo de la medicina se las ven y se las desean para diferenciar los distintos tipos de demencia y sus correspondientes proteino-

* Los cuerpos de Lewy son unas estructuras que aparecen en las neuronas de las cortezas cerebrales frontal, parietal y temporal de los enfermos. Esas formaciones extrañas se producen por degeneración del citoplasma neuronal, aunque, como en los casos anteriores, también son el resultado de una acumulación anormal de proteínas. (*N. del t.*)

patías. De momento, baste saber que las disfunciones proteicas subyacentes a estos trastornos psiquiátricos no solo pueden diferir entre uno y otro tipo de demencia, sino que también pueden solaparse. El interés de esta circunstancia no es únicamente de carácter teórico, también tiene importantes implicaciones en el desarrollo de tratamientos específicamente orientados a combatir dichas proteinopatías —con una serie de procedimientos que examinaremos más adelante en este mismo libro.

La pregunta es por tanto la siguiente: ¿cuáles son las proteinopatías que causan la enfermedad de Alzheimer?

En la dolencia que aquí nos ocupa, las proteinopatías clave son consecuencia de dos proteínas: el péptido amiloide y la proteína tau.*

* Al igual que la proteína, el péptido es una cadena de aminoácidos. Sin embargo, los elementos que componen el péptido forman cadenas cortas, y la organización de péptidos en estructuras más largas y complejas es lo que da lugar a las proteínas propiamente dichas —aunque en esta exposición, deliberadamente sencilla, sea más que razonable llamar «proteínas» a ambas cosas. (*N. del t.*)

20

El material amiloide

El amiloide es una proteína clave que interviene en la génesis de la enfermedad de Alzheimer.

Volvamos mentalmente al año 1906, en el que Alois Alzheimer transmitió a sus colegas la observación de acúmulos o «placas» de proteínas en la periferia de las células nerviosas. Comparó esos fenómenos con manchas del tamaño de una semilla de mijo, precisando no obstante que se hallaban repletos de «una sustancia desconocida». Habría que esperar a la década de 1960 y a la introducción de la microscopía electrónica para comprender al fin que aquellos puntos o manchas eran efectivamente placas rellenas de filamentos de proteína. En esa época, sin embargo, la exacta identidad de la proteína en cuestión y los motivos de que se hubiera agregado hasta formar esas placas siguieron siendo elementos sumidos en la oscuridad. Iban a necesitarse dos décadas más para que varios grupos de investigación lograran señalar que la proteína buscada era el péptido amiloide o, para ser más concretos, se trataba del beta amiloide, es decir, de un tipo particular de amiloide. Para imaginarnos estas placas de amiloide podemos compararlas con las pelotillas de polvo y pelos que tantas veces descubrimos bajo el sofá. A semejanza de estos restos domésticos, las placas de amiloide del cerebro son una especie de «pelotas» formadas por la acumulación aleatoria de beta amiloide.

Ahora bien, ¿por qué se acumulan las proteínas hasta adquirir el aspecto de pegotes o placas situados en el exterior de las neuronas? ¿Qué función tienen? La verdad es que esas placas son en realidad productos de desecho de las células nerviosas. El amiloide se acumula entre las neuronas tal y como se juntan las pelotillas de polvo tras los sofás.

Pero ¿cuál es la razón de que se acumulen estos desperdicios en el exterior de las células nerviosas? ¿No es nocivo que el cuerpo permita el amontonamiento de esos productos de desecho?

Desde luego, no es bueno que el organismo acepte el acopio de estas proteínas desechadas y, de hecho, el cerebro cuenta con varios mecanismos destinados a desembarazarle del exceso de beta amiloide. Sin embargo, una vez que el beta amiloide ha formado placas, el proceso que ha de llevar a cabo el cerebro para romper las cadenas de aminoácidos y eliminarlas se vuelve mucho más arduo.

¿Y cómo es que esas placas de amiloide se presentan con mayor frecuencia a edades avanzadas, con la posibilidad de que aumenten y terminen provocando el mal de Alzheimer?

Esa es sin duda una gran pregunta. Teóricamente, las placas de amiloide pueden presentarse a cualquier edad —ya que el simple exceso de beta amiloide en el cerebro puede dar lugar a su acumulación—. Con todo, durante la juventud, el cerebro logra eliminar con mucha mayor eficacia esa sustancia nociva. Al envejecer, esta capacidad se modifica y el cerebro empieza a desembarazarse con mayor lentitud de las placas de amiloide. En cualquier caso, todavía seguimos investigando para llegar a conocer las razones exactas de que esa limpieza se ralentice con los años. Sea como fuere, lo cierto es que, al envejecer, el riesgo de desarrollar placas de amiloide en el cerebro aumenta progresivamente.

En tal caso, ¿no deberíamos deducir que todo el mundo acabará padeciendo la enfermedad de Alzheimer en sus últimos años, dado que las placas de amiloide se acumulan con el paso del tiempo?

Para dar respuesta a esta interrogante, hemos de tomar algo de perspectiva y examinar desde el principio cómo se forman tanto los depósitos de beta amiloide como las placas en cuestión. Esto nos ayudará a comprender por qué algunas personas llegan a tener placas de amiloide en el cerebro sin padecer de hecho la patología que estamos estudiando.

21

La formación del beta amiloide

Para comprender la formación del beta amiloide tenemos que interesarnos en los genes que influyen en la producción, la actividad y el desmantelamiento del material amiloide. Uno de esos elementos reviste especial importancia: la proteína precursora amiloidea (PPA). Como establece claramente el nombre mismo, el particular gen que aquí interviene contiene las instrucciones de montaje de la proteína precursora amiloidea —una proteína de gran tamaño que se encuentra en las membranas de las células y desempeña en ellas una multiplicidad de funciones, de entre las que cabe destacar la asociada con el crecimiento y la reparación de las neuronas—. La proteína precursora amiloidea lleva una existencia relativamente similar a la del doctor Jekyll y el señor Hyde. En su rol de doctor Jekyll, la macromolécula es vital para el desarrollo y la reparación de las células nerviosas sanas. Sin embargo, también presenta un rostro más siniestro en su faceta de señor Hyde. Al descomponerse, una de las secciones de la proteína precursora amiloidea puede producir el beta amiloide.

¿Cómo ocurre ese proceso?

Todas las proteínas tienen una vida útil y, al acabar su ciclo, unas proteínas especiales, denominadas secretasas, rompen sus cadenas de aminoácidos y las descomponen. Podemos representarnos las secretasas como unas tijeras capaces de cortar en pedacitos a otras proteínas, procediendo de ese modo a desmantelarlas. Esos «cortes» no se realizan al azar, sino todo lo contrario: son el resultado de una acción muy específica. Cada secretasa corta a una proteína concreta y en un punto extremadamente preciso. Los elementos resultantes, obviamente más pequeños, son secciones residuales de la proteína y, una vez libres, la célula puede utilizarlos para otros cometidos o acabar procesándolos como material de desecho. Existen tres secretasas capaces de desmontar la proteína precursora amiloidea: la alfa secretasa, la beta secretasa y la gamma secretasa. En el caso de la enfermedad de Alzheimer, la más importante es la beta secretasa, cuya misión consiste en dividir la proteína precursora amiloidea, dejándola en dos componentes: la parte beta de la proteína misma y un fragmento beta. Este fragmento beta es de gran relevancia, ya que sobre él incide la gamma secretasa que, al escindirlo, da lugar al beta amiloide.

Una vez que las secretasas han realizado su labor de corte, el beta amiloide permanece en un primer momento en la membrana celular, pero dado que ahora carece de función, al no ser ya más que un simple fragmento, no tarda en ser expulsado por la célula nerviosa, que evidentemente la trata como un material de desecho. Fuera de la neurona, el beta amiloide aguarda sin más la verificación de su fatal destino como tal desperdicio, lo que lo condena a ser transportado o barrido lejos del cerebro. Tal y como sucede cuando sacamos la basura para que más tarde el servicio de recogida se haga cargo de ella, el beta amiloide permanece a la espera de que lo arrastre el líquido cefalorraquídeo, o la sangre, y sea sometido a ulteriores particiones que, en último término, facilitan su reciclado por parte del organismo. La figura de la página 4 del cuadernillo central muestra la diferencia entre los procesos de fragmentación normal y anormal de la proteína precursora amiloidea.

Ya hemos señalado que esta expulsión del beta amiloide puede efectuarse con tanta mayor lentitud cuanto más avanzada sea la edad de la persona. Esto significa que el paso del tiempo provoca una acumulación de beta amiloide en el exterior de las neuronas. Al producirse esos depósitos, las moléculas de beta amiloide pueden empezar a pegarse unas a otras, formando aglomerados y finalmente láminas de beta amiloide, de un modo aproximadamente similar a lo que ocurriría si adhiriéramos las hojas de pasta de una lasaña en toda su longitud. Vistas al microscopio, estas láminas presentan un aspecto parecido al de otros tantos cordeles, aunque el término científico que se da a esos bramantes es el de «fibrillas». Y dado que estas láminas todavía no constituyen lo que denominamos «placas de amiloide», su nombre médico es el de «oligómeros» o «fibrillas de amiloide».

Los dos tipos más comunes de fibrillas de beta amiloide son el beta amiloide 40 y el beta amiloide 42. Estos guarismos hacen referencia al número de proteínas presentes en cada una de las fibrillas de beta amiloide. La diferencia más importante entre el beta amiloide 40 y el 42 estriba sencillamente en el hecho de que la acumulación de beta amiloide 42 incrementa el peligro de desarrollar la enfermedad de Alzheimer. Aunque la investigación científica todavía no haya logrado elucidar del todo las razones de ese factor de riesgo, lo que sí sabemos es que el aumento del número de fibrillas de beta amiloide 42 presentes en los intersticios que separan las células nerviosas hace que se formen esas placas de amiloide que detectamos gracias al microscopio. Es evidente que resultará mucho más difícil y nos llevará más tiempo intentar eliminar o reciclar un gran montón de basura y, además, pegajosa, que enfrentarnos por separado a cada uno de los elementos que integran esa pila de desechos. Y como en el cerebro ocurre lo mismo, es lógico que las placas de amiloide permanezcan largo tiempo en ese órgano, a la espera de ser fragmentadas. Puede suceder incluso que algunas de esas placas no lleguen a ser desmanteladas, lo que significa que se quedarán en el cuerpo durante el resto de nuestra existencia. Esto explica que el envejecimiento eleve el número de placas de amiloide presentes en el cerebro, sencillamente porque, en la persona de edad, la acumulación de amiloide no solo ha dispuesto de un mayor lapso de tiempo para verificarse, sino que sus amontonamientos se encuentran en un entorno fisiológico en el que su eliminación resulta cada vez más difícil.

A estas alturas deberíamos tener claro que la acumulación de placas de amiloide es un proceso que se desarrolla con lentitud, ya que las proteínas del beta amiloide tardan mucho en amontonarse y formar aglomerados de fibrillas de amiloide —y no hay que olvidar que, aun después de esto, las fibrillas necesitan todavía más tiempo para dar lugar a la aparición de placas de amiloide—. Esta lentitud del proceso de acumulación de amiloide es también la razón de que el desarrollo de la enfermedad de Alzheimer tarde tanto tiempo en dar síntomas (años o incluso décadas). Por último, la lentitud de estos mecanismos explica asimismo que la enfermedad de Alzheimer tarde en revelarse y sea considerada por los médicos un mal de carácter «incipiente»,* ya que la acumulación de amiloide en el cerebro aumenta a lo largo del tiempo y de manera silenciosa, sin que notemos su instauración hasta que no afloren los primeros síntomas.

Por desgracia, lo más frecuente es que el desarrollo de dichos síntomas venga a decirnos que el cerebro ya está bastante saturado de fibrillas y placas de amiloide. Sin embargo, esto no constituye necesariamente una mala noticia. Desde la perspectiva de la prevención y la terapia, el hecho de hallarnos ante una acumulación tan lenta significa que disponemos de un «marco de tratamiento» bastante amplio. La relativa holgura de esta ventana de oportunidad para la intervención implica, al menos potencialmente, que tenemos años, por no decir décadas, para reducir o detener la acumulación de beta amiloide en el cerebro. Por consiguiente, todo cuanto hemos de hacer es eliminar o disminuir el beta amiloide presente en el cerebro —de ese modo, podremos concebir un tratamiento, o incluso una cura, para la enfermedad de Alzheimer.

Esta era precisamente la idea con la que nació la hipótesis de la cascada amiloide en 1990. Desde bases tan razonables como bri-

* La medicina utiliza esta voz para significar que algo progresa de forma latente o larvada sin manifestaciones externas, lo que determina que su «aparición» sea solo ilusoria, pues lo que se deja ver lleva tiempo incubándose. (*N. del t.*)

llantes para la época, este planteamiento sostiene lo siguiente: cuanto mayor sea la cantidad de beta amiloide presente en el cerebro, mayor será también la probabilidad de que la persona desarrolle la enfermedad de Alzheimer. Dicho sencillamente, lo que esta teoría afirma es que la acumulación de beta amiloide en el cerebro desencadena una cascada de acontecimientos que en último término desemboca en la patología que nos ocupa.

Esta hipótesis, que se convirtió en la clave de bóveda de la investigación en la dolencia que aquí estudiamos, ha venido orientando los ensayos clínicos en las últimas décadas. Sin embargo, ha acabado descubriéndose que la idea pecaba de simplista y que también estaba operando otra sustancia —envuelta en el misterio.

Derecha (figura 1): ALOIS ALZHEIMER, el médico alemán cuyo apellido da nombre a la enfermedad que aquí estudiamos.

Arriba (figura 2): EL HOSPITAL PARA ENFERMOS MENTALES Y EPILÉPTICOS, en las inmediaciones de Fráncfort, es el lugar en el que Alzheimer conoció a Auguste Deter.

Arriba (figura 3): AUGUSTE DETER, la mujer de cincuenta y tantos años que dio muestras de una significativa pérdida de la memoria al ser entrevistada por el doctor Alzheimer.

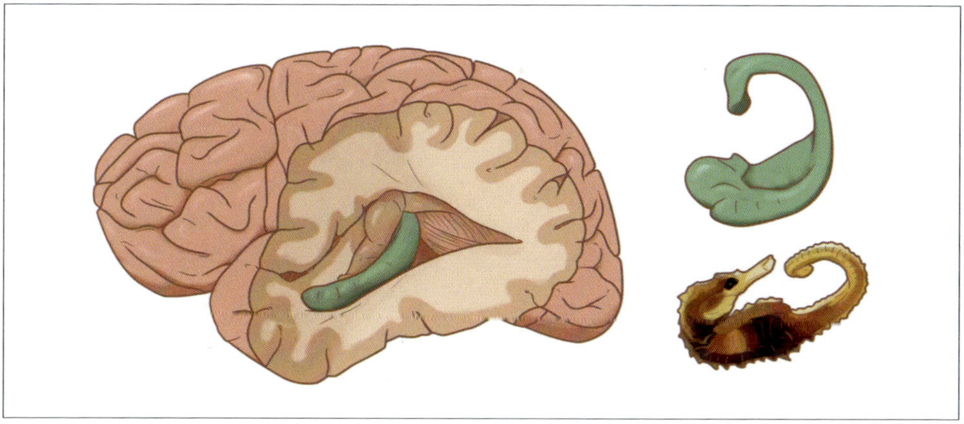

Cortesía del autor

© Alamy / Album

Arriba (figura 4): EL HIPOCAMPO (representado en verde) no solo es la región del cerebro en la que se clasifican los recuerdos, sino también el órgano en el que primero incide la enfermedad de Alzheimer. Debe su nombre a una palabra de origen griego que usaban los romanos para señalar al caballito de mar, dado que su forma recuerda a ese animal.

Arriba (figura 5): OSKAR FISCHER, un psiquiatra judío adelantado a su tiempo. Fischer describió casos similares a los estudiados por Alzheimer, pero su apellido ha caído en el olvido, al menos en gran medida.

Derecha (figura 6): FISCHER falleció preso en el campo de concentración nazi de Theresienstadt.

© Michaela Jilkova / Shutterstock

Derecha (figura 7): LA ILUSTRACIÓN muestra la acumulación de la proteína amiloide en la enfermedad de Alzheimer.

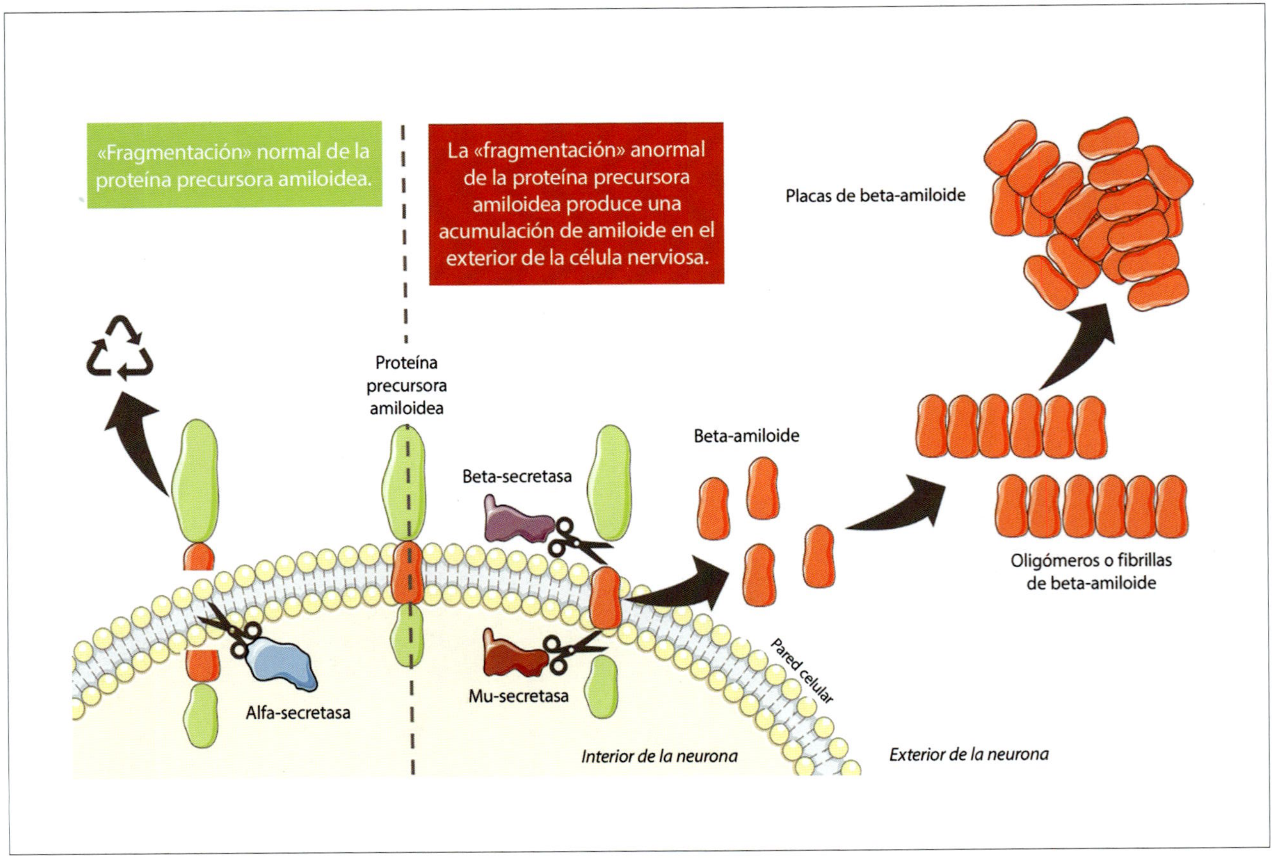

Cortesía del autor

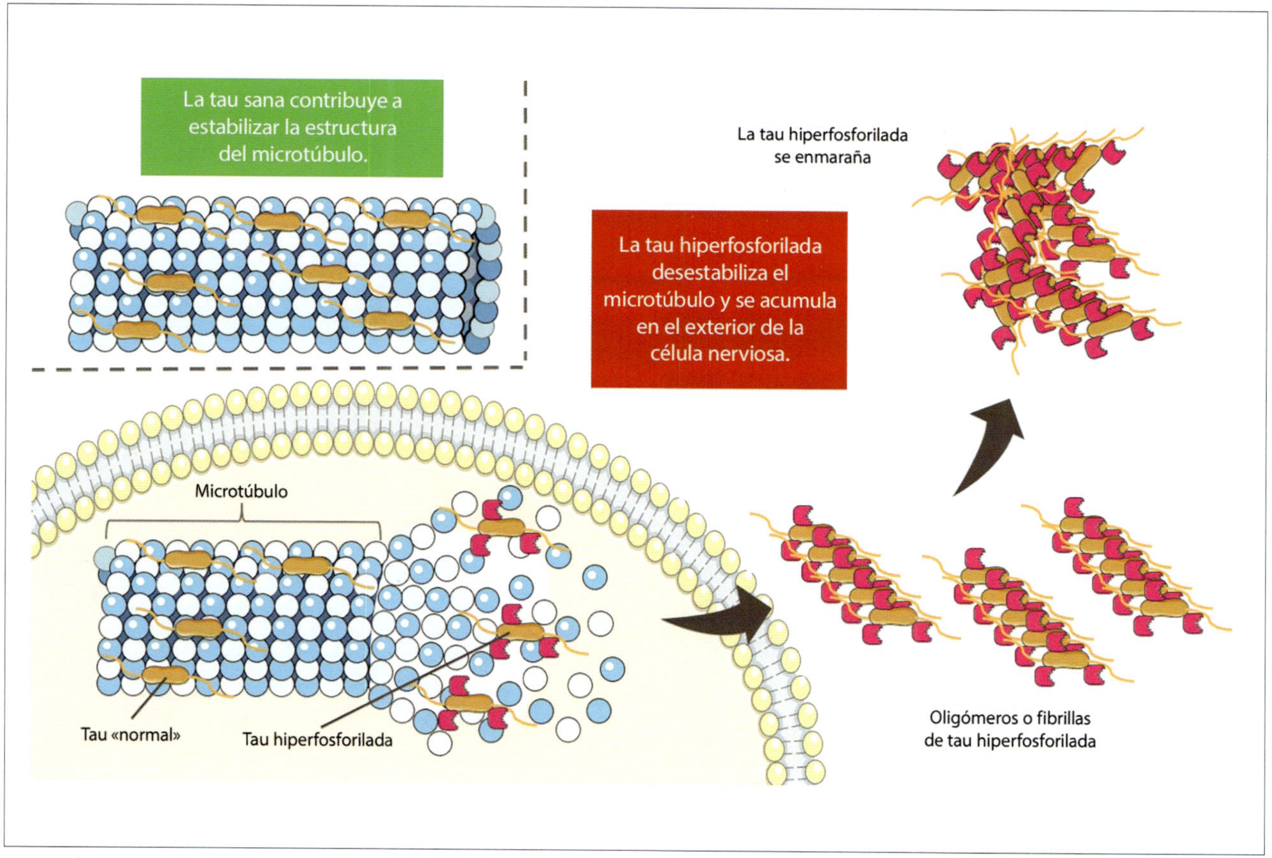

Cortesía del autor

Izquierda (figura 8): EL DIAGRAMA permite apreciar el proceso de acumulación de la proteína tau en la enfermedad de Alzheimer.

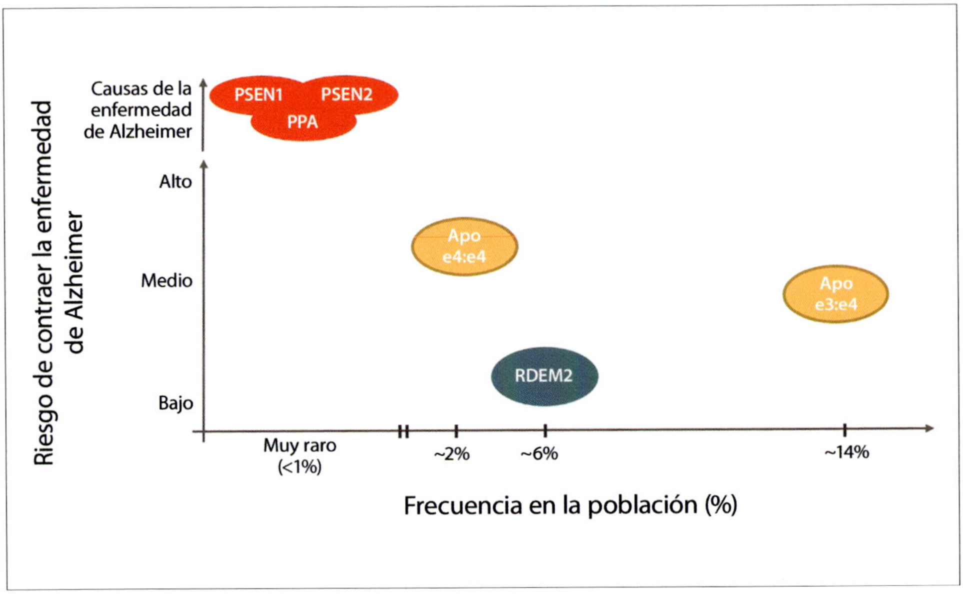

Cortesía del autor

Arriba (figura 9): LAS VARIACIONES genéticas pueden incrementar o reducir el riesgo de desarrollar la enfermedad de Alzheimer.

Abajo (figura 10): UN INDIVIDUO hereda un gen de cada progenitor. Cuando se transmiten ciertas combinaciones de genes (véase más abajo la silueta anaranjada), se incrementa el peligro de desarrollar la patología que aquí estudiamos.

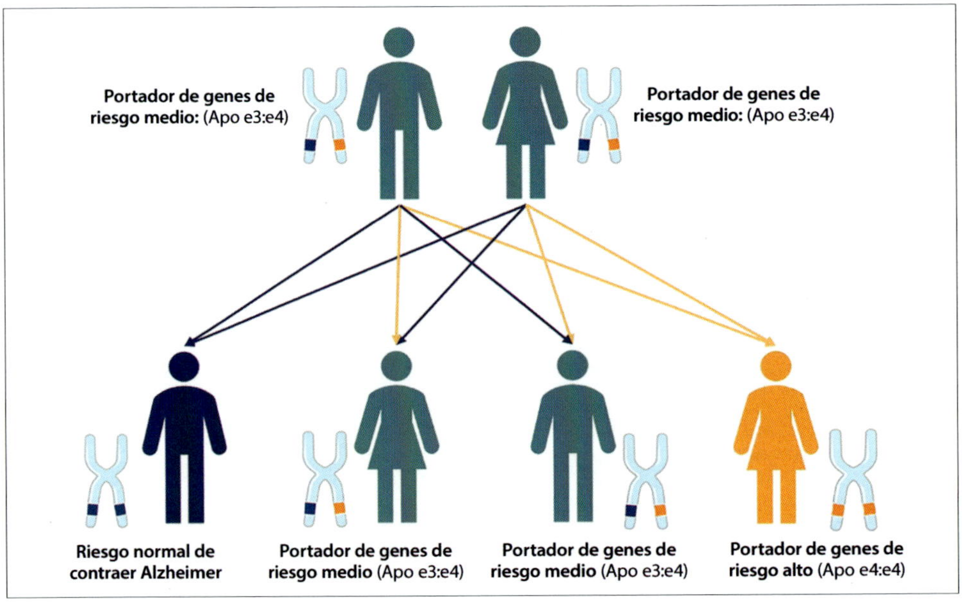

Cortesía del autor

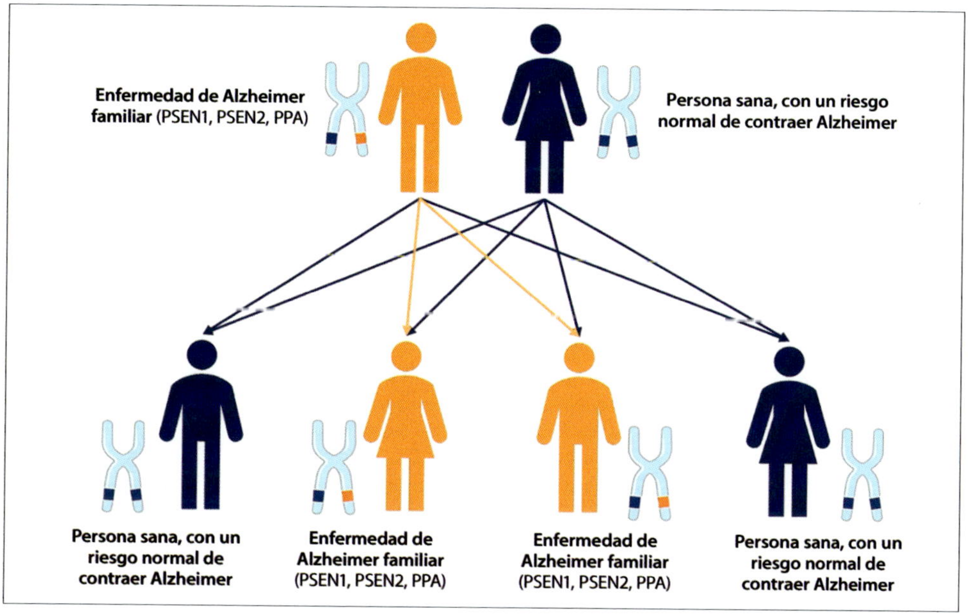

Cortesía del autor

Arriba (figura 11): LA INCIDENCIA FAMILIAR de la enfermedad de Alzheimer, que es extremadamente rara, se transmite de padres a hijos. Los descendientes tienen un 50% de posibilidades de llevar en sus cromosomas el gen que causa esta patología.

Abajo (figura 12): EL GEN APOE es el factor de riesgo de padecer la enfermedad de Alzheimer más habitual entre la población. Cerca del 78% de la gente es portadora el genotipo ApoE e3:e3, que no aumenta el riesgo de padecer esta dolencia. Otros genotipos ApoE pueden aumentar o disminuir el peligro de verse afectado por el padecimiento.

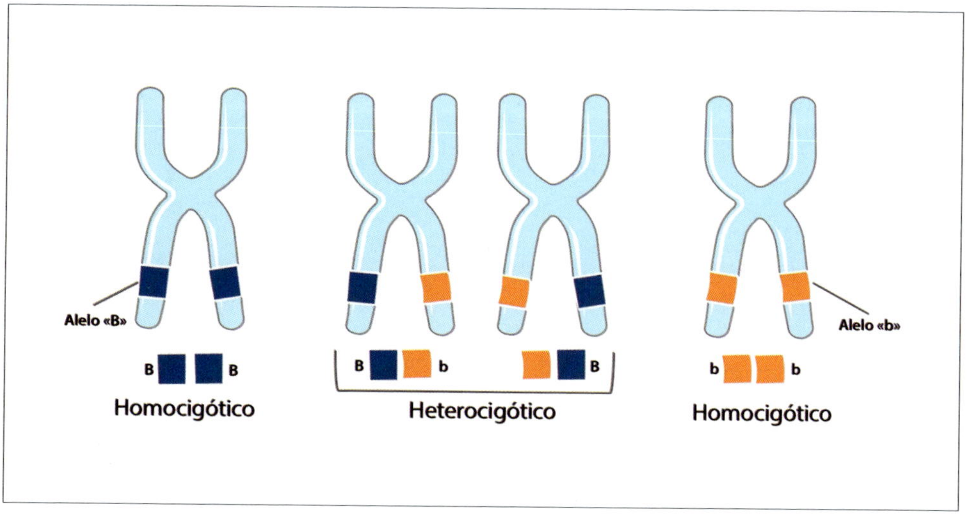

Cortesía del autor

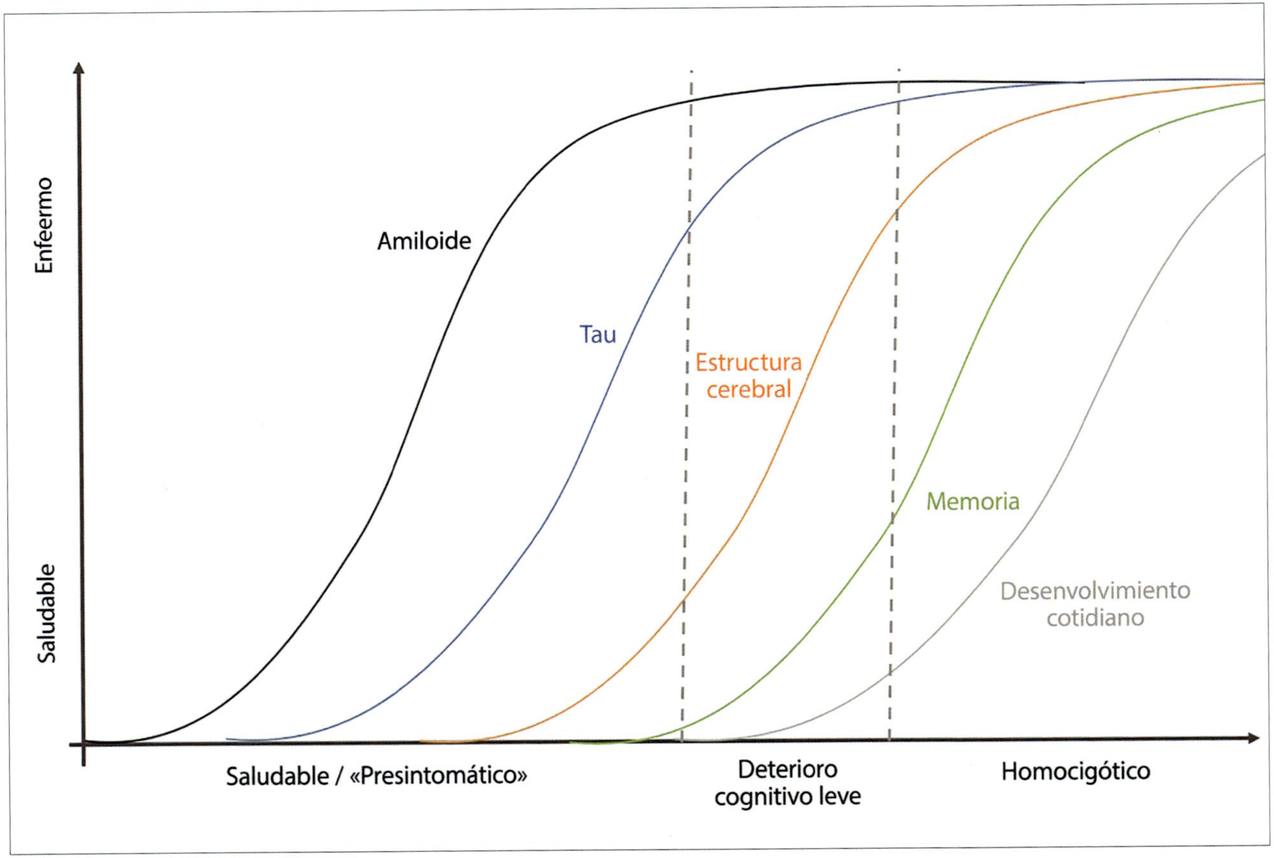

Cortesía del autor

Izquierda (figura 13): ILUSTRACIÓN del progreso característico de la enfermedad de Alzheimer. Obsérvese que la evolución de la dolencia puede diferir de un individuo a otro.

22

«Localización, localización, localización... y en el momento justo»

En la década de 2000 se produjo el desconcertante hallazgo de que el hipocampo —es decir, la región que juzgamos más vinculada con la enfermedad de Alzheimer y los síntomas memorísticos a que da lugar— parece ser la zona menos afectada por las fibrillas y las placas de amiloide (al menos, en comparación con lo que sucede con el resto del cerebro y en las fases iniciales de la patología). Esto fue motivo de una gran perplejidad. Si el beta amiloide fuera la causa real de la enfermedad de Alzheimer, ¿no debería acumularse fundamentalmente en el lóbulo temporal medial y el hipocampo, que son las primeras regiones en las que se manifiestan, al producirse la muerte neuronal, los síntomas memorísticos de quienes padecen esta dolencia?

Sin embargo, lo que observamos es que la presencia de fibrillas y placas de beta amiloide afecta de forma mucho más grave a otras zonas del cerebro (como los córtex frontal y parietal medial), al menos, en las etapas iniciales de la patología. Y para embarullar todavía más las cosas, en las regiones cerebrales que sufren la incidencia negativa del beta amiloide no se aprecia la característica muerte neuronal que cabría esperar en caso de que ese material fuese la única causa del alzhéimer. Como es lógico, estos hallazgos anatómicos llevaron a muchos científicos a replantearse la idea de que la responsabilidad del mal de Alzheimer pudiera recaer exclusivamente en el beta amiloide.

Al encontrarse la forma de valorar los niveles de beta amiloide en vida de los pacientes, se descubrió enseguida que algunas personas de avanzada edad con volúmenes muy significativos de beta amiloide en el cerebro disfrutaban de buena salud sin mostrar síntoma alguno de la enfermedad de Alzheimer. Al principio se pensó que estos individuos podrían acabar desarrollando la dolencia y que todo lo que ocurría era que demostraban una notable resiliencia a los niveles de beta amiloide elevados. Sin embargo, no tardó en averiguarse que algunos de esos ancianos simplemente no desarrollaban esta patología. Esta realidad contradecía a las claras la hipótesis de la cascada amiloide.

Este planteamiento recibiría la puntilla tras unos ensayos clínicos realizados por una compañía farmacéutica en la década de 1990 —gracias a las cuales la empresa consiguió elaborar una vacuna contra el alzhéimer (más adelante profundizaremos en el funcionamiento de este compuesto específico)—. Se suponía que la vacuna en cuestión ayudaría al organismo a eliminar con mayor eficacia el beta amiloide acumulado en el cerebro, evitando así que la gente desarrollara la enfermedad. Los primeros resultados parecían muy prometedores, puesto que la vacuna funcionaba y el cuerpo lograba evacuar cantidades importantes del beta amiloide acumulado en el cerebro. Aun así, para sorpresa general, algunos de los sujetos que habían participado en los ensayos y presentaban pocos acúmulos cerebrales de beta amiloide desarrollaron la enfermedad. Según la hipótesis original de la cascada amiloide, esto no debería haberse producido, dado que se suponía que el beta amiloide era la única causa del mal de Alzheimer. ¿Cómo habían llegado entonces a desarrollar la dolencia los sujetos del ensayo clínico?

No obstante, estos descubrimientos provocaron bastante menos asombro en otro grupo de científicos especializados en el estudio de la demencia. Los miembros de este círculo de expertos ya habían comenzado a investigar, varias décadas antes de que se produjeran estos acontecimientos, el papel de otro elemento cuya implicación en la enfermedad de Alzheimer no solo ya había sido señalada con anterioridad, sino que aparecía descrita en los trabajos de Alois Alzheimer y Oskar Fischer: me estoy refiriendo a la proteína tau.

23

La proteína tau

No debemos olvidar que Alois Alzheimer y Oskar Fischer no se limitaron a indicar la existencia de una serie de manchas del tamaño de una semilla de mijo en el exterior de las células nerviosas. También informaron de la «desintegración» de algunas neuronas —según un proceso que dejaba tras de sí un conjunto de fibras (fibrillas, diríamos hoy) neuronales—. Ahora bien, una vez llegados a este punto, hemos de avanzar con cautela, ya que es preciso distinguir las fibrillas de amiloide de las fibrillas de proteína tau. Sabemos ya que las primeras se acumulan en el exterior de las neuronas siempre que exista un exceso de beta amiloide. Sin embargo, las fibrillas de proteína tau son distintas. Se trata de los restos de las células nerviosas muertas —un extremo que Alzheimer ya había señalado correctamente en su día—. En resumen, el beta amiloide puede hallarse fuera de las neuronas, pero la proteína tau se encuentra en su interior o en lo que queda de ellas al perecer.

Lo primero que vamos a explorar es el papel que desempeña la proteína tau en las células nerviosas sanas y solo después pasaremos a estudiar la incidencia de la proteína tau en el desarrollo de la enfermedad de Alzheimer.

Es común hallar proteína tau en el cerebro. Su principal función consiste en estabilizar y estimular el ensamblaje de microtúbulos en las neuronas. Como el propio nombre indica, los microtúbulos son unos tubos diminutos y, de hecho, se encuentran en grandes cantidades en el interior de las células nerviosas, en las que cumplen primordialmente dos cometidos. Su primer rol consiste en ofrecer a la neurona un armazón firme. Y dado que estos microtúbulos son bastante rígidos, vienen a constituir una especie de columna vertebral para la célula nerviosa. De hecho, se las considera frecuentemente uno de los elementos que integran lo que damos en llamar el citoesqueleto, es decir, el esqueleto celular, ya que la palabra proviene del griego κύτος.*

La segunda función relevante de los microtúbulos es la de transportar «cosas» al interior de las neuronas. Y digo «cosas» porque realmente se trata de materiales muy heterogéneos. Los microtúbulos vienen a ser como las empresas de mudanzas, ya que acarrean prácticamente todo cuanto la célula nerviosa pueda querer llevar de un sitio a otro. Lo que se traslada es muy diverso: desde otras proteínas hasta distintos nutrientes, pasando por cualquier tipo de molécula. Por regla general, las partículas que se mueven van empaquetadas en unas cajas de transporte que reciben el nombre de «vesículas». En ellas puede viajar casi cualquier elemento que la neurona desee colocar en otro sitio. Pero las funciones de los microtúbulos no acaban aquí, ya que son capaces de transportar incluso órganos celulares enteros (a los que denominamos «orgánulos»). Ejemplo de ello es el traslado de mitocondrias y hasta de material genético (como los cromosomas). En pocas palabras, si hay que llevar algo de un sitio a otro, los microtúbulos se echarán la tarea a la espalda.

Los microtúbulos pueden encontrarse en cualquier punto de la neurona, pero se concentran de manera particular en una estructura llamada «axón», que es una prolongación que las células nerviosas utilizan para comunicarse entre sí. Una misma neurona puede tener uno o más axones y, desde luego, estos elementos filiformes desempeñan un papel crucial en la comunicación interneu-

* Cuyo significado literal remite a nuestros conceptos de «recipiente» o «urna», de ahí que pasara a vincularse modernamente con «celdilla» y «célula». (*N. del t.*)

ronal. En último análisis, la comunicación conjunta de muchos miles y hasta millones de células nerviosas es lo que garantiza el funcionamiento de un cerebro sano. Por lo tanto, el rol de los axones es esencial para el correcto funcionamiento del cerebro o, lo que es lo mismo, su fallo puede causar graves perjuicios a este órgano de la conciencia.

Todo esto es muy interesante, pero ¿qué relación guarda con la proteína tau y la enfermedad de Alzheimer?

Los microtúbulos necesitan que la proteína tau trabaje adecuadamente. De hecho, la proteína tau forma parte de un grupo especial de proteínas a las que se da el nombre de proteínas asociadas a los microtúbulos (PAM, o MAPT, según sus siglas inglesas: *microtubule-associated proteins*). Pero ¿de qué forma contribuye la proteína tau al buen funcionamiento de los microtúbulos?

Para comprender este extremo debemos volver a centrarnos en los medios que emplean los microtúbulos para transportar «cosas». Como los microtúbulos son en definitiva unas tuberías minúsculas, hemos de dar por supuesto que los «objetos» que se trasladen deberán caber por ellos. Eso parece de puro sentido común, pero en realidad es un error. La razón fundamental de que el material que es preciso mover de un lugar a otro no quepa en la luz de los tubos es el reducidísimo diámetro de los mismos, con lo que, de no haber otro método, el escaso tamaño de la vía de transporte limitaría irremediablemente las dimensiones de cuanto quisiera cambiarse de sitio. Tomándolos enteros, el tamaño de los orgánulos de la célula es muy superior al espacio interior de los microtúbulos, de modo que no podrían pasar por unos conductos tan pequeños. Para salir al paso de este problema, la naturaleza ha ideado una ingeniosa manera de trasladar objetos de cualquier forma y tamaño, ya que el diseño de los microtúbulos se parece un poco al de las cintas transportadoras. Llegados a este punto hemos de estar dispuestos a pedir a nuestra imaginación que supere un nuevo reto, porque la verdad es que no existe ningún recurso capaz de describir con sencillez el funcionamiento de estas cintas transportadoras (o, al menos, yo no he dado con ninguno hasta ahora). Y el motivo de que resulte todo un desafío figurarse cómo opera esta «cinta transportadora de microtúbulos» estriba en la circunstancia de que las cintas transportadoras del organismo no son estáticas, como las cintas transportadoras humanas. Todo lo contrario: se mueven.

Una cinta transportadora estática permanecería sencillamente en su sitio y se limitaría a desplazar los objetos por toda su superficie. Ahora bien, si hubieran construido largas cintas transportadoras estáticas, las células nerviosas habrían empleado una enorme cantidad de tiempo y adoptado un sistema extremadamente ineficaz. Además, una cinta transportadora estática no trabajaría demasiado bien. Una banda de esas características no sería capaz ni de ir a recoger las cosas al punto donde hay que retirarlas ni de llevarlas después al lugar en el que se las necesita. Es más, de haber sido ese el sistema utilizado, las neuronas habrían tenido que concebir otro mecanismo de transporte para llevar los objetos hasta la cinta sin fin. Esta es la razón de que la naturaleza haya creado una banda transportadora más pequeña y flexible, dotada de la posibilidad de desplazarse de un sitio a otro en el interior de la célula nerviosa.

¿Cómo funciona esta cinta transportadora móvil?

Aquí es donde hemos de apelar a nuestra imaginación, ya que debemos visualizar una situación en la que la cinta transportadora de microtúbulos se monta y se desmonta sin parar. En terminología biológica, esto es lo que se denomina un «sistema de inestabilidad dinámica», puesto que la totalidad del mismo procede a ensamblarse y a desmantelarse de forma constante, consiguiendo de ese modo desplazarse.

Parece increíble, ¿verdad?

No obstante, si abusamos un poco de la analogía de la cinta transportadora, lograremos hacernos una idea más clara de lo que estamos describiendo. Digamos, por ejemplo, que estamos construyendo sin cesar nuevas secciones de la cinta transportadora en uno de sus extremos y que al proceder de ese modo la banda entera se «desplazará» en esa dirección. Si demolemos al mismo tiempo las partes de la banda sin fin que se encuentran en su otra punta, parece claro que el tubo entero se «alejará» del lugar en el que se encontraba antes. Y así funciona el sistema de los microtúbulos: añadiendo una y otra vez elementos a la cinta transportadora en función del lugar al que desea que la tubería se desplace y eliminando simultáneamente piezas del extremo del que «viene» el tubo en sí.

Ahora bien, las proteínas asociadas a los microtúbulos, como la tau (porque lo cierto es que hay otras) son la clave del ensamblado y desensamblado de esta mágica cinta transportadora de microtúbulos, ya que ellas son las encargadas de unir entre sí los polímeros que forman los microtúbulos. Cuando estos se ensamblan, las proteínas asociadas a ellos (PAM), como la tau, pegan o grapan unas a otras las nuevas piezas de la cinta transportadora, mientras que en el extremo que se halla en fase de desmontaje, las proteínas asociadas a los microtúbulos se desprenden sencillamente del tubo para que las piezas de la banda sin fin puedan volver a utilizarse. Por consiguiente, las proteínas asociadas a los microtúbulos contribuyen a generar y a mantener la estructura de la cinta transportadora. Pero estas proteínas asociadas a los microtúbulos desempeñan también otra función. Si nos fijamos en lo que sucede a un costado de nuestra cinta sin fin, veremos que la proteína posee una serie de enlaces que sobresalen de la banda transportadora y que dichos enlaces permiten que las vesículas (las cajas de transporte) queden fijas en sus anclajes y vayan desplazándose a lo largo de la banda móvil del microtúbulo.

Resumamos: las proteínas asociadas a los microtúbulos cumplen tres cometidos básicos: 1) contribuyen al ensamblaje y desacoplamiento de la cinta transportadora de microtúbulos; 2) mantienen la estabilidad y la cohesión de la banda sin fin, y 3) favorecen el transporte de materiales a lo largo de la cinta en cuestión.

A continuación, vamos a estudiar qué le sucede específicamente a la proteína tau en la enfermedad de Alzheimer. Hay de hecho un proceso vinculado con la tau que reviste especial importancia en el desarrollo de la patología que aquí nos ocupa. Dicho proceso recibe el nombre de «hiperfosforilación de la proteína tau».

Desde luego, eso de la «hiperfosforilación» es un verdadero palabro. Sin embargo, no va a resultarnos excesivamente difícil comprender su significado.

24

«Pero ¿quién narices ha pedido todo ese fosfato?»

Lo que se quiere dar a entender al hablar de la hiperfosforilación de la proteína tau es sencillamente que hay un excesivo número de grupos fosfato unidos a las moléculas de tau. En general, la proteína tau necesita contar con unos cuantos grupos fosfato para poder funcionar adecuadamente. Sin embargo, si la cantidad de fosfato supera un cierto umbral, tau deja de trabajar correctamente.

¿De dónde procede este exceso de fosfato? Y, antes que nada, ¿por qué se adhieren tantos grupos fosfato a la proteína tau?

Todavía no comprendemos cabalmente cuáles son los mecanismos exactos que determinan la aglutinación de demasiados grupos fosfatos a la proteína tau, así que por ahora nos contentaremos con aceptar que hay demasiado fosfato y que eso altera el funcionamiento normal de tau.

En definitiva, ¿qué efectos tiene el exceso de fosfato en la actividad de tau?

Ya sabemos que tau desempeña principalmente tres funciones y que contribuye con ellas al buen desempeño de los microtúbulos (al ayudar a su ensamblado y desmantelamiento, a su estructuración y a su transporte). El exceso de fosfato perturba hasta cierto punto todas estas funciones de tau, pero la más perjudicada es la de la formación de la cinta transportadora de microtúbulos. El motivo de ese efecto radica en el hecho de que la proliferación del fosfato «bloquea» todos los puntos de anclaje que tau precisa para fijarse en los microtúbulos.

Al producirse esta circunstancia, la proteína tau no puede unir o grapar entre sí las diferentes secciones de la cinta transportadora de microtúbulos. Aunque siga habiendo unas cuantas macromoléculas de tau adheridas al microtúbulo, el conjunto de la estructura resulta inestable, dado que no cuenta con todos los enlaces o sujeciones de tau. La cinta transportadora de microtúbulos deja de cumplir su función. Otro de los efectos de esta reducción de los anclajes de las secciones de la cinta transportadora de microtúbulos es la ralentización del desplazamiento de dicha tubería. Hemos de recordar que, para moverse, el microtúbulo necesita que sus componentes se hallen en un constante proceso de montaje y desmontaje. No obstante, si el mecanismo se desorganiza, el microtúbulo no logra avanzar o lo hace con mucha lentitud. Esto pone en riesgo el transporte de los importantísimos materiales que puede necesitar la neurona en un momento dado. El balance final se concreta en una notabilísima disminución de las «cosas» vitales que trasladan los microtúbulos.

Y por si eso fuera poco, el exceso de fosfato también vuelve más «pegajosa» la proteína tau. Tal y como sucedía con el beta amiloide, las moléculas de tau empiezan a formar oligómeros o fibrillas al quedar adheridas unas a otras en sentido longitudinal. A su vez, esto significa que la cantidad de proteína tau disponible es todavía menor, ya que se encuentra toda aglutinada y no puede efectuar las tres funciones que facilitan la formación de la cinta transportadora de microtúbulos. Ahora bien, si este proceso afectara a un solo microtúbulo (o a unos cuantos nada más), la célula nerviosa conseguiría paliar el problema, dado que puede echar mano de un gran número de microtúbulos. Sin embargo, hemos de representarnos mentalmente que la hiperfosforilación se materializa a una escala muy superior y que afecta, en último término, a casi toda la neurona. Esto lleva aparejado el fallo de una parte muy significativa del mecanismo de transporte de las células nerviosas.

Extraigamos por un instante esta idea del contexto fisiológico que le es propio y tratemos de mostrar qué efectos tendría de verificarse en el medio social. Imaginemos una huelga general de la industria del transporte. Las repercusiones de una situación así serían devastadoras en todo el país. Lo mismo ocurre en el caso del sistema de transporte de la neurona, ya que no se acarrearían los nutrientes cruciales o los orgánulos celulares (o solo se moverían en muy escasas cantidades). Algunas de las regiones de la célula nerviosa se verían privadas de alimento y a otras no llegarían los materiales que precisan en sus labores de reparación. Todo el sistema de la neurona comienza así a desmoronarse. Este desplome incide de manera muy particular en el axón de la célula nerviosa, dado que en él hay una elevada concentración de microtúbulos y proteína tau. Los axones participan en la intercomunicación de las neuronas. Por lo tanto, el derrumbamiento del sistema microtubular del axón incide directamente en la comunicación de las células nerviosas entre sí —que es vital para el funcionamiento del cerebro (véase también la figura de la página 5 del cuadernillo central)—. Una vez demolida y muerta, la neurona se desintegra, con lo que el organismo procede a retirar o reciclar la mayor parte de sus residuos. No obstante, como ya vimos en el caso de las fibrillas de beta amiloide, las fibras de proteína tau también forman una masa pegajosa y difícil de eliminar o regenerar, con lo que muchas veces son el único resto de las células nerviosas descompuestas y disgregadas.

Conocemos ya los procesos fisiológicos básicos por los que la proteína tau puede terminar provocando la muerte neuronal. Sin embargo, persiste aún un misterio. Si la perturbación debida a la hiperfosforilación de tau incide únicamente en unas cuantas células nerviosas, ¿por qué se propaga la enfermedad por el cerebro hasta afectar a zonas cada vez más extensas del mismo y generar de ese modo la enfermedad de Alzheimer? No hay duda de que el cerebro puede afrontar sin mayores problemas la pérdida de unas cuantas neuronas y salir airoso del envite sin desarrollar la dolencia que aquí nos ocupa. ¿Por qué tiene tanta importancia la proteína tau en la aparición del alzhéimer?

Para tratar de responder a algunas de estas preguntas, hemos de entender una última propiedad (todavía controvertida) de la tau hiperfosforilada: su notable capacidad de «infectar» a otras células nerviosas.

25

La acumulación de tau entendida como «infección»

Lo habitual es que el concepto de «infección» remita a una reacción del sistema inmunitario a todo agente patógeno externo que agreda al organismo. A modo de ejemplo, valga pensar en un virus o una bacteria susceptible de provocar daños físicos, como el coronavirus de tipo 2, causante de la COVID-19.* El sistema inmunitario del cuerpo intenta combatir la «invasión infecciosa» de los microorganismos perjudiciales. Estas nociones son básicamente correctas y se aplican a casi todos los procesos infecciosos.

No obstante, hay también tipos de infección poco comunes que no son consecuencia de la acción de ninguna bacteria o virus. A diferencia de las anteriores, estas infecciones raras se producen debido a la existencia de proteínas mal formadas. Cuando una de esas macromoléculas defectuosas tiene capacidad de generar una infección recibe el nombre de «prion». Es posible que en Reino Unido haya lectores que recuerden la irrupción pública de estos priones, ya que captaron la atención de todos al declararse un grave brote de una patología a la que dio en llamarse «enfermedad de las vacas locas», o encefalopatía espongiforme bovina, por emplear el término técnico (cuyo significado literal indica que la

* Técnicamente conocido con el nombre de SARS-CoV-2, por sus siglas inglesas: *Severe Acute Respiratory Syndrome Coronavirus Type 2*, o síndrome respiratorio agudo severo por coronavirus tipo 2. (*N. del t.*)

dolencia daña el cerebro de las vacas y que este, al quedar lleno de vacuolas o vesículas microscópicas, adquiere aspecto de esponja).* Y lo que provoca estos letales efectos es precisamente este tipo de proteínas mal plegadas. En los seres humanos, la forma más común de prion es aquella que da origen a la enfermedad de Creutzfeldt-Jakob, una encefalopatía extremadamente rara, que sin embargo puede resultar fatal.

Si se le ha pasado por la cabeza la idea de que el alzhéimer también pudiera tener carácter infeccioso, tal como ocurre con la enfermedad de las vacas locas, tranquilícese y no ceda al pánico, ya que ni el contacto cotidiano con un paciente ni las gotitas que dispersamos en el aire al estornudar, toser o espirar ni el contacto con la sangre de un enfermo ni las relaciones sexuales con un sujeto afectado provocan infección por un prion humano —y no hay que olvidar que estas vías son las que siguen más habitualmente las dolencias de transmisión infecciosa—. La investigación ha mostrado que el riesgo de acabar infectándose con la enfermedad de Alzheimer ni siquiera es mayor en los profesionales que trabajan con los tejidos cerebrales de las personas que sufren o han sufrido alzhéimer, como los neuropatólogos o los neurocirujanos.

¿Qué pruebas tenemos entonces de que el alzhéimer sea potencialmente una patología de origen priónico?

En realidad, aún no hay datos sólidos que permitan afirmarlo con rotundidad. Sin embargo, los experimentos de laboratorio han mostrado que la fosforilación de la proteína tau en una neurona parece extenderse a las células nerviosas vecinas, que también terminan por perecer. Actualmente, todavía no comprendemos cabalmente de qué modo puede «infectar» la hiperfosforilación de la proteína tau a las neuronas de su entorno. No obstante, fun-

* Reino Unido sufrió este azote en las décadas de 1980 y 1990. En España llegó en 2000, con un primer caso aislado que, lamentablemente, acabaría extendiéndose a otras cabañas en 2001, dando lugar a una crisis sanitaria que logró controlarse un año después. Entre 2002 y 2007, se contabilizarían en la Unión Europea más de trescientas treinta mil reses enfermas (la inmensa mayor parte de ellas en Reino Unido). (*N. del t.*)

dándose en esa posibilidad, hay científicos que proponen que la hiperfosforilación de tau manifiesta características «similares a las de los priones». Básicamente, lo que ocurre es que la tau hiperfosforilada da la impresión de comportarse como un prion, pero todavía no sabemos si tau es efectivamente un prion o no —de hecho, ni siquiera estamos seguros de que sea *de facto* la causa de la instauración de la enfermedad de Alzheimer.

Desde luego, responde a la lógica que la tau hiperfosforilada sea el factor desencadenante de esta dolencia. Se ha conseguido seguir el rastro del daño celular provocado por la fosforilación de la proteína tau en toda la longitud de los tramos neuronales que operan de forma interconectada e intercomunicada. Esto incrementa el número de células nerviosas «infectadas», ya que muchas de ellas mantienen conexiones mutuas, con lo que la hiperfosforilación de tau acaba afectando a casi todo el cerebro, lo que finalmente conduce a la muerte neuronal. Vale la pena señalar, una vez más, que Alois Alzheimer tuvo la perspicacia de detectar este fenómeno y explicar que la incidencia de la «sustancia desconocida» hallada en el cerebro de Auguste Deter se situaba en una horquilla comprendida entre «el 25 y el 75 % de las células nerviosas» de la paciente. Hoy sabemos que la sustancia en cuestión es la tau hiperfosforilada. En la necropsia, la hiperfosforilación de la proteína tau afectaba prácticamente a las tres cuartas partes del cerebro de la señora Deter —pese a que el proceso se hubiera iniciado necesariamente en una única neurona—. Sabemos asimismo otra cosa: cuanto más elevados sean los niveles de tau fosforilada en el cerebro de un individuo, tanto mayor será también la probabilidad de que esa persona padezca alzhéimer.

Todo eso está muy bien, pero he acabado bastante confuso. ¿Sugiere esto que es de hecho la hiperfosforilación de tau y no el beta amiloide lo que causa la enfermedad de Alzheimer?

Hay una fuerte vinculación de ambas moléculas con el padecimiento que nos ocupa —ya sea la tau hiperfosforilada o el beta amiloide—. De hecho, el consenso científico actual señala que, en la mayor parte de las personas, el desarrollo de la enfermedad de Alzheimer exige la presencia de esos dos elementos.

Me encantaría que pudiéramos dejar aquí las aclaraciones, pero en nombre de la exhaustividad, debo mencionar que, si bien es cierto que la concurrencia de unos elevados niveles de beta amiloide y tau fosforilada explica (o parece hacerlo) que se desarrolle la enfermedad de Alzheimer en la mayor parte de la gente, también lo es que esa doble saturación de péptidos y proteínas no desencadena la patología en todos los individuos, ya que hay una exigua minoría de personas que pueden desarrollar esta dolencia aun en ausencia de cualquier exceso de beta amiloide en el cerebro.

¡Menudo lío!, debe de estar pensando usted.

Y no le falta razón. Pero es importante transmitir plenamente al lector la idea de ese «embrollo», dado que le ayudará a entender por qué la comunidad científica lleva tantas décadas desconcertada, sin acabar de entender por qué se desarrolla el mal de Alzheimer. Ahora bien, aunque no comprendamos el «por qué», sí conocemos bien el «cómo» de esa instauración.

26

El «afloramiento» de la enfermedad

Una vez señalado el «cómo» de la enfermedad de Alzheimer, cabe preguntarse: ¿cuál es el último modelo científico concebido para dar cuenta del modo en que aflora este desorden neurológico?

Desde los tiempos de Alois Alzheimer, los estudiosos han conseguido idear un paradigma más acabado de las vías que determinan la instauración y avance de la dolencia. Esta reciente modelización sigue señalando la forzosa ocurrencia de una larga cascada de pasos, aunque ahora incluye una cronología en la que se señala el «cuándo» de esa secuencia de cambios.

En la página 8 del cuadernillo central he insertado un gráfico del modelo científico actualmente aceptado para explicar la aparición de la enfermedad de Alzheimer. Con él pretendo ilustrar el encadenamiento de un conjunto de procesos que no solo están específicamente asociados con esta patología, sino que vienen a desembocar, en último término, tanto en los síntomas que afectan a la memoria como en los cambios que experimenta el desenvolvimiento cotidiano de los pacientes. Con todo, ruego al lector que tenga bien presente que se trata simplemente del último modelo disponible, y que los datos existentes pueden confirmarlo y refutarlo a un tiempo. Tal y como ocurre con cualquier modelización, el esquema es sin duda útil, aunque no necesariamente correcto. He de añadir, como colofón, que los modelos científicos muestran el estado de cosas «ideal» que se sigue de los datos, así que debemos ser conscientes de que hay otros factores externos —como el modo de vida y el entorno— que podrían influir en la evolución de la pauta teórica en los diferentes individuos concretos. No obstante, como patrón general del surgimiento y la progresión del mal de Alzheimer, el esquema propuesto es una excelente herramienta para visualizar en su raíz el modo en que se presenta la enfermedad en la mayor parte de la gente.

Examinemos pues el mencionado gráfico. Vemos que el eje X, o de las abscisas (es decir, la línea horizontal), muestra la manifestación de la dolencia, por la que la persona pasa del estado saludable a una situación «presintomática» y finalmente a la incidencia plena de la enfermedad. Con el término «presintomático» aludimos a aquellas personas en cuyo cerebro ya se han presentado los cambios iniciales asociados con la patología que aquí estudiamos, aunque sin haber desarrollado todavía ningún síntoma. Como se sabe, la voz «presintomático», compuesta por la preposición latina *prae* (= «delante de») y del adjetivo latino tardío *symptoma*, significa precisamente eso: lo que antecede a las señales.* El eje Y (la línea vertical) muestra las variaciones que experimenta el grado de la enfermedad, es decir, sus diferencias de intensidad. En este caso, los valores bajos corresponden al nivel de la persona «sana», mientras que los más elevados se refieren al sujeto «enfermo». El umbral concreto en el que el valor de los datos de «salud» dan paso a los signos de «enfermedad» sigue suscitando debate, pero de momento nos contentaremos con aceptar simplemente que en algún punto los factores cambian y se cruza el límite que separa un estado de otro. Por último, las líneas discontinuas reflejan los potenciales lugares de transición entre las situaciones de «Saludable y «"Presintomático"» de las de «Deterioro cognitivo leve» y «Enfermedad de Alzheimer». La presen-

* En realidad, el *symptoma* latino deriva a su vez del griego σύμπτωμα, de σύμ = «con» o «a la vez»; πιπτειν = «caer»; y el sufijo -μα, que indica resultado es decir, aquello que ocurre como *consecuencia* de lo que *cae*, o acaece, *junto a* otra cosa —dicho de otro modo, lo que «coincide» con algo. (*N. del t.*)

cia de estas rayas discontinuas obedece sencillamente al deseo de ofrecer una pista del momento en el que existe la posibilidad de que se comunique a una persona un diagnóstico compatible con el deterioro cognitivo leve o con la enfermedad de Alzheimer. Debo insistir en que ese punto podría ser distinto en individuos diferentes, debido tanto al doble hecho de que unos pacientes informan antes que otros a su médico, y de que, de manera similar, también unos facultativos pueden establecer más tarde que otros su diagnosis.

Hemos quedado ya en situación de examinar este gráfico con más detalle.

Vemos cinco curvas en las coordenadas, y cada una de ellas representa uno u otro de los factores clave del desarrollo de la enfermedad de Alzheimer y de su eventual valoración médica. Dos de las curvas (la negra y la azul) hacen referencia a las proteínas que se acumulan a lo largo del proceso patológico: el amiloide y la tau (cuanto más elevados sean los valores de la curva, tanto mayores serán también los niveles de amiloide y tau). La curva anaranjada corresponde a la estructura cerebral, y mide el porcentaje de células nerviosas en que ha hecho mella el proceso patológico provocado por las proteínas. Como ya sabemos, cuanto más amiloide y tau se acumule, tanto mayor será asimismo la cantidad de tejido cerebral y el particular tipo de células nerviosas que se vean afectados, dado que la existencia de una gran concentración de proteínas tiene efectos tóxicos para las neuronas, con lo que esas células terminan muriendo. Si la magnitud de esa muerte neuronal es muy amplia, aparecerán cambios en la estructura del cerebro, puesto que la pérdida de importantes volúmenes de células nerviosas encoge ese órgano (los clínicos denominan «atrofia» a este encogimiento cerebral —un término que deriva de la voz del griego antiguo ατροφια, literalmente «falta de alimento»—). Por consiguiente, las transformaciones de la estructura cerebral recogidas en el gráfico son una indicación de que la muerte neuronal va en aumento, un proceso que en los escáneres del cerebro se expresa en forma de atrofia. Tras la curva naranja, viene la de color verde, que traza la evolución de los típicos síntomas memorísticos que se observan en el mal de Alzheimer cuando los afectados encuentran problemático evocar los acontecimientos recientes o no logran recordar dónde han dejado un objeto. Cuanto más elevados sean los valores de la curva, tanto más agudos serán los problemas de memoria. Por último, la curva gris muestra el rango de incidencia que tiene la enfermedad en el desenvolvimiento cotidiano del paciente, y, una vez más, la altura de la curva es directamente proporcional al grado de deterioro de la actividad diaria del afectado.

Ahora que sabemos lo que representan las diferentes curvas, podemos ya apreciar que existe una cascada de acontecimientos y que esta se verifica antes de que la gente muestre síntomas memorísticos y reciba un diagnóstico acorde a su situación. Lo primero que se acumula en el cerebro humano es el amiloide, y según se cree, el proceso por el que se deposita puede tardar entre un año y varias décadas en materializarse, por lo que es claro que la pendiente de la curva del gráfico al que me he venido refiriendo puede cambiar notablemente. También podemos ver que los niveles de amiloide alcanzan valores muy altos antes de que empiece a apreciarse un acúmulo significativo de la siguiente proteína perniciosa: la tau. Son varias las teorías que postulan que, en la enfermedad de Alzheimer, es necesario que se den esas elevadas tasas de amiloide para que aparezcan depósitos de proteína tau. No obstante, las pruebas de la interacción entre amiloide y tau son tan complejas como poco concluyentes.

La siguiente curva (la de color anaranjado, que indica la presencia de cambios estructurales en el cerebro) no se inicia sino después de que ambas proteínas (la amiloide y la tau) se hayan propagado ampliamente por el tejido cerebral. Es lógico, puesto que es precisa la acumulación de cantidades significativas de amiloide y tau para que su acción conjunta resulte tóxica para las neuronas. Cuando las células nerviosas empiezan a morir se produce la atrofia que alcanza a verse en los escáneres cerebrales. Poco después de este proceso surgen los primeros cambios en el órgano cognitivo y comienzan a notarse los problemas de memoria. Debo decir, una vez más, que tiene sentido que sea así, dado que el normal funcionamiento de nuestra memoria necesita que haya neuronas intactas, y por consiguiente, cuando el volumen de células nerviosas muertas alcanza niveles importantes, la memoria deja de operar, la persona se vuelve olvidadiza, y su vida se vuelve problemática. Lo habitual es que sea en esta fase cuando la persona afectada o sus allegados refieran al médico los síntomas detectados. Este, por su parte, emitirá un diagnóstico de deterioro cognitivo leve si la sintomatología del enfermo coincide con todos los criterios diagnósticos.

Finalmente, con el empeoramiento de los síntomas memorísticos, la persona comienza a encontrar dificultades más serias para realizar sus quehaceres cotidianos, y como también existe la posibilidad de que afloren otros síntomas cognitivos, el cuadro general da lugar a que el facultativo comunique al interesado o a sus cuidadores que se trata efectivamente de la enfermedad de Alzheimer.

Este modelo debería dejar claro que, en la mayor parte de los casos en que una persona desarrolla la patología en que aquí nos centramos, hay *de facto* una secuencia de acontecimientos bien definida. Sin embargo, en lugar de fiar «simplemente» el diagnóstico a la existencia de esa cascada amiloide, hoy sabemos que el factor crítico de la aparición de esta dolencia radica en la interacción de las proteínas amiloide y tau. Los datos científicos respaldan en gran medida esta modelización, ya que nos muestran que lo primero que se produce, antes de que se aprecien cambios cerebrales (y las consiguientes modificaciones de la memoria y la vida cotidiana), es un aumento de los niveles de las proteínas amiloide y tau. Los sucesivos pasos de este esquema también nos indican que los característicos síntomas vinculados con el deterioro de la memoria —que son los que determinan que se diagnostique a la persona el padecimiento de la enfermedad de Alzheimer— surgen en realidad en un período bastante tardío del proceso patológico. Esta es una información preocupante para mucha gente, dado que el surgimiento de los síntomas memorísticos significa que el mal ya ha hecho mella en el cerebro. Este dato también explica que, llegadas las cosas a este estadio, sean tan numerosos los tratamientos que no logran excesivo éxito, puesto que el daño cerebral ya se ha producido.

¿Por qué no detectar entonces el inicio del proceso en sus fases más tempranas y presintomáticas, dado que de ese modo podríamos tratar antes y mejor la enfermedad de Alzheimer?

Parece bastante obvio que si queremos aplicar mejores terapias a esta dolencia es preciso detectar mucho antes sus primeros pasos, idealmente en un momento en el que las proteínas amiloide y tau todavía se encuentren en proceso de acumulación y no hayan comenzado a dañar gravemente las células nerviosas. Hasta hace bien poco carecíamos de una tecnología capaz de medir los niveles de amiloide y tau en vida de los pacientes. Pero por fortuna, hoy ya disponemos de esa técnica.

27

La tecnología de los marcadores biológicos

Los avances tecnológicos han sido siempre grandes acicates para el descubrimiento científico. Por regla general, estas nuevas tecnologías nos permiten medir una serie de procesos naturales que previamente quedaban vedados a la observación. Recuérdese, por ejemplo, el surgimiento de la microscopía y el hecho de que esta abriera la puerta a los hallazgos de Alois Alzheimer y Oskar Fischer. Hace todavía muy pocos años resultaba muy difícil valorar los niveles de amiloide y tau en vida de los pacientes. Casi todos los estudios consagrados a la investigación de las causas de esta dolencia han sido efectuados en personas fallecidas como consecuencia de esta patología, y así sucedió de hecho en el caso del propio Alois Alzheimer, cuyos trabajos, realizados a principios del siglo XX, también fueron *post mortem*. Cabe destacar, de manera muy particular, que en la década de 1980 los exámenes tisulares de los cadáveres mostraron la forma en que progresa la acumulación de amiloide y tau en el conjunto del cerebro. El procedimiento seguido en estas monografías consistió en comparar los casos de distintos pacientes de alzhéimer fallecidos en distintas fases de la enfermedad. Gracias a esas indagaciones pudimos mejorar nuestra comprensión de la génesis y la propagación de la dolencia. Sin embargo, hasta que aparecieron los marcadores biológicos del alzhéimer, corriendo ya los años noventa del siglo pasado, nos fue imposible hacernos una idea cabal del inicio y la progresión del alzhéimer en pacientes vivos.

¿Qué son los biomarcadores?

En pocas palabras, son sustancias que indican la presencia de una enfermedad. En el caso del alzhéimer, los biomarcadores nos permiten detectar la existencia de beta amiloide y tau fosforilada en personas vivas. Un descubrimiento clave para el desarrollo de biomarcadores útiles en el seguimiento de la enfermedad de Alzheimer en pacientes vivos fue la constatación de que la presencia de beta amiloide y tau fosforilada podría no circunscribirse exclusivamente al órgano cognitivo, sino aparecer también, por secreción, en la sangre y el líquido cefalorraquídeo que rodean tanto al cerebro como a la médula espinal (protegiendo y aportando nutrientes a ambas estructuras, y eliminando además los productos de desecho, como el amiloide y la tau). El surgimiento de nuevas técnicas moleculares, como el «ensayo de inmunoadsorción ligado a enzimas» (conocido como ELISA —acrónimo de sus siglas inglesas: *Enzyme-Linked Immunosorbent Assay*—), ha abierto la posibilidad de medir de manera fiable estos niveles de beta amiloide y tau fosforilada, pese a que su concentración en la sangre y el líquido cefalorraquídeo sea baja. Esto significa que podemos valorar el amiloide y la tau en personas con alzhéimer, antes incluso de que desarrollen síntomas y reciban confirmación diagnóstica de su estado. Como ya hemos visto, la acumulación de estas proteínas puede comenzar mucho antes de que se presente la sintomatología (a veces con años y hasta décadas de antelación). Por lo tanto, el hecho de poder detectar un incremento de los niveles de beta amiloide y tau fosforilada antes de que la persona muestre los primeros síntomas (lo que nos permite señalar que el paciente se encuentra en el estadio presintomático de la enfermedad de Alzheimer) es clave para la prevención o el tratamiento de la dolencia.

Pero, si existen estas técnicas, ¿cómo es que no se ofrecen a los pacientes y a sus cuidadores como un elemento más de la diagnosis de la demencia?

La razón más clara de que las pruebas del tracto corticoespinal no se realicen como parte de la rutina diagnóstica de los posibles casos de demencia radica en el hecho de que es preciso hacer una punción lumbar. Una punción lumbar es un procedimiento en el que el facultativo se coloca tras el paciente para insertarle una larga aguja entre las vértebras y recoger por aspiración una pequeñísima cantidad de líquido cefalorraquídeo. Pese a que hoy en día sea una maniobra sin mayores complicaciones, se trata desde luego de un acto médico bastante invasivo, y por regla general no solo requiere de una breve estancia en el hospital, sino de un clínico especializado en su concreción. No estamos por tanto ante un simple «test», susceptible de ser practicado por nuestro médico de cabecera o un profesional de enfermería, dado que es preciso ingresar en un centro sanitario. Estas molestias llegarían a resultar aceptables si solo tuviésemos que soportarlas una vez, pero es muy posible que nos viéramos obligados a repetir las punciones a fin de medir la eventual evolución de los niveles de amiloide y tau, que podrían aumentar con el paso del tiempo. Parece claro que dicha situación no resulta factible, lo que explica que la mayor parte de los análisis del líquido cefalorraquídeo destinados a valorar la presencia, ausencia o cantidad de las proteínas amiloide y tau se hayan efectuado en el marco de las investigaciones centradas en el estudio del desarrollo del alzhéimer. Para una diagnosis clínica de carácter habitual es simplemente demasiado peligroso que una persona se someta a punciones lumbares repetidas, por no mencionar los costes y las infraestructuras que implicaría esa periodicidad.

Muy bien, pero ¿por qué es preciso recurrir a la punción lumbar para medir los niveles de beta amiloide y tau fosforilada cuando también podemos valorar su presencia en la sangre?

Desde luego, eso simplificaría enormemente las cosas, ya que el médico de familia o el enfermero podrían tomar una muestra sanguínea y enviarla al laboratorio para su análisis. No habría necesidad alguna de acudir al hospital y ser objeto de un procedimiento muchísimo más arriesgado que una extracción de sangre. La eventual posibilidad de un análisis de sangre lleva largos años mereciendo la consideración de ser el «santo grial» para el diagnóstico de la dolencia que nos ocupa. Sin embargo, los análisis de sangre capaces de medir de forma fiable los niveles de beta amiloide y tau fosforilada no han comenzado a aparecer sino en época muy reciente. Estos test se hallan todavía en fase de desarrollo, pero hoy parecen muy prometedores como método de detección del amiloide y la tau presentes en los estadios presintomáticos del alzhéimer. El motivo de que se haya tardado tanto en poner a punto estos análisis de sangre es que los niveles de beta amiloide y tau fosforilada del plasma sanguíneo son menores incluso que los que se aprecian en el líquido cefalorraquídeo. Por consiguiente, para efectuar valoraciones fiables, será preciso que surjan nuevos avances tecnológicos capaces de amplificar esas cantidades.

Es evidente que, en años venideros, la realización de análisis de sangre en la detección precoz de la enfermedad de Alzheimer está llamada a transformar la diagnosis, ya que permitirá realizarla antes de que los pacientes presenten síntoma alguno. Seremos por primera vez capaces de tratar e incluso prevenir (al menos potencialmente) que las personas manifiesten el mal de Alzheimer —y antes de que surjan problemas—. Como hoy sabemos que los síntomas solo afloran una vez que la patología ha hecho mella en el cerebro, cuanto antes consigamos descubrir la presencia de amiloide y tau, mayores serán también las probabilidades de contrarrestar la expresión y el avance del padecimiento.

No obstante, los niveles de amiloide y tau en la sangre o el líquido cefalorraquídeo no son más que un indicador de la cantidad de estas mismas proteínas en el cerebro o, dicho de otro modo, no constituyen una medición exacta. Y otro de los problemas que tenemos es que, basándonos en los exámenes sanguíneos, no podemos saber en qué regiones cerebrales se están acumulando la amiloide y el tau. Las técnicas relacionadas con la obtención de imágenes cerebrales pueden valorar y detectar *de facto* la presencia de beta amiloide y tau fosforilada en el cerebro. Dichas técnicas se llevan a cabo con un escáner capaz de realizar lo que llamamos una «tomografía por emisión de positrones» (TEP, en castellano, o PET según sus siglas inglesas: *Positron Emission Tomography*). Para que esta TEP funcione, se inyecta o perfunde a la persona una solución cuyas moléculas llevan adheridos unos trazadores radioactivos. Una vez que la solución se propaga por el organismo, puede detectarse la presencia de cambios concretos en los órganos —cambios que después pueden medirse gracias a la señal radioactiva que capta el escáner del tomógrafo por emisión de positrones—. Entre los diversos trazadores cerebrales (ya que esa es la denominación que se emplea habitualmente en esta técnica tomográfica), uno de los más utilizados es la fluorodesoxiglucosa. Dicha sustancia es en realidad un azúcar (la glucosa, para ser exactos) que contiene una molécula modificada de fluoruro radioactivo. Como nuestras células usan glucosa para cumplir sus funciones, el empleo de este trazador nos permite medir el grado de actividad celular de un tejido o un órgano. Si nos inyectan este compuesto y nos examinan mediante un tomógrafo por emisión de positrones, los clínicos son capaces de valorar los niveles de actividad de nuestro cerebro. Las regiones que trabajan poco (las zonas hipoactivas) vienen a indicar que las células nerviosas que las integran han empezado a morir, lo que a su vez señala cómo está afectando al cerebro la enfermedad de Alzheimer.

En la década de 2010, varios grupos de investigación iniciaron el desarrollo de trazadores útiles en la tomografía por emisión de positrones y encontraron algunos específicamente orientados a la detección del beta amiloide y la tau fosforilada. De este modo, hoy tenemos la posibilidad de cuantificar en qué puntos del cerebro se acumulan ambas sustancias y cuál es el volumen de los depósitos. Pese a ser similar a los análisis de sangre que rastrean la presencia de la beta amiloide y la tau fosforilada, el procedimiento diagnóstico de la tomografía por emisión de positrones también busca esas mismas proteínas, pero al hallarse todavía en fase experimental, solo se recurre a él para los trabajos de investigación, no en la práctica clínica. De hecho, aunque son muy prometedores, es poco probable que los escáneres de la tomografía por emisión de positrones terminen usándose de manera habitual en los procesos destinados al diagnóstico de la demencia. Esto se debe a que el examen con estos aparatos solo puede efectuarse en centros especializados —y a que resultan además bastante caros—. No obstante, para las variantes infrecuentes o raras de la demencia, el escaneado mediante la tomografía por emisión de positrones podría constituir una alternativa a los análisis de sangre y permitir una mejor identificación de los procesos asociados a una demencia subyacente.

Como es obvio, el impulso que ha experimentado el campo de los biomarcadores tecnológicos ha supuesto un gran cambio en la detección tanto de la beta amiloide como de la tau fosforilada, pero se trata además de una transformación con futuro, dado que mejorará la diagnosis de las personas que ya padecen el mal de Alzheimer o tienen riesgo de desarrollarlo. ¿Y qué más da?, podría decirse usted. Si todavía no existe un tratamiento capaz de atajar la dolencia, ¿qué importancia tiene detectar anticipadamente la presencia de niveles anormales de beta amiloide y tau fosforilada en la gente? ¿No resulta un tanto cruel, por no decir contrario a la ética, decirle a las personas que es probable que desarrollen la enfermedad de Alzheimer pese a que los médicos no puedan ofrecerles terapia alguna?

Todas estas interrogantes son legítimas. Sin embargo, no deberíamos subestimar un hecho: el de que tanto las técnicas preventivas que ya tenemos como los fármacos que están a nuestra disposición pueden alterar el riesgo de sufrir este padecimiento. Abordaremos con más detalle este asunto en la cuarta parte del presente libro, al estudiar los factores de riesgo. Baste decir que, según el presente consenso científico, tanto las técnicas como los medicamentos actualmente existentes pueden modificar hasta en un 40 % el riesgo de que una persona desarrolle la enfermedad de Alzheimer —una cifra asombrosamente elevada, desde luego—. No obstante, si queremos reducir, o aun prevenir, este mal, la clave del éxito radica en identificar lo más pronto posible el inicio de la dolencia, ya que la eficacia de nuestro arsenal de procedimientos y fármacos es tanto mayor cuanto más temprana sea la fase en que se empleen. Si los clínicos consiguen saber que un determinado individuo corre un elevado riesgo de contraer la enfermedad de

Alzheimer, el uso de los nuevos biomarcadores incrementará las probabilidades de que los médicos logren cuando menos reducir el avance del padecimiento —introduciendo para ello mejoras en el estilo de vida de la persona y adecuando de manera más exacta la medicación a cada caso particular—. Hoy podemos valorar también, en pacientes vivos, si la utilización de un nuevo tratamiento reduce o no los niveles de beta amiloide o tau fosforilada, lo que a su vez nos permite averiguar si el remedio empleado ralentiza la evolución del mal o consigue incluso detener su curso.

Pasemos ahora a examinar sucintamente los enfoques terapéuticos de la enfermedad de Alzheimer a fin de comprender cómo operan y cuáles son los que tienden a revelarse más prometedores.

28

Enfoques terapéuticos susceptibles de contrarrestar el exceso de amiloide

En las últimas décadas se han efectuado decenas de estudios orientados a comprobar la eficacia de los fármacos y tratamientos que han ido surgiendo recientemente en la lucha contra el alzhéimer. Pese a que estos esfuerzos hayan sido incapaces de hallar la cura de la enfermedad, lo cierto es que hoy disponemos de un amplio abanico de medicamentos novedosos que pueden ralentizar el progreso de la dolencia. Si deseamos comprender con mayor precisión las razones de la elevada tasa de fracasos de los numerosísimos ensayos farmacológicos realizados hasta la fecha, así como los motivos de que todavía no hayamos conseguido frenar la enfermedad de Alzheimer, tendremos que echar un vistazo a los enfoques terapéuticos basados en la administración de medicamentos específicamente focalizados en el amiloide y la tau. Dado el prolongado predominio de la hipótesis de la cascada amiloide, no es de extrañar que la mayor parte de las pruebas clínicas destinadas a descubrir nuevos tratamientos para la enfermedad de Alzheimer se hayan centrado en la acumulación de beta amiloide.

Los enfoques basados en el tratamiento farmacológico del beta amiloide pueden subdividirse en tres categorías principales:

1. Descenso de la producción de beta amiloide.
2. Prevención de la acumulación de beta amiloide.
3. Incremento de la eliminación del beta amiloide.

A continuación, pasaremos a examinar las características de estos distintos tipos de tratamiento. Veremos cómo funcionan y cuáles han demostrado mayores tasas de éxito. Vale la pena señalar que ninguna de estas diferentes maneras de abordar el problema puede considerarse mejor o peor que las demás: se trata simplemente de las diversas formas en que los científicos intentan modificar los niveles de beta amiloide del cerebro.

1. Descenso de la producción de beta amiloide

La naturaleza de este enfoque resulta poco menos que evidente. Basta con disminuir la producción cerebral de beta amiloide y ¡listo!: ya podemos reducir el riesgo de incidencia del mal de Alzheimer.

Ahora bien, ¿cómo lograr que decrezca la producción de beta amiloide en el cerebro?

En este tipo de indagaciones terapéuticas, el enfoque más habitual consiste en que la acción de los fármacos gravite sobre las secretasas capaces de desmontar el péptido beta amiloide. ¿Recuerda lo que eran las secretasas, aquellas enzimas que «cortan» el amiloide y separan sus diversos componentes? Las secretasas beta y gamma son buenos objetivos terapéuticos, ya que regulan la producción de beta amiloide. La lógica que sustenta el razonamiento es la siguiente: cuanto menor sea el número de secretasas que escindan el amiloide y den lugar al beta amiloide, menor será también la acumulación de esta última sustancia. Puede decirse que los fármacos inciden específicamente en el «comportamiento» de las secretasas.

Una de las estrategias terapéuticas empleadas pasa por reducir la actividad global de las secretasas beta y gamma, disminuyendo para ello la eficiencia de dichas enzimas —por ejemplo, ralentizando la velocidad de su acción—. Una vez que se ha conseguido la «inhibición» de las secretasas beta y gamma a fin de que no realicen su cometido, ambas enzimas producirán menos beta amiloide, lo que determinará a su vez un descenso de la acumulación de amiloide y de la formación de placas, lo que en último término reduce el riesgo de desarrollar la enfermedad de Alzheimer. La segunda estrategia basada en la modificación del «comportamiento» de las secretasas consiste en provocar el descenso de la producción de beta amiloide. Para ello se estimula a la otra secretasa capaz de desmontar el amiloide (la alfa secretasa) con el objetivo de que se muestre más activa. No olvide que además de las secretasas beta y gamma existe asimismo una alfa secretasa que, al fragmentar la proteína amiloide, da como resultado un conjunto de componentes diferentes de los que generan las secretasas beta y gamma. Importa resaltar que el producto final de la división del amiloide por la alfa secretasa no es el beta amiloide. Por lo tanto, si estimulamos la alfa secretasa a fin de que se vuelva más activa que las secretasas beta y gamma, el amiloide seguirá escindiéndose, pero los fragmentos resultantes ya no serán de beta amiloide.

El peligro que aquí nos acecha es que si cambiamos la actividad de las secretasas podríamos provocar, sin pretenderlo, que el cerebro se vea sometido a otros efectos no relacionados con la producción de beta amiloide —situación que podría tener graves consecuencias—. Muchas veces, los investigadores que trabajan en los diferentes enfoques terapéuticos se ven en un dilema ante esta clase de equilibrios. Lo que queremos es prevenir la dolencia o tratarla, pero sin perturbar las funciones biológicas que siguen operando bien. De lo contrario estaríamos abriendo la puerta a tratamientos potencialmente susceptibles de provocar efectos secundarios indeseados. Esto es particularmente cierto en el caso de las medicaciones que, estando destinadas a la prevención de la enfermedad, inciden no obstante en las funciones orgánicas sanas —como ocurre con la estimulación de las secretasas vinculadas con la producción de beta amiloide—. Con todo, la idea de influir sobre las secretasas es un enfoque útil para prevenir la aparición de la enfermedad de Alzheimer. Sucede simplemente que es preciso avanzar con suma cautela en la investigación. El método terapéutico que vamos a analizar a continuación trata de alcanzar sus metas profilácticas desde una perspectiva distinta, ya que se centra en la acumulación de beta amiloide.

2. Prevención de la acumulación de beta amiloide

La lógica que da fundamento a esta estrategia terapéutica permite el siguiente razonamiento: pese a que, por lo general, nuestro cerebro se las arregle bastante bien para bregar con el beta amiloide, lo cierto es que surgen problemas si este péptido comienza a arracimarse hasta formar oligómeros y placas. Como ya sabemos, desembarazarse de esas placas y oligómeros es una tarea mucho más difícil para el cerebro que la de deshacerse del beta amiloide —pese a que el incremento de los primeros aumente el riesgo de padecer alzhéimer—. Por consiguiente, el objetivo de este enfoque terapéutico consiste en evitar la acumulación de oligómeros y placas.

Dos son las principales estrategias de tratamiento basadas en reducir o evitar el crecimiento de los depósitos de oligómeros o placas de beta amiloide. La primera trata de potenciar unas moléculas a las que ha dado en llamarse «antiagregantes amiloideos» —conocidas por reducir la acumulación tanto de oligómeros como de placas de beta amiloide—. Dichas moléculas interrumpen la aglomeración y el «pegado» de las láminas de beta amiloide. ¿Recuerda que ya antes comparábamos este proceso con la unión longitudinal de varias hojas de pasta hasta formar una lasaña? Básicamente, lo que hacen las partículas que se utilizan en este tratamiento es reducir la aglutinación de las láminas moleculares de beta amiloide, con lo que se consigue disminuir, o frenar incluso por completo, la formación de oligómeros de beta amiloide. Por lo tanto, el beta amiloide pasa a quedar integrado en una estructura más «laxa». Esto facilita su remoción por parte del cerebro, puesto que ya no tiene que vérselas con el muy superior esfuerzo que supone la eliminación de los oligómeros o las placas de beta amiloide.

De hecho, muchas de estas moléculas de antiagregantes amiloideos se hallan en nuestra dieta —o así debiera ser—. La curcumina, una molécula presente en la planta de la cúrcuma, reduce eficazmente la formación de oligómeros de beta amiloide. De manera similar, hay también un grupo de moléculas, denominadas «flavonoides» —muy comunes en los frutos del bosque de color oscuro y el vino tinto—, que actúan de manera similar, además de generar otros beneficios. Ahora bien, antes de que se dirija precipitadamente a la cocina para meterse entre pecho y espalda una hermosa cucharada de cúrcuma acompañada de un buen tintorro, piense en el comentario que incluyo a renglón seguido: el hecho de que estas moléculas se encuentren habitualmente presentes en dichos alimentos no significa necesariamente que la práctica de ingerirlas en grandes cantidades vaya a detener la acumulación de amiloide. Para procesar la comida, el organismo realiza muchas y complejas acciones, así que todavía no sabemos a ciencia cierta si estas sustancias nos aportan beneficios reales ni en qué grado, o si, por el contrario, terminan siendo excretadas sin más.

No obstante, también es verdad que los nutrientes que obtenemos de los animales y las plantas llevan siglos ayudándonos a desarrollar nuevas medicinas. Muchas veces, los medicamentos no son sino versiones muy concentradas de una molécula natural propia de un tejido animal o vegetal. Es de sentido común pensar que otras moléculas similares pudieran contribuir al futuro desarrollo de fármacos aplicables a la enfermedad de Alzheimer, aunque es obvio que deberán administrarse a concentraciones aún más altas y que su acción habrá de ejercerse sobre el beta amiloide. Por lo tanto, lo mejor será dejar de momento en suspenso la idea de echarse al coleto cucharadas de cúrcuma con su acompañamiento de vino.

Sea como fuere, la cuestión es que, en el momento actual, la eficacia del tercer enfoque (que hasta la fecha es el que ha cosechado los mayores éxitos) está dejando tamañitos los dos enfoques que acabamos de exponer, centrados ambos en el beta amiloide.

3. Incremento de la eliminación del beta amiloide

Como el propio apartado indica, el tercer enfoque terapéutico consiste precisamente en eso: en aumentar la remoción del beta amiloide. Este método no se ocupa de reducir la producción o la acumulación del beta amiloide, dado que su objetivo consiste en potenciar la eliminación de los oligómeros y las placas de este péptido. Esta estrategia nos aleja claramente de la prevención (pues en eso consiste justamente el intento de disminuir la producción o la acumulación del beta amiloide) y nos lleva a centrar la acción curativa o paliativa en el beta amiloide mismo.

Pero ¿cómo lograr que aumente la eliminación del beta amiloide?

La mejor manera de incrementar la remoción del beta amiloide es estimular el propio mecanismo que permite al cuerpo combatir las enfermedades, es decir, el sistema inmunitario. Así es como conseguimos eliminar la acumulación de oligómeros y placas del patógeno.

¿Y cómo se estimula el sistema inmunitario para hacerle eliminar más beta amiloide?

En este caso, la tecnología clave encuentra su fundamento en la inmunización. El proceso de inmunización se asocia sobre todo con la infancia, ya que hay enfermedades, como, por ejemplo, el sarampión, que pueden causar graves perjuicios a los chiquillos. Sin embargo, la pandemia de la COVID19 nos ha hecho cobrar conciencia de que la inmunización también puede revelarse crucial para luchar contra algunas de las patologías potencialmente letales que acechan a los adultos. En su *modus operandi*, toda terapia basada en la inmunización utiliza los anticuerpos del organismo. No es mala idea imaginarse que los anticuerpos son los «exploradores» del sistema inmunitario, dado que sus patrullas recorren sin cesar las estructuras corporales, atentas a cualquier amenaza potencial que pueda cernerse sobre el organismo y deba suscitar las contramedidas inmunológicas. Los anticuerpos son proteínas que se adhieren a las amenazas que detectan —como los virus o las bacterias indeseadas—, con las que debe lidiar nuestro sistema inmunitario. La acción de cada anticuerpo está específicamente diseñada para actuar sobre una amenaza potencial concreta, sea virus o bacteria.

Una vez que el anticuerpo se fija sobre una bacteria, un virus o una proteína, lo que hace es marcarlo a fin de que el resto del arsenal inmunitario acuda a neutralizar el peligro —ya sea eliminándolo o destruyéndolo—. La remoción y la destrucción de los elementos que puedan suponer un riesgo para el organismo corre a cargo de las células T y las células B (también denominadas, respectivamente, linfocitos T y B), integradas ambas en el mecanismo inmunitario. Se trata de un sistema extremadamente eficiente, ya que ha garantizado nuestra supervivencia a lo largo de la evolución. Lo cierto, sin embargo, es que el sistema inmunitario tiene un punto débil. Si no disponemos del anticuerpo específicamente apropiado para el marcaje de un peligro en particular, el sistema inmunitario no consigue combatir eficazmente la amenaza. Una vez más, la COVID-19 nos ofrece un ejemplo perfecto, dado que, al tratarse de un virus nuevo, el cuerpo humano carecía de los anticuerpos necesarios. Esta es la razón de que tantísimas personas cayeran gravemente enfermas o llegaran incluso a morir por efecto del virus SARS-CoV-2. El motivo hay que encontrarlo en el hecho de que nuestro organismo solo puede empezar a producir anticuerpos contra un virus desconocido después de haber sido infectado. Hubo individuos que consiguieron producir anticuerpos rápidamente, logrando así que su sistema inmunitario eliminara eficazmente el agente patógeno. En otros casos, la producción de anticuerpos fue más lenta —aunque no sabemos por qué—, con lo que el virus pudo propagarse y arraigar con mucha más fuerza antes de que el organismo pudiera poner en marcha la respuesta inmunitaria. Para algunos pacientes, esta dilación supuso un agravamiento de la enfermedad, con desenlace a veces fatal, ya que en último término el cuerpo no lograba atajar la infección, al haber quedado esta sin control.

El fundamento de las terapias inmunitarias pasa por la doble vertiente de un principio claro: acelerar la respuesta corporal o proporcionar al organismo los anticuerpos específicos para una determinada amenaza. De este modo, el cuerpo puede reaccionar mucho más rápidamente al avance de la infección, debido a que sus anticuerpos proceden al marcaje inmediato del patógeno y a que los linfocitos T y B acuden directamente a eliminarlo.

¿Y qué tiene que ver todo esto con el beta amiloide?

Como es obvio, el despliegue de estas estrategias de inmunización para hacer frente al sarampión o la COVID-19 ha logrado que mucha gente se haya familiarizado con ellas. Lo que un gran número de ciudadanos desconoce es que podemos utilizar otras terapias similares, también inmunitarias, para frenar la acumulación de proteínas como el beta amiloide. Todo lo que necesitamos es, «sencillamente», crear anticuerpos asociados con los oligómeros y las placas de beta amiloide, con lo que el propio sistema inmunitario comenzará a eliminar esos residuos. Es realmente una forma genial de recurrir a los instrumentos mismos del organismo para luchar contra la enfermedad de Alzheimer. Las terapias de inmunización potencian el sistema inmunitario y consiguen que sean sus propios mecanismos los que libren al paciente del beta amiloide. Lo único que precisa el cuerpo es que le echen una mano y pueda disponer de los anticuerpos adecuados. Esa «mano tendida» con la que el organismo logra deshacerse del beta amiloide le llega en forma de anticuerpos monoclonales.

¿Pero qué son los anticuerpos monoclonales?

Los anticuerpos monoclonales son anticuerpos creados en un laboratorio y tienen la propiedad de adherirse a proteínas concretas: en este caso, al beta amiloide. El adjetivo «monoclonal» indica que todos estos anticuerpos son idénticos. Cada uno de ellos es, literalmente, un clon de los demás. Una vez inyectados a un enfermo, los anticuerpos monoclonales se ponen a buscar las proteínas a las que deben fijarse. Y en nuestro caso lo que persiguen los anticuerpos monoclonales del amiloide es justamente el beta amiloide. Nada más localizar el beta amiloide, estos anticuerpos se fijan a los oligómeros o a las placas y los señalan como elementos que debe atacar el sistema inmunitario. Entonces, el sistema detecta los corpúsculos marcados y los linfocitos acuden a destruirlos, desapareciendo así los oligómeros y las placas.

Hasta el momento, este es el método que más éxitos ha conseguido en cuanto a la ralentización de la enfermedad de Alzheimer. Actualmente, la medicina está en condiciones de ofrecer a las personas que padecen demencia varios tratamientos basados en los anticuerpos monoclonales (para reconocerlos puedo dar una pista: en la mayor parte de los casos, su denominación termina con el sufijo «-mab», acrónimo del término inglés *monoclonal antibody*). Hoy por hoy, solo se permite administrar estas medicaciones a aquellos pacientes que padezcan una forma leve de alzhéimer. Pese a su éxito en la remoción del beta amiloide acumulado en el cerebro, algunas personas pueden sufrir una significativa serie de efectos secundarios tras la administración de estos fármacos. La más destacada de esas circunstancias indeseadas es la acumulación de fluidos o sangre en el cerebro, lo cual, pese a que solo le ocurra a un pequeño porcentaje de personas, es extremadamente grave. Por consiguiente, los pacientes a los que se les recetan estos nuevos fármacos han de someterse periódicamente (mientras los estén tomando) a una tomografía encefálica por resonancia magnética, a fin de vigilar el estado físico del cerebro. Es de esperar que las futuras medicaciones tengan menos efectos secundarios y no requieran de una supervisión tan molesta.

Sea como fuere, lo cierto es que estos novedosos medicamentos constituyen un paso adelante inmenso, ya que ponen por primera vez a nuestro alcance un tratamiento capaz de mantener a raya el beta amiloide. No obstante, es preciso dejar claro que estas medicinas no suponen la curación del alzhéimer. Antes al contrario, ya que las pruebas clínicas han mostrado que «solo» vuelven más lenta la progresión del mal. Esto tiene mucha lógica, pues hoy somos conscientes de que seguimos sin un tratamiento susceptible de frenar la acumulación de tau fosforilada, que, unida al beta amiloide, es la causa de la patología que nos ocupa. Al eliminar el beta amiloide, todo lo que logramos es simplemente reducir la cantidad de proteínas capaces de reaccionar con la tau fosforilada. A continuación, vamos a centrarnos en el tratamiento de la segunda molécula crítica en la aparición de la enfermedad de Alzheimer: la proteína tau.

29

Perspectivas de tratamiento de los depósitos de proteína tau

El desarrollo de fármacos orientados a combatir la acumulación de la proteína tau va ligeramente por detrás de los trabajos que ponen el punto de mira en el amiloide, debido tal vez al hecho de que la hipótesis de la cascada de dicho péptido sirvió para centrar inicialmente en él las investigaciones. Como es obvio, hoy sabemos que el viejo dicho de que «no se puede bailar el tango a solas» se aplica a la perfección a la enfermedad de Alzheimer —siendo en este caso la pareja el beta amiloide y la tau fosforilada—. Pese a que los enfoques dirigidos al tratamiento de la proteína tau hayan reaccionado un tanto tarde al pistoletazo de salida, el fracaso de muchos de los primeros trabajos basados en la lucha contra el beta amiloide ha beneficiado, de forma tan indirecta como clara, al conjunto de los ensayos clínicos dirigidos a combatir los depósitos de tau. Los enfoques terapéuticos que se centran en esta última proteína pueden dividirse en cuatro categorías:

1. Disminución general de la tau.
2. Reducción de la fosforilación de tau.
3. Descenso de la acumulación de tau fosforilada.
4. Incremento de la eliminación de tau fosforilada.

Pasemos a examinar una a una las diferentes posibilidades.

1. Disminución general de la tau

El enfoque basado en el decremento global de la tau difiere del orientado a reducir el beta amiloide. El objetivo de este planteamiento terapéutico consiste en bajar los niveles de toda la proteína tau, no solo los de la fosforilada.

Ahora bien, ¿no necesitamos esta proteína para mantener la salud de nuestras neuronas y lograr que realicen adecuadamente su función?, dado el papel que desempeña tau en los microtúbulos.

En efecto, la necesitamos, pero recordemos que tau no es más que una de las proteínas vinculadas a los microtúbulos. Esto nos permitiría afirmar, al menos en teoría, que las células nerviosas pueden seguir operando a las mil maravillas, aunque reduzcamos los niveles de tau. Las neuronas siguen hallándose en condiciones de trabajar con la ayuda de otras proteínas asociadas a los microtúbulos, dado que estas también tienen la capacidad de efectuar la mayor parte de las tareas celulares que habitualmente recaen sobre la tau. No obstante, como también sucede con las terapias que ponen el punto de mira en las secretasas que desmontan la proteína precursora amiloidea, la reducción de los niveles de tau vuelve a poner sobre el tapete la cuestión de la «injerencia» en la fisiología normal del organismo. Sabemos bien que se trata de un asunto muy complejo, ya que hay un gran número de sistemas celulares que dependen de las proteínas, y más concretamente de la tau, y es evidente que no deseamos provocar efectos secundarios adversos. Por esta razón —como ya vimos en el caso del beta amiloide—, lo mejor es focalizar los esfuerzos en otra alternativa: la de modificar el curso efectivo de la enfermedad, propiciando para ello una disminución de la fosforilación de tau.

2. Reducción de la fosforilación de tau

Conviene recordar que, una vez fosforilada, la proteína tau hace todo lo posible por seguir desempeñando su papel habitual, así que continúa centrada en proporcionar apoyo estructural a los microtúbulos y transporte a las moléculas que han de transitar por ellos. Por lo tanto, la lógica de este tratamiento estriba en lograr que decrezca la fosforilación de tau.

Hay varias formas de rebajar esa adición de grupos fosfato a la proteína tau. En concreto, uno de los tratamientos se concentra en las proteínas que producen esos grupos fosfato, es decir, en las fosfatasas. La reducción de los niveles de fosfato que presenta la proteína tau debería dar lugar a una tau menos fosforilada. Lo cierto es que actualmente contamos con algunos medicamentos capaces de modificar la acción de la fosfatasa y que de hecho ya se usan en otras dolencias. Más aún, hoy disponemos de un fármaco que tiene la función de inhibir la actividad de la fosfatasa y que lleva algún tiempo aplicándose al tratamiento del mal de Alzheimer: la memantina. Ha podido demostrarse que este compuesto, que se receta de manera corriente tanto en los últimos estadios del padecimiento en que nos centramos como en la demencia frontotemporal, ralentiza la evolución de las fases tardías de la enfermedad. Con todo, hay que señalar claramente que, en sí misma, la memantina no es un fármaco destinado a disminuir el número de grupos fosfato, sino más bien un específico que tiene el efecto secundario de eliminar dichos grupos, lo que significa, entre otras cosas, que uno de sus efectos secundarios —el de su efectividad como factor capaz de reducir el deterioro de la enfermedad de Alzheimer— todavía se halla bajo investigación.

Otras terapéuticas centradas en la fosforilación de tau ponen más el acento en la forma en que el fosfato se une a la proteína tau. Los grupos fosfato no pueden adherirse sin más a las moléculas de tau, ni siquiera en las células sanas. Para que se produzca la fosforilación de tau, los grupos fosfato necesitan la colaboración de otro tipo de proteínas —a las que denominamos quinasas—. Por todo ello, el hecho de poner en el punto de mira el funcionamiento de las quinasas podría cambiar, al menos potencialmente, la velocidad de la fosforilación de tau. A semejanza de lo que sucedía con los fármacos pensados para actuar sobre la fosfatasa, también en esta ocasión existen medicaciones que centran su efecto en las quinasas. Sin embargo, ninguna de ellas se ha aplicado a la enfermedad de Alzheimer, ya que en la mayor parte de los casos se las ha usado para tratar el cáncer. Tal vez parezca un tanto extraño recurrir a un fármaco anticanceroso para frenar el alzhéimer, ya que los procesos patológicos que se hallan en la base de ambas dolencias son completamente diferentes. Ahora bien, ¿por qué reinventar una medicación capaz de incidir en la función que ejercen las quinasas en el mal de Alzheimer si ya disponemos de un compuesto contra el cáncer que no solo puede administrarse a los seres humanos (al haber sido aprobado por las agencias reguladoras del medicamento —lo que es extremadamente importante—), sino que resulta sumamente fácil de obtener?

El fundamento de este tipo de «reconversión» de los fármacos se basa en el concepto siguiente: si contamos con una medicación con la que tratar un proceso intracelular concreto, cabe deducir que podría servir para contener un gran número de padecimientos —y no solo aquel para el que fue inicialmente concebida—. De hecho, hay en marcha varios estudios de investigación encaminados a determinar si existen formas de acelerar, siquiera en potencia, la «reconversión» de ciertos medicamentos para ayudar de este modo a las personas con alzhéimer.

3. Descenso de la acumulación de tau fosforilada

Los enfoques basados en propiciar una menor acumulación de tau fosforilada dan pie a tratamientos muy similares a los consistentes en bajar los depósitos de beta amiloide. Ahora bien, en este caso, lo que nos interesa no es la cantidad de tau fosforilada que se genera, sino impedir que dicha tau forme esa suerte de «grumos» que mencionábamos anteriormente, ya que para la neurona esos aglomerados no solo son todavía más tóxicos que la simple tau fosforilada, sino que también resultan más difíciles de eliminar.

Entre los distintos aliados en el esfuerzo orientado a detener la «aglomeración» de la tau fosforilada, destaca uno por su importancia: el azul de metileno. En realidad, el azul de metileno es un tinte, pero eso no impide que se lo utilice como un medicamento aplicable a diversas dolencias. Hoy sabemos que el azul de metileno puede reducir la acumulación de tau fosforilada, aunque todavía está vigente la controversia relativa a la eventualidad de que también venga a modificar la baja la toxicidad de esa misma tau alterada. En pocas palabras, el azul de metileno puede reducir la aglomeración de las moléculas de tau y conseguir al mismo tiem po que la tau fosforilada resulte menos tóxica para las células nerviosas. Bastará con señalar aquí que los tratamientos fundados en el azul de metileno, al igual que los basados en la curcumina (que pueden aminorar el volumen de los depósitos de beta amiloide), han revelado reducir la acumulación de tau, aunque todavía no comprendamos completamente cuáles son exactamente los efectos de estas dos moléculas medicinales en la evolución de la enfermedad de Alzheimer, razón por la cual es preciso profundizar en las investigaciones.

4. Incremento de la eliminación de tau fosforilada

Llegamos por último al método que aumenta la remoción de la tau fosforilada. El proceso es similar al que ya vimos en el caso del beta amiloide. Una vez más, el tratamiento se basa en las terapias inmunológicas.

Como observamos al examinar las propuestas paliativas centradas en los anticuerpos monoclonales del amiloide, las técnicas fundadas en los anticuerpos monoclonales de la tau fosforilada operan adhiriendo dichos anticuerpos a la tau fosforilada, que de esa forma queda marcada y a merced de los recursos del sistema inmunitario, cuyos efectivos acuden a eliminar la proteína tóxica. Aún es demasiado pronto para saber si estas soluciones basadas en los anticuerpos monoclonales de la tau son verdaderamente eficaces, ya que todavía se están realizando ensayos clínicos. Sin embargo, dado que en el caso del beta amiloide ya se han conseguido resultados prometedores con este tipo de tratamientos con anticuerpos monoclonales, es posible que dicho precedente logre repercutir en un futuro próximo, y de manera significativa, en el desarrollo de la medicación destinada a incidir en la proteína tau.

Resumen de la tercera parte

En esta sección del libro nos hemos ocupado de los siguientes aspectos:

- Las proteínas son los elementos responsables del desarrollo de la enfermedad de Alzheimer.
- De esas proteínas, las dos más relevantes son el amiloide y la tau.
- El amiloide es parte integrante de todas las células nerviosas sanas y, de hecho, desempeña funciones cruciales.
- Los problemas comienzan cuando el amiloide se desarma, ya que algunas de sus porciones se convierten en beta amiloide.
- La neurona expulsa el beta amiloide, ya que se trata de un producto de desecho que, una vez fuera del citoplasma, aguarda a ser excretado.
- Si la cantidad de beta amiloide que se acumula en el exterior de la neurona es excesiva, sus moléculas comienzan a adherirse o a aglutinarse entre sí.
- Denominamos oligómeros o placas de beta amiloide a esos depósitos aglomerados de beta amiloide.
- Como al organismo le resulta mucho más difícil eliminar esos oligómeros o placas, estos pueden permanecer años e incluso décadas en el medio extracelular.
- Hemos estado décadas considerando que la lenta acumulación de amiloide era la única causa del mal de Alzheimer (debido al prolongado ascendiente de la hipótesis de la cascada amiloide).
- Los más recientes materiales probatorios han mostrado que el desencadenante de esta dolencia no es solo el beta amiloide, sino que en su génesis también interviene la proteína tau.

- Tau es otra de las proteínas funcionales de las neuronas. Su importancia no se circunscribe exclusivamente a la estructura celular, ya que también participa en el transporte de «cosas» entre distintos puntos del citoplasma neuronal.
- Por alguna razón desconocida, la célula nerviosa acumula grupos fosfato en exceso y esto a su vez dificulta e incluso detiene las funciones de tau, puesto que sus moléculas pasan a ser las de una tau fosforilada.
- La tau fosforilada, al no poder operar adecuadamente, provoca tanto un déficit en el transporte de elementos intraneuronales como una reducción de la estabilidad celular.
- Además, la tau fosforilada resulta tóxica para la neurona.
- Si se da una fosforilación generalizada de tau, la célula nerviosa comienza a desfallecer —y, por si fuera poco, dicha fosforilación «infecta» las neuronas del entorno (lo que significa que el exceso de fosfato se extiende al tejido nervioso circundante).
- La causa de la enfermedad de Alzheimer es, por tanto, doble, pues se debe simultáneamente a la acumulación de beta amiloide y a la difusión de la tau fosforilada.
- Para frenar el alzhéimer se emplean varios tipos de medicación, pero su mecanismo de acción se basa en tres principios básicos:

  - Reducir la cantidad de beta amiloide o tau fosforilada.
  - Evitar la acumulación de beta amiloide o tau fosforilada.
  - Estimular la eliminación de beta amiloide o tau fosforilada.

- Los ensayos farmacológicos más prometedores son aquellos que potencian la remoción del beta amiloide por medio de los anticuerpos monoclonales.
- Actualmente se están efectuando pruebas clínicas en las que se recurre a los anticuerpos monoclonales para contrarrestar los depósitos de tau fosforilada.

Cuarta parte

Genética y estilo de vida

El doble hecho de que hayan fracasado muchos de los ensayos clínicos concebidos para hallar nuevas medicaciones y de que ahora dispongamos de marcadores biológicos para la detección temprana del padecimiento que aquí nos ocupa ha llevado a la comunidad científica a centrar sus esfuerzos en la identificación precisa de los factores de riesgo que intervienen en el desarrollo de la enfermedad de Alzheimer. La lógica que anima la investigación de estas señales de alarma encuentra fundamento en el hecho de que su conocimiento nos capacita para cambiar nuestro comportamiento, lo que a su vez puede ralentizar y hasta detener el avance de la enfermedad de Alzheimer.

Cuando escuchamos la expresión «factores de riesgo», hay quien piensa instantáneamente en lo que llamamos «riesgo genético». En otras palabras, existirían ciertos genes, heredados de nuestros progenitores, que pudieran predisponernos a sufrir esta dolencia. Aun así, lo que ignoramos con frecuencia es que el estilo de vida que nosotros mismos elegimos llevar repercute de hecho mucho más significativamente que nuestros genes en la probabilidad de enfermar de alzhéimer.

No obstante, antes de profundizar en los detalles de los factores de riesgo, tanto de los vinculados con la dotación genética como de los asociados con el estilo de vida, hemos de entender algunos de los principios clave que determinan que el envejecimiento deje a nuestro organismo más expuesto a procesos patológicos como el del alzhéimer. Cuando hayamos comprendido lo fundamental de esos principios, también nos resultará más fácil ver la influencia que pueden llegar a ejercer esos factores de riesgo en nuestra exposición al alzhéimer. Una de las razones de que hoy tengamos más probabilidades de contraer enfermedades radica sencillamente en el hecho de que hoy vivamos muchos más años que antes. Al aparecer *Homo sapiens*, hace unos doscientos mil años, la esperanza de vida se situaba en una horquilla comprendida entre los treinta y cinco y los cuarenta años. Todo individuo de edad superior a esa última cifra era considerado anciano. La revolución industrial y los avances en materia de saneamiento, unidos a los descubrimientos médicos, han generado una espectacular prolongación de la esperanza de vida. La media de esa expectativa vital se situó en cuarenta y cinco años a comienzos del siglo XX, subió a sesenta en la década de 1930, a setenta en 1955 y hoy en día supera los ochenta en muchos países. En otras palabras, en solo ciento setenta años —los que median entre 1850 y 2020— hemos doblado nuestra esperanza de vida, lo que implica un cambio asombroso si lo comparamos con el hecho de que en los 199.830 años anteriores la cifra permaneciera anclada entre los treinta y cinco y los cuarenta.

Esta formidable mejora de la esperanza de vida se ha producido gracias a los avances tecnológicos, higiénicos y médicos. Sin embargo, el vivir más años tiene sus aspectos negativos, pues nuestro cuerpo no lidia tan bien con las enfermedades ni con los factores de riesgo. No obstante, el disfrute de una existencia más larga también tiene contrapartidas negativas, ya que, en edades avanzadas, el organismo se defiende peor, tanto de las patologías como de los factores de riesgo que estas llevan aparejados.

¿Cuál es la razón de que el envejecimiento nos haga más proclives a padecer alzhéimer y qué factores de riesgo pueden explicarlo?

Para entenderlo hay una cuestión clave: cuanto más vivimos, más años concedemos también a la acumulación de procesos mórbidos. Estos cambios acumulativos son el resultado de un conjunto de transformaciones del organismo que se caracterizan por surgir poco a poco, por permanecer latentes durante un largo período de tiempo y por instalarse sin que la propia persona afectada sea consciente de su instauración —al menos, en las fases iniciales—. Como ya hemos señalado, es frecuente que los clínicos se refieran a los cambios que se presentan «a hurtadillas» diciendo que se trata de modificaciones en fase «incipiente» o que son de naturaleza «insidiosa». La arteriosclerosis ejemplifica bien lo que es una alteración acumulativa y traicionera, ya que obstruye paulatinamente las arterias de quienes ingieren cantidades elevadas de colesterol. La gente que padece arteriosclerosis no es capaz de señalar el momento exacto en que empezaron a obstruirse sus arterias. El proceso podría haberse iniciado la semana anterior, el año pasado o una década antes —el caso es que ni siquiera nos percatamos de su comienzo.

En pocas palabras, cuanto mayores nos hacemos, más prolongado ha sido el lapso de tiempo que hemos tenido para desarrollar procesos patológicos, con lo que, lógicamente, estos se acumulan. Una vez comprendido este hecho, debería entenderse sin dificultad el motivo de que la mayor parte de las enfermedades no aparezcan hasta después de la madurez. Pero hay más: a medida que envejecemos, disminuye también la eficacia con la que el cuerpo procede a eliminar estos cambios precursores de la enfermedad, cada vez más frecuentes.

Pero recuperemos el ejemplo de la arteriosclerosis: nuestras arterias podrían haberse obstruido en el transcurso de todos esos años o décadas, pero lo cierto es que el organismo lidia mejor con este proceso en la juventud. Cuantos más años cumplimos, menor es la capacidad que tiene el cuerpo de «limpiar» las arterias y, por consiguiente, la luz de las mismas se estrecha progresivamente —hasta que, en algunas personas, los vasos terminan completamente atascados y la circulación queda taponada—. Si se produce un bloqueo de este tipo en el encéfalo, sufriremos un infarto cerebral. Esto significa que el aumento de los cambios nocivos de una enfermedad como la arteriosclerosis puede provocar modificaciones propias de una patología diferente de la inicial (el accidente cerebrovascular). Si se quieren abordar formas de prevención, del tipo que sea, frente a distintas enfermedades, es importante entender este extremo. Por consiguiente, vale la pena insistir en lo que acabamos de esbozar: el incremento de las transformaciones patógenas puede dar lugar al surgimiento de otras dolencias.

¿Por qué tiene esto tanta relevancia?

Porque contribuye a explicar que algunos de los factores de riesgo que se van acumulando a lo largo de nuestra existencia (por ejemplo, ingerir comidas demasiado grasientas y hacer poco ejercicio) puedan incrementar el ritmo de la aparición de ciertos cambios perjudiciales (como la arteriosclerosis) —y que eso, en último término, al alcanzarse edades más avanzadas, propicie potencialmente la declaración de enfermedades de otra índole y tal vez fatales (como el infarto cerebral)—. La secuencia de los acontecimientos es clara: tomar alimentos excesivamente grasos y no hacer ejercicio suficiente conduce a la arteriosclerosis y, finalmente, al accidente cerebrovascular. Esto puede parecer espeluznante, pero yo aconsejaría al lector que no se alarme, ya que la buena noticia es que hay medidas, como la introducción de cambios en el estilo de vida (y la ayuda de la medicación adecuada), que posibilitan evitar o alterar *de facto* esta concatenación de circunstancias, incluso en el caso de las personas mayores.

Todo esto resulta muy interesante en lo tocante a las enfermedades cardiovasculares, pero ¿qué concreción tiene en el campo de la enfermedad de Alzheimer?

Bien, la verdad es que ocurre algo muy similar con el alzhéimer, aunque aquí las cosas sean un poco más complicadas. Las patologías cardiovasculares constituyen una buena analogía, ya que pueden ayudarnos a entender los principios que rigen el progresivo aumento de las modificaciones discretas que terminan por instaurar las enfermedades, pero no debemos olvidar que esos mismos principios se aplican igualmente al alzhéimer. Ya sabemos que la acumulación de amiloide y tau es un proceso patológico de carácter progresivo, que desemboca en la enfermedad que descubrió Alois Alzheimer. Y tras la lectura de la tercera parte del presente libro somos asimismo conscientes de la secuencia de acontecimientos que conduce a la acumulación de amiloide y tau. Sin embargo, también es preciso comprender que en los cambios patológicos que experimentan el péptido amiloide y la proteína tau pueden influir otros factores de riesgo susceptibles de acelerar o enlentecer su acumulación.

Cabe considerar en cierto modo que los factores de riesgo vienen a ser los elementos ambientales que enmarcan los procesos patogénicos. Ciertos entornos o factores tienden a acelerar el desarrollo de la enfermedad de Alzheimer, mientras que otros quizá logren ralentizar el proceso de su instauración. El objeto de esta comparación debería dejar claro que influir en la particular mezcla de antecedentes o entornos en que se hayan desenvuelto los factores de riesgo puede marcar diferencias significativas en el desarrollo de la enfermedad, pues tenemos en nuestra mano apresurar o reducir (siquiera parcialmente) la acumulación del amiloide y la tau. Todo esto nos sitúa frente al último ámbito de estudio relacionado con los factores de riesgo: el que analiza su división en factores de riesgo modificables y no modificables.

La voz «modificable» quiere decir que existe la posibilidad de transformar esos factores de riesgo, básicamente con las opciones de nuestro estilo de vida o con la medicación existente. La modificación de dichos factores cambia el entorno o los elementos que propician la acumulación de amiloide y de tau, lo que a su vez aumenta o disminuye la probabilidad de padecer alzhéimer. En otras palabras, si tomamos las decisiones «correctas» en nuestra forma de vida (alimentación, ejercicio, etcétera), podemos disminuir en un 40 % el riesgo de desarrollar la patología que nos ocupa.

Los factores de riesgo no modificables son mucho más correosos, puesto que, por definición, no hay manera de alterar el grado de peligrosidad que entrañan. Con todo, y aun siendo importante conocer los elementos no modificables del alzhéimer, conviene tener bien presente que no deberían preocuparnos en exceso, dado que no hay forma de cambiarlos. De hecho, más relevante que poner el foco en lo que no admite cambios es la actitud contraria: la que consiste en centrarse en los factores modificables y potencialmente capaces de retrasar e incluso evitar la aparición del mal de Alzheimer.

Fundándome en esto, he dividido en dos esta cuarta parte dedicada a la genética y los estilos de vida, ocupándome en primer lugar de los factores de riesgo modificables y acto seguido de los no modificables. Como señala el viejo dicho: «No podemos cambiar las cartas que nos tocan en suerte, pero sí la forma en que jugamos la partida».

30

El abecé de la genética

Por lo que he ido viendo a lo largo de mi experiencia profesional, es frecuente encontrar personas preocupadas ante la posibilidad de que su herencia genética las predisponga a desarrollar la enfermedad de Alzheimer. Lo que induce en ellas ese pensamiento es la circunstancia de que su madre, su padre o sus parientes cercanos padezcan o hayan padecido algún tipo de demencia. De hecho, yo mismo soy consciente de que la demencia se cuenta entre las dolencias de mis familiares. No obstante, tranquiliza saber que es poco probable que los genes heredados de nuestros progenitores o parientes determinen que estemos fatalmente abocados a sufrir alzhéimer. Los datos científicos indican que menos del 10 % de los casos de esta enfermedad guardan relación con la genética y que solo en el 1 % de los pacientes la causa de la dolencia está en los genes. Más adelante explicaremos la diferencia que existe entre «guardar relación con» y «ser la causa de», pero, de momento, baste decir que las posibilidades que tenemos de haber heredado unos genes que nos lleven a desarrollar dicha patología son bajas.

Si esperaba usted una respuesta de este tipo, ya puede relajarse y disfrutar con la lectura del resto de la cuarta parte, en la que nos asomaremos a la ciencia de la genética para entender cómo se gestan los raros casos en que el mal de Alzheimer tiene raíz genética. A continuación, pasaremos también revista a aquellos genes capaces de aumentar o disminuir los riesgos conducentes, de manera general, a la aparición del alzhéimer.

¿Listo para zambullirse en el extraño y maravilloso mundo de la genética?

¡Pues allá vamos!

La genética es en sí misma una de las inmensas galaxias que pueblan el universo de la biología. Dadas sus colosales dimensiones, todo cuanto alcanzará a permitirnos el intento de ahondar en nuestra comprensión de la genética relacionada con el alzhéimer es dejar que sus aguas vengan a «lamernos la planta de los pies». Por este motivo, circunscribiremos exclusivamente nuestro análisis a aquellos aspectos de la genética que resultan relevantes en el desarrollo o el riesgo de padecer esta patología.

Pero empecemos por la base: ¿qué son los genes?

Se trata sencillamente de las instrucciones o los planos que regulan la producción de las proteínas del organismo. Las proteínas son moléculas vitales para el correcto funcionamiento del cuerpo y, cuando no trabajan bien, como en el caso del amiloide y la tau, pueden causar estragos y desencadenar enfermedades potencialmente devastadoras. Es indudable que los diagramas que contienen los genes son de gran importancia para el organismo y por eso poseemos dos juegos de cada gen. Es muy probable que en el colegio le enseñaran que el ADN humano, que contiene nuestros genes, es una estructura en forma de doble hélice en la que dos hebras paralelas* se enroscan en espiral, una sobre otra. Cada uno de los dos juegos de genes recibe el nombre de «cromosoma». Heredamos cada cromosoma de nuestros progenitores biológicos, uno de nuestra madre y otro de nuestro padre. Los dos cromosomas son muy similares, pero no completamente idénticos y, de he-

* Son paralelas en su disposición espacial, pero es verdad que existen hebras llamadas «antiparalelas», en las que el paralelismo geométrico se mantiene, aunque sus pares de nucleótidos se hallen orientados en dirección opuesta. (*N. del t.*)

cho, las minúsculas diferencias que los distinguen determinan un gran número de factores, como el color de los ojos o del cabello. Esto se debe a que en la génesis de las instrucciones de montaje de las proteínas solo se «lee» un cromosoma.

Ahora bien, si poseemos dos copias no idénticas de cada gen, ¿cómo sabe el cuerpo cuál le corresponde leer?

Para responder a esta pregunta, aún debemos entender otro fundamental aspecto del funcionamiento de los genes. Hay dos clases de genes: dominantes y recesivos (lo que en términos científicos viene a significar «sumisos»).* Es importante tener en cuenta que los genes dominantes siempre tratarán de producir (o de «expresar», como prefiere la genética) sus proteínas. El gen dominante puede proceder de la madre o del padre, pero produce invariablemente las proteínas cuyo código posee, con independencia del gen que se haya heredado en la otra hebra. La forma en que heredamos las pecas de nuestros progenitores es un buen ejemplo del efecto de un gen dominante. La circunstancia de tener la piel cubierta de pecas viene determinada en gran medida por la presencia de un gen de este tipo (el MC1R: a los genetistas les encanta utilizar acrónimos impronunciables, así que será mejor que nos habituemos a ellos), recibido por parte de madre o de padre. Si uno de nuestros progenitores posee este gen y nos lo transmite, tendremos muchas probabilidades de que nuestra piel sea pecosa.

Ahora bien, ¿qué ocurre si heredamos este gen de ambos progenitores?

En tal caso, la posibilidad de las pecas es todavía mayor, dado que se tendrán dos genes dominantes, uno en cada hebra genética, y tanto el uno como el otro tratarán de producir toda la proteína que puedan. No obstante, hay que tener presente que hemos re-

* Desde el punto de vista etimológico, la voz proviene del alemán *recessiv*, que a su vez procede del latín *recedere*, retroceder o retirarse. El adjetivo *recessiv*, constituido por el prefijo «re-» («hacia atrás») y *cessus*, participio pasado de *cedere* (andar o marchar), alude a aquello que retrocede o frena su actividad. (*N. del t.*)

lativizado las afirmaciones con voces como «probabilidades» o «posibilidad», algo que no deja de resultar relevante, dado que la genética opera en gran medida en términos probabilísticos. Esto significa que aun poseyendo uno o más genes dominantes, no podemos asegurar al cien por cien que esa información genética acabe expresándose. Las razones de esta naturaleza probabilística son extremadamente complejas, así que de momento nos contentaremos con admitir sencillamente que así son las cosas. El motivo de que necesitemos traer a colación el carácter contingente de la expresión génica hay que buscarlo en el hecho de que los especialistas empleen un vocablo diferente para referirse a la probabilidad de que un gen se muestre activo y produzca muchas proteínas: los genetistas hablan de «penetrancia» genética.

Si la penetrancia genética es elevada, habrá muchas probabilidades de que la actividad de un gen determinado sea igualmente alta, mientras que una penetrancia baja querrá decir que el gen no se mostrará tan dinámico. Con los datos que hoy tenemos, parece claro que los genes dominantes poseen una gran penetrancia genética. Esto se debe a que habrá muchas posibilidades de que el gen —aun estando presente en solitario— genere las proteínas que debe producir de acuerdo con las instrucciones que lleva codificadas. En cambio, los genes de escasa penetrancia son casi siempre recesivos. Actualmente sabemos que la probabilidad de que un gen se muestre activo y produzca proteínas es mucho menor si su penetrancia genética es baja —y eso es justamente lo que ocurre con los genes recesivos—. Esto explica que resulte habitualmente necesario heredar el mismo gen de ambos progenitores para que la dotación genética recesiva se muestre activa y produzca proteínas. Por regla general, el hecho de heredar un gen recesivo de uno de los progenitores no basta para que se revele activo y produzca proteínas. O, alternativamente, en caso de que el gen recesivo entre efectivamente en actividad, lo normal es que no trabaje con intensidad y que no produzca por tanto demasiada proteína.

La herencia del color de los ojos nos ofrece un buen ejemplo del funcionamiento de los genes recesivos, ya que lo que determina su tonalidad es el patrón que adopte la pigmentación del iris. En dicha pigmentación, uno de los genes más relevantes es el OCA_2, que, si es muy activo, da lugar a los ojos azules. Ahora bien, al tratarse de un gen recesivo, debemos heredar dos copias del mismo, una de cada progenitor, para tener los ojos de ese color. Si el transmisor es únicamente uno de los progenitores y solo poseemos un ejemplar de OCA_2, el iris será marrón, dado que los genes que determinan ese tono son más dominantes. No olvidemos que solo necesitamos una copia de un gen dominante para que la expresión genética sea precisamente esa, mientras que debemos poseer dos genes recesivos para que se manifiesten sus instrucciones. Esta es la razón de que los ojos azules sean mucho menos frecuentes que los ojos marrones en el conjunto de la población, ya que es preciso que los dos progenitores biológicos hayan transmitido los genes recesivos de esa tonalidad. Aunque básica, ya tenemos una cierta idea del funcionamiento de los genes y de los factores que determinan tanto su grado de actividad como la cantidad de proteínas que generan. Ahora pasaremos a aplicar al alzhéimer estos conocimientos recién adquiridos. De ese modo, empezaremos a comprender con mayor precisión la influencia que pueden tener los genes en el riesgo de padecer esta patología.

31

La enfermedad de Alzheimer como dolencia familiar

Vamos a empezar por la cuestión de mayor complejidad: la vinculada con los cambios genéticos que no pueden modificarse con la adopción de un estilo de vida saludable ni con la medicación. La expresión «alzhéimer hereditario» o «familiar» engloba todos los tipos de dicha enfermedad cuyas causas obedecen a razones genéticas no modificables. La totalidad de estos casos hereditarios se debe a la ocurrencia de una mutación en uno de los genes recibidos de nuestros progenitores, ya que es esa variación la que desencadena el proceso patológico.

Literalmente, una mutación es una alteración del código genético (el término proviene del verbo latino *mutare*, que significa «mudar, modificar o sustituir»). La mutación genera un cambio en las instrucciones de fabricación de proteínas del gen en cuestión y, como consecuencia, estas «se comportan» de manera distinta. Las mutaciones del material genético pueden producirse de muchas formas. El motivo concreto de que estas mutaciones únicamente tengan lugar en algunas familias todavía sigue siendo objeto de investigación. En el caso de la enfermedad de Alzheimer, hay no obstante una parte positiva, y es que esas mutaciones genéticas se dan solo en muy raras ocasiones. Hasta la fecha, los casos de alzhéimer imputables a esta clase de mutaciones no llegan siquiera al 1 % del conjunto mundial de pacientes afectados, lo que indica que es altamente improbable «heredar» la enfermedad de Alzheimer de nuestros padres. Las mutaciones genéticas que desencadenan la dolencia que aquí estudiamos afectan sobre todo a los tres genes siguientes: el PPA (que regula la proteína precursora amiloidea) y los $PSEN_1$ y $PSEN_2$ (que codifican las proteínas presenilina 1 y presenilina 2, respectivamente). Ya sabemos que la acumulación de beta amiloide es un factor particularmente relevante en el desencadenamiento de la enfermedad de Alzheimer, así que no debería extrañarnos que la mutación de cualquiera de los tres genes (PPA, $PSEN_1$ y $PSEN_2$—ya que estos dos últimos genes regulan la formación de la proteína PPA—) repercuta en la producción o la acumulación de beta amiloide y que los niveles de dicho péptido sean consecuentemente más elevados. A continuación, vamos a fijarnos más detalladamente en la acción de cada uno de estos genes a fin de entender cómo influyen las mutaciones en la producción de beta amiloide.

PPA

Con estas siglas se abrevia el nombre del gen que controla la producción de la proteína precursora amiloidea. Dicho gen se encuentra en el cromosoma 21 del ADN humano. El papel que desempeña el gen PPA en el desarrollo de la enfermedad de Alzheimer se conoce desde la década de 1980, ya que en esos años se descubrió que el cerebro de las personas con trisomía del par 21 (es decir, portadoras de una triple copia del cromosoma 21, lo que da lugar a lo que comúnmente denominamos «síndrome de Down») experimenta cambios tipológicamente similares a los que se presentan en el alzhéimer. Nótese que hablo deliberadamente de «cambios tipológicamente similares» a los de la patología que nos ocupa, ya que es preciso establecer claramente que el síndrome de Down no es una forma de alzhéimer.

Ahora bien, si tenemos en cuenta que las personas con el síndrome de Down poseen tres ejemplares del cromosoma 21, resulta obvio que la producción de amiloide de su cerebro es tres veces superior a lo normal. Esto significa que en el cerebro de las personas con síndrome de Down se aprecia la presencia de oligómeros y placas de beta amiloide —con frecuencia al llegar los afectados a los cuarenta o los cincuenta años, con lo que muchos de ellos empiezan a desarrollar los síntomas de la enfermedad de Alzheimer al alcanzar edades más avanzadas—. De hecho, el descubrimiento de que esa triple copia del gen PPA del cromosoma 21 llevaba aparejada una producción más elevada de beta amiloide fue la primera señal de que la genética podía tener algún rol en la circunstancia de que algunas personas terminaran padeciendo alzhéimer. A partir de ese momento, los científicos empezaron a «buscar» familias que pudieran presentar cambios en el gen PPA del cromosoma 21, a fin de averiguar, en caso afirmativo, si ese factor modificaba o no el riesgo de desarrollar el mal de Alzheimer. Fue en 1991 cuando se encontró por primera vez una familia con una mutación del gen PPA, lo que permitió confirmar la hipótesis de que dicho gen desempeña un papel relevante en el desarrollo de la enfermedad de Alzheimer.

Este grupo familiar mostró que sus genes PPA adolecían de lo que denominamos una «mutación con cambio de sentido».* Una mutación con cambio de sentido es aquella en la que, por algún motivo, se modifica únicamente una letra del código genético. Sin embargo, la sola variación de esa letra** puede tener consecuencias devastadoras, dado que las proteínas producidas por ese gen son defectuosas y no logran realizar su función normal. Si la mutación afecta al gen PPA, lo que se genera es un significativo incremento del beta amiloide.

En el caso de esta familia en concreto, ese único cambio de letra en el código genético de que es portador el gen PPA ocurrió, al parecer, en el abuelo común, y la mutación se transmitió por vía hereditaria a sus dos hijos varones y a muchos de los hijos de

* También conocidas con el nombre de «mutaciones de sentido erróneo». (*N. del t.*)

** En realidad, un «nucleótido», el componente estructural básico de los ácidos nucleicos, es decir, del ADN y el ARN: las largas cadenas de polímeros contenidas en los cromosomas. (*N. del t.*)

sus hijos. No está claro que la primera mutación se produjera efectivamente en el bagaje cromosómico de ese abuelo, pues en la época en que le tocó vivir era muy habitual no entender ni diagnosticar la demencia como tal. Por lo tanto, las posibilidades de que la familia en cuestión llevara varias generaciones con esa mutación en sus genes son las mismas que las de que se produjera inicialmente en el abuelo. Sea como fuere, las mutaciones genéticas que causan la patología que nos ocupa se caracterizan por afectar a familias enteras —y de ahí, repito, que hablemos de «alzhéimer familiar o hereditario»—. Y, por otro lado, como el gen dominante procede de uno de los progenitores, existe muchas veces la posibilidad de remontarse hasta el origen de la dolencia. Para ello basta consultar el historial médico de la familia, dado que solo los miembros con el gen mutado desarrollarán la enfermedad.

Surge por tanto una pregunta elemental: ¿cuántos miembros de la familia han de hallarse afectados para que un miembro del grupo de parentesco corra el riesgo de portar esa mutación del gen? Prácticamente todo el mundo tiene en su árbol genealógico a alguien que sufre o ha sufrido algún tipo de demencia o la propia enfermedad de Alzheimer. ¿Significa eso que podríamos haber heredado de nuestros mayores un gen que incremente el riesgo de padecer dicho mal?

No sabemos a ciencia cierta cuántos parientes han tenido que sufrir alzhéimer o alguna otra clase de demencia para que la medicina considere que debemos someternos a una prueba genética. No obstante, para que un facultativo recomiende a un paciente la realización de un examen genético, suele ser necesario que el paciente tenga un gran número de parientes, en primer y segundo grado, aquejados de demencia. En la inmensa mayor parte de las ocasiones no se da esa circunstancia, ya que lo más probable es que conozcamos a muy pocos parientes con alzhéimer, si alguno hubiere —y ese es desde luego mi propio caso—. Pondré un ejemplo más concreto: puede que su madre o su padre padecieran demencia y quizá también algún tío o tía. Esto es completamente normal y no sugiere que estemos ante la variante familiar de la dolencia. En cambio, lo que se observa en las familias con un patrón de alzhéimer hereditario es que la enfermedad hace mella en muchos de sus integrantes —llegando incluso a darse en todos ellos.

Pero pasemos ahora a estudiar los procesos que causan el otro tipo común de la enfermedad de Alzheimer hereditaria, aquella que afecta a los genes del grupo PSEN (o presenilina).

PSEN

El nombre es la abreviatura de presenilina. Los genes de la presenilina ($PSEN_1$ y $PSEN_2$) se encuentran, respectivamente, en los cromosomas 14 y 1 de nuestro ADN. La ocurrencia de mutaciones en ambas proteínas es extremadamente rara, ya que, en el mundo, el porcentaje total de casos de alzhéimer debidos a este tipo de mutaciones es inferior al 0,5 %. La importancia de los genes PSEN reside, entre otras cosas, en el hecho de que intervengan en la producción de gamma secretasa. Recordemos que la gamma secretasa actúa a modo de tijera con el amiloide que, al ser escindido por ella, da lugar al beta amiloide. Hoy contamos con un amplio conjunto de descripciones claras de las mutaciones que afectan específicamente a los genes PSEN. En la mayor parte de los casos son mutaciones de sentido erróneo, es decir, alteraciones que cambian una letra del código genético de PSEN. Sin embargo, todavía no sabemos con seguridad cómo modifican estas mutaciones el «comportamiento» de la gamma secretasa.

Hasta donde nos es dado saber, hay fundamentalmente dos vías para la inducción de esa variación de la «conducta» de esa proteasa. La primera posibilidad es que las mutaciones de PSEN incrementen la actividad de la gamma secretasa, con lo que la cantidad general de beta amiloide aumenta. Y dado que todo incremento de la producción de beta amiloide eleva el riesgo de padecer alzhéimer, es lógico pensar que este sea el mecanismo que aquí actúa. Existe, no obstante, una segunda posibilidad, implícita en algunos estudios. De acuerdo con esos trabajos, las mutaciones de

PSEN transforman la gamma secretasa, obligándola a producir un tipo de beta amiloide con mayor tendencia a la acumulación. A su vez, esto significaría que las mutaciones de PSEN no incrementarían la producción de beta amiloide, sino que generarían una variante más «pegajosa» de dicho péptido. La mayor adherencia de este beta amiloide modificado aumentaría la probabilidad de que se formen oligómeros y placas, elementos que incrementan, como sabemos, el riesgo de padecer alzhéimer.

Con independencia de cuál sea su funcionamiento, lo relevante es que los efectos que tienen las mutaciones de PSEN en la gamma secretasa resultan devastadoras para los grupos familiares que los sufren, ya que existe una certeza próxima al 100 % de que la enfermedad de Alzheimer acabará desarrollándose en todos los miembros de la familia que posean una de estas mutaciones —sea en el gen $PSEN_1$ o en el $PSEN_2$—. Ya hemos señalado que en las familias con mutaciones genéticas dominantes, como las de los genes PPA, $PSEN_1$ o $PSEN_2$, la afección incide, por lo general, en varios miembros del grupo de parientes, puesto que para el desarrollo de esta dolencia basta poseer una única copia del gen mutado. Hay, no obstante, otro signo capaz de indicar que en el patrimonio genético de una familia se ha producido la mutación de un gen susceptible de propiciar la enfermedad de Alzheimer: la edad a la que se manifiesta la patología.

Estas mutaciones aceleran la producción o la acumulación de beta amiloide, lo que muchas veces implica que las personas con esa alteración genética desarrollan la patología a una edad notablemente más temprana. Si se han dado las mutaciones del gen PSEN, el cerebro de la persona presentará, aun en su juventud, unos niveles inusitadamente elevados de beta amiloide. Nada tiene de extraño, por tanto, que muchos de los individuos que sufren mutaciones del gen PSEN desarrollen la enfermedad de Alzheimer antes de cumplir los sesenta años.

De los diversos pacientes que me ha sido dado conocer personalmente, los más jóvenes con una mutación del gen PSEN comenzaron a mostrar los síntomas de este padecimiento a los treinta y tantos años. Pero no hay que olvidar que, entre los afectados por esta mutación del gen PSEN, no es insólito encontrar personas de veintitantos años con alzhéimer. Por desgracia, en estas familias, la dolencia puede incidir simultáneamente tanto en los miembros de edad avanzada como en los más jóvenes. Esta es muchas veces la razón de que las investigaciones genéticas relacionadas con la enfermedad de Alzheimer únicamente se lleven a cabo al constatarse la doble circunstancia de que sean varias las generaciones y los integrantes de una misma familia los que sufren la patología y de que esta se declare a edades tempranas. Vale la pena reiterar que estas mutaciones son extremadamente raras. Si en una familia ha habido un reducido número de casos de demencia, sea del tipo que sea, es relevante saber que hay muy pocas probabilidades de que el padecimiento se deba a una mutación genética.

Dada la escasa frecuencia de tales mutaciones, asombra sobremanera que el caso más célebre de cuantos conocemos —el de la señora Auguste Deter— respondiera justamente a una alteración del gen $PSEN_1$. En la época en que la atendió Alois Alzheimer se desconocía la existencia de mutaciones en el gen $PSEN_1$. Sin embargo, en 2013, un equipo de científicos realizó nuevos análisis en el tejido cerebral que Alois Alzheimer había empleado cien años antes en sus propios estudios. Los especialistas descubrieron que en el cromosoma 14 de la señora Deter había una mutación del gen $PSEN_1$ que afectaba a una letra del código genético. Dada la bajísima prevalencia de esa variante hereditaria de la enfermedad a la que Alois acabaría dando nombre, resulta verdaderamente pasmoso que, al examinar a la señora Deter, nuestro precursor encontrara literalmente una aguja en un pajar. No obstante, si echamos la vista atrás y consideramos las cosas con calma, la circunstancia cobra sentido, puesto que si Alzheimer se fijó en la señora Deter fue debido, al menos en parte, al hecho de que fuera muy joven —tenía cincuenta y un años— cuando le hizo el primer reconocimiento en el hospital de Fráncfort. En esa época, tanto Alois Alzheimer como sus contemporáneos sabían perfectamente que muchas personas mostraban signos de demencia a edades avanzadas —y por esa razón la denominaban «demencia senil»—.

Sin embargo, la señora Deter dejó sorprendido a Alois, pues era demasiado joven para padecer una demencia senil. Esto explica que, en sus notas sobre la señora Deter, nuestro médico indique tantas veces que se halla ante una demencia «presenil». En la actualidad, llamamos «demencia precoz» a las enajenaciones surgidas antes de los sesenta y cinco años. Con todo, no deja de resultar un tanto irónico que el «descubrimiento» de esta patología se fundara, *de facto*, en su forma más rara, la derivada de una mutación del gen $PSEN_1$. (Es curioso que todos los casos que describe Oskar Fischer en sus publicaciones correspondan a demencias seniles y que, por lo tanto, sus estudios se centren en la forma más común de la enfermedad y no en la más excepcional, lo que también le distingue de Alois Alzheimer.)

Las más recientes investigaciones vinculadas con esta dolencia también deben mucho a la generosidad de las familias que padecen la forma hereditaria del alzhéimer. La razón hay que buscarla en el hecho de que antes de que aparecieran los marcadores biológicos directamente relacionados con la enfermedad de Alzheimer, los casos hereditarios de la dolencia constituían la única fuente de elementos objetivos para los científicos que estudiaban los posibles orígenes del mal y trataban de averiguar cuáles eran los primeros síntomas en surgir. Esto se verá más claro con un ejemplo: en las familias que padecieran mutaciones de los genes PPA o PSEN, se podía estudiar a los parientes que tuvieran una de las mutaciones genéticas conocidas de la enfermedad de Alzheimer, aunque en el momento de la investigación todavía no hubieran desarrollado ninguno de los síntomas propios de la dolencia. Esas personas en fase «presintomática» resultan extraordinariamente valiosas para el estudio del alzhéimer, ya que dan a los científicos ocasión de examinar el desarrollo de la enfermedad y de observar el gradual surgimiento de los síntomas.

Pese a lo importante que es la variante hereditaria del alzhéimer, el hecho de basar la investigación en este tipo de casos presenta un inconveniente. La enfermedad de Alzheimer familiar se debe únicamente a la existencia de mutaciones que inciden en el comportamiento del beta amiloide, pero hoy sabemos que tanto el péptido amiloide como la proteína tau intervienen de manera importante en el desarrollo de la patología que nos ocupa. Esto contribuye a aclarar por qué se insistía tanto en el beta amiloide como causa del alzhéimer antes de que aparecieran los marcadores biológicos. De hecho, la hipótesis original de la cascada amiloide hallaba fundamento en la mutación del gen PSEN que provoca el alzhéimer hereditario. Por consiguiente, todo parecía indicar que la idea de centrarse exclusivamente en el amiloide era la vía más obvia para prevenir y tratar dicha dolencia. Sin embargo, hoy sabemos que este enfoque subestimaba el papel de tau en el desarrollo del alzhéimer.

Y, a propósito, ¿existen las mutaciones genéticas de la proteína tau? Y, en caso afirmativo, ¿son también causa de la enfermedad de Alzheimer?

PTAM

La producción de tau también viene regida por un gen que contiene en su código genético las instrucciones de funcionamiento de la proteína: el gen del cromosoma 17, que regula específicamente la tau asociada a los microtúbulos (PTAM, o MAPT, según sus siglas inglesas: *microtubule-associated protein tau*). No obstante, el vínculo entre las mutaciones genéticas que inciden en la PTAM y el desarrollo de la enfermedad de Alzheimer es mucho más débil que el de los genes relacionados con el amiloide (PPA, $PSEN_1$ y $PSEN_2$). No sabemos a ciencia cierta a qué se debe esta circunstancia.

Los estudiosos han asociado las mutaciones en la PTAM con diversas demencias, entre las cuales se cuentan tanto la frontotemporal como otras enfermedades neurodegenerativas. Pese a todo, existen pocas pruebas capaces de sostener que las mutaciones en la PTAM sean efectivamente la causa de la forma hereditaria del alzhéimer. Antes al contrario, ya que, de hecho, «solo» se ha conseguido mostrar que las mutaciones en la PTAM aumentan el riesgo de padecer la dolencia que nos ocupa. La diferencia entre sufrir la variante familiar del alzhéimer y tener únicamente un mayor riesgo genético de desarrollarla nos devuelve al arranque del capítulo, en el que hablábamos de la penetrancia de los genes. Ya sabemos que las mutaciones relacionadas con el amiloide (como las que afectan a los genes PPA, $PSEN_1$ o $PSEN_2$) tienen una gran penetrancia, lo que significa que todas las personas que padezcan esas mutaciones genéticas terminarán sufriendo, sin ningún género de dudas, la enfermedad de Alzheimer. En cambio, la penetrancia de las mutaciones en la PTAM parece ser escasa en lo tocante al alzhéimer. Esto quiere decir que la presencia de una mutación genética en la PTAM «solo» tiene el efecto de aumentar el riesgo de desarrollar la patología que nos ocupa, pero no lleva en modo alguno aparejada la certeza —lejos de eso— de que se manifieste la dolencia.

Es importante entender esta diferencia antes de pasar al capítulo siguiente y estudiar otros «genes asociados con el riesgo» de sufrir alzhéimer. A semejanza de lo que sucedía con las mutaciones en la PTAM vinculadas con el mal de Alzheimer, estos genes de riesgo pueden aumentar o disminuir el peligro de padecerlo. Sin embargo, el hecho de que un examen genético descubra la existencia de estos genes de riesgo en una persona no significa que esta vaya a desarrollar necesariamente ese cuadro patológico.

32

Los factores de riesgo genético susceptibles de «modificación»

Hay una variedad de lo que hemos dado en llamar «genes de riesgo» que puede elevar o reducir el peligro de sufrir alzhéimer. El hecho es que estos genes de riesgo no influyen de forma directa en los niveles de amiloide o tau. Antes al contrario, ya que lo más frecuente es que modifiquen el entorno (o el *milieu*, como acostumbra a decirse en el mundo científico francés y anglosajón) del péptido amiloide y la proteína tau. Si el gen de riesgo favorece la instauración de un medio propicio a la acumulación de amiloide o tau, tendremos más probabilidades de padecer alzhéimer. En cambio, si el gen en cuestión permite el surgimiento de un entorno desfavorable a la acumulación de amiloide o tau, el peligro disminuirá.

Esto significa que los genes de riesgo pueden secundar o entorpecer el desarrollo de esta patología. Teniendo presente que estos genes de riesgo únicamente influyen en el entorno capaz de desencadenar o impedir la acumulación de amiloide y tau, lo más importante es comprender que nosotros mismos podemos tratar de influir en dicho medio: bien tomando una medicación concreta, bien optando por un determinado estilo de vida. Por consiguiente, aunque pertenezcamos a un grupo de marcado riesgo genético, siempre estará en nuestra mano disminuir o atenuar la amenaza tomando fármacos o siguiendo un estilo de vida saludable. En otras palabras, es potestad nuestra graduar *de facto* el daño que esos genes pueden causarnos. El rango de influencia que nos sea dado ejercer en nuestro riesgo genético es justamente el elemento crucial que permite distinguir entre las consecuencias derivadas de los genes del alzhéimer hereditario y las que resultan de los genes de riesgo. En el caso de la variante familiar del mal de Alzheimer, la relevancia del entorno es muy escasa, pues son los propios genes los que «impulsan» la acumulación de amiloide —como consecuencia de su elevada penetrancia—. Con los genes de riesgo, por el contrario, el medio no solo es importante, sino que tenemos vías para influir en él —lo que quiere decir que podemos controlar sus efectos y regular su acción mediante los medicamentos y el estilo de vida—. Esto no ocurre con las mutaciones que originan el alzhéimer hereditario.

Muy bien, pero ¿cuáles son los genes de riesgo y cuántos hay?
Hoy en día conocemos aproximadamente unos treinta genes susceptibles de incrementar o disminuir el riesgo de padecer alzhéimer. En su inmensa mayor parte, dichos genes no solo son extremadamente raros, sino que el aumento del riesgo de sufrir por su causa la patología que nos ocupa es mínimo. Esta es la razón de que no tenga demasiado sentido dedicarles un estudio en profundidad. Lo que sí vamos a hacer, en cambio, es centrarnos en dos genes de riesgo cuya presencia es más común y que además pueden influir en el peligro de que una persona pueda desarrollar la enfermedad de Alzheimer en algún momento de su futuro: me estoy refiriendo a la Apo E y al TREM2.

Apo E

Apo E es la abreviatura del gen «apolipoproteína E», situado en el cromosoma 19 del ADN humano.

¿A qué se debe la importancia de la Apo E como factor de riesgo de padecer la enfermedad de Alzheimer por motivos genéticos?
No lo sabemos con exactitud, ya que, de hecho, todavía se investiga el papel que desempeñan ciertas variantes de la Apo E

en el aumento del peligro de sufrir alzhéimer. Lo que sí se ha conseguido averiguar es que algunas variantes de la Apo E pueden multiplicar por doce la amenaza de un eventual desarrollo del alzhéimer.

¿A qué nos estamos refiriendo aquí al hablar de «ciertas variantes» de la Apo E?

Para explicar lo que hemos querido decir con la expresión «ciertas variantes», tenemos que introducir otro de los términos utilizados por los genetistas: el de «polimorfismo genético». Este concepto (que significa literalmente «muchas formas», al venir constituido por las voces del griego clásico πολύς, *polí* = mucho, y μορφή, *morfé* = forma o figura) alude a la circunstancia de que en la población humana el gen se presenta en distintas variantes.

Decimos que existe polimorfismo cuando un cambio en el ADN se encuentra comúnmente en el seno de una determinada población. Esto significa que en dicha población distintas personas exhiben diferentes formas del gen. En el caso de la Apo E, hay varios polimorfismos genéticos y los más relevantes en lo que hace a la enfermedad de Alzheimer son los denominados e3:e3; e3:e4 y e4:e4. La letra «e» denota el alelo concreto que es portador del polimorfismo, y el número indica el tipo de polimorfismo. Como la dotación cromosómica consta de dos alelos (recordemos que el ADN está formado por una doble hebra de nucleótidos), existen diferentes combinaciones o variantes de Apo E. Ahora bien, ¿qué importancia real cabe atribuir al polimorfismo del gen Apo E en relación con el riesgo de padecer alzhéimer?

La respuesta es que tiene mucha trascendencia, puesto que el tipo de polimorfismo del gen Apo E determina el nivel del futuro riesgo de que una persona desarrolle la patología que nos ocupa. De entre los polimorfismos del gen Apo E, el más común es el e3:e3. Cerca del 78 % de la población muestra este polimorfismo en particular. Se considera por ello que se trata del polimorfismo del gen Apo E estándar o «normal». Pero hay algo aún más relevante: que el polimorfismo e3:e3 no incrementa ni disminuye el riesgo de sufrir con el tiempo la enfermedad de Alzheimer. Aproximadamente el 12 % de la población —es decir, una de cada ocho personas— muestra polimorfismos de e3:e4 y, en este caso, sí que se triplica el peligro de sufrir alzhéimer. Dicho de otro modo, los polimorfismos de tipo e3:e4 multiplican por tres las probabilidades de padecer esta dolencia —en comparación, evidentemente, con los individuos que presenten el polimorfismo del gen Apo E en su variante e3:3—. Hemos de recordar también que el hecho de hallarse en una situación de mayor riesgo genético lleva frecuentemente aparejado el desarrollo temprano del padecimiento, dado que la acumulación de amiloide y tau se acelera. Por término medio, ese 12 % de la población con un polimorfismo e3:e4 sufre alzhéimer diez años antes que una persona con el polimorfismo «normal» e3:e3.

Una de cada cincuenta personas —el 2 %— muestra el polimorfismo e4:e4, con lo que el riesgo de padecer alzhéimer se multiplica por doce. En otras palabras, las probabilidades de enfermar son doce veces mayores que en el caso de las personas con la variante e3:e3 del polimorfismo del gen Apo E. Por consiguiente, la detección de un polimorfismo e4:e4 es mucho más preocupante que la del polimorfismo e3:e4, puesto que, en dicha situación, el riesgo de desarrollar el mal de Alzheimer es muy superior al del resto de la población. Las personas con un polimorfismo e4:e4 sufren la patología de la que hablamos unos veinte años antes que las personas con el polimorfismo estándar e3:e3. El lector más atento ya habrá caído en la cuenta de que los porcentajes no suman el 100 % (e3:e3 = 78 %; e3:e4 = 12 %; y e4:e4 = 2 %, luego el total se queda en el 92 %).

Así las cosas, ¿qué variantes corresponden a ese 8 % restante de polimorfismos del gen Apo E?

Se trata de los polimorfismos e2:e2 y e2:e3, que reducen en un 40 % el riesgo de desarrollar la enfermedad de Alzheimer —siempre en comparación con el «promedio» establecido sobre la base del e3:e3—. Por consiguiente, la herencia genética se asemeja un tanto a la lotería, tanto en el caso del alzhéimer como en el de otras dolencias o circunstancias, ya que solo el azar determina el carácter positivo o negativo de los genes que presentan las personas.

El lugar en el que residimos y el grupo étnico del que formamos parte también influyen en el riesgo de sufrir alzhéimer. De hecho, el peligro que tienen los polimorfismos del gen Apo E en cuanto al eventual desarrollo de esta dolencia no solo difiere de una etnia a otra, también incide de manera distinta en las diversas poblaciones nacionales. Por ejemplo, entre los afroamericanos, el polimorfismo e4:e4 «solo» multiplica por seis el riesgo de padecer esta patología, mientras que entre los hispanonorteamericanos únicamente lo duplica —lo que contrasta marcadamente con la amenaza, doce veces mayor, que soporta la población blanca estadounidense y el peligro, nada menos que treinta y tres veces superior, que aqueja a los japoneses—. Por consiguiente, no hay más remedio que aceptar dos cosas: que existen grandes diferencias en el incremento que los polimorfismos genéticos introducen en lo tocante a la exposición de la gente a la enfermedad que nos ocupa y que ese riesgo varía notablemente en función del grupo étnico en el que esas personas se hallen incluidas. No sabemos con exactitud a qué se deben estas circunstancias. Podría deberse a la existencia de factores medioambientales capaces de influir en el riesgo genético, aunque otra posibilidad es que el modo en que opera el gen Apo E experimente ligeras diferencias en función del grupo étnico en el que esté actuando.

¿Entonces, cómo incrementa el gen Apo E el riesgo de padecer alzhéimer?

En honor a la verdad, hemos de reconocer que todavía no ha podido determinarse por qué vías repercute el gen Apo E en el riesgo de desarrollar los síntomas del alzhéimer. No obstante, lo que sí sabemos es que los diferentes polimorfismos del Apo E parecen intervenir en el acúmulo y la eliminación del beta amiloide cerebral. El gen Apo E no interactúa por sí mismo con el beta amiloide, lo que hace es generar un entorno con una de estas tres características: a) resulta ser más propicio a la remoción del beta amiloide (tal es el caso de los polimorfismos e2:e3 y e2:e2); b) entorpece la eliminación del beta amiloide (como en los polimorfismos e3:e4 y e4:e4), o bien c) no ejerce efecto alguno en la supresión del beta amiloide (según ocurre en el polimorfismo «estándar», es decir, el e3:e3).

En resumen, los diferentes roles que desempeña el gen Apo E crean un entorno que puede afectar al futuro riesgo de desarrollar la enfermedad de Alzheimer. Para concluir la sección, debemos insistir en que «el aumento del riesgo genético» derivado de la presencia de un gen Apo E no significa necesariamente que vayamos a desarrollar la dolencia, sino que el peligro de padecerla puede ser mayor o menor que en caso de no existir tal polimorfismo. Y lo mismo cabe decir del resto de los genes susceptibles de predisponer al alzhéimer —pienso concretamente en el gen TREM2.

TREM2

El TREM2 es un gen localizado en el cromosoma 6 del ADN humano. Las siglas inglesas TREM2 —*triggering receptor expressed on myeloid cells 2*— denotan (¡agárrense, que vienen curvas!) al gen «receptor activador expresado en las células mieloides 2». El carácter relativamente extraño de esta denominación se debe al hecho de que a los científicos les encanta describir las cosas de la manera más literal posible. Y es que la fórmula «TREM2» pretende señalar que el gen produce una proteína en el interior de las células mieloides. Las células mieloides se encuentran principalmente en la médula ósea y su papel consiste en producir las proteínas encargadas de activar una respuesta inflamatoria ante una lesión o una enfermedad.

¿Qué relación puede haber entre una proteína celular de la médula ósea y el alzhéimer?

El TREM2 contribuye a regular la respuesta inflamatoria, tanto en el cerebro como en el resto del organismo. Ya hemos visto que el sistema inmunitario puede cooperar en la eliminación del beta amiloide o la tau fosforilada. La inflamación es uno de los mecanismos propios del sistema inmunitario. Lo que ocurre es, básicamente, que el aumento de la acumulación de beta amiloide provoca una respuesta inflamatoria que activa a su vez el sistema inmunitario a fin de que el cuerpo logre lidiar con dicho incremento. Por todo ello, cabe entender que la inflamación es algo así como una señal de que el sistema inmunitario se ha activado para intentar deshacerse del beta amiloide.

En el encéfalo, el gen TREM2 se encuentra muchas veces en las células microgliales —que tienen un papel clave en las respuestas inflamatorias o inmunitarias que se desarrollan en el cerebro—. Un ejemplo: si hay demasiado beta amiloide en el espacio que rodea a las células nerviosas, el gen activa las células microgliales y estas entran en acción, iniciándose así un proceso de deglución denominado «fagocitosis» (del griego antiguo φαγειν, «comer», y κυτοσ, «célula»). La fagocitosis destruye los materiales que representan un peligro en potencia y permite que el sistema inmunitario «devore» la amenaza —en nuestro caso, el beta amiloide—. En los últimos años se ha descubierto que el líquido cefalorraquídeo de las personas con alzhéimer presenta elevadas cantidades de TREM2. Esta saturación relativa de TREM2 indica que el cerebro está sometido a un proceso inflamatorio debido a la acumulación de beta amiloide.

No obstante, hay ocasiones en que la aparición de un determinado cambio en un gen disminuye la respuesta inflamatoria. Y eso es justamente lo que puede suceder si el TREM2 experimenta variaciones o mutaciones.

Las transformaciones del gen TREM2 incrementan el riesgo de padecer alzhéimer, duplicándolo y hasta cuadruplicándolo, lo que significa que la persona afectada tendrá de dos a cuatro veces más probabilidades de desarrollar el mal de Alzheimer a medida que vaya avanzando en edad —siempre en comparación con la incidencia que se aprecia habitualmente entre la población normal—. Como posiblemente recuerde, ya dijimos en el capítulo del gen Apo E que este aumento del peligro es similar al de tener los alelos e3:e4 del gen Apo E. Más rara resulta la existencia de riesgos vinculados con el alzhéimer cuya causa genética se halle asociada con el gen TREM2. No obstante, si la amenaza está ahí, lo que se produce es, en esencia, una disminución de la respuesta del sistema inmunitario a la acumulación de beta amiloide. Las vías que determinan que las mutaciones del gen TREM2 reduzcan dicha respuesta inmunitaria todavía se encuentran bajo investigación. Sin embargo, cada vez se ve más claro que la respuesta inflamatoria del organismo permite modular considerablemente el riesgo de alzhéimer, lo que supone una gran diferencia respecto a la posibilidad real de terminar evitando la enfermedad.

33

Un apunte sobre el examen genético

Como hoy sabemos que los genes pueden determinar si una persona está fatalmente abocada a desarrollar la enfermedad de Alzheimer (como en el caso de los individuos portadores de los genes PPA, $PSEN_1$ o $PSEN_2$) o si se halla simplemente expuesta a un mayor riesgo de sufrir dicha dolencia (por ejemplo, con los genes Apo E y TREM2), ¿por qué no realizar a todo el mundo un análisis genético a fin de conocer quién se halla en peligro y quién no?

Esa prueba capaz de precisar el riesgo genético de una persona no solo nos permitiría identificar con la suficiente antelación a los enfermos potenciales, también les daría la posibilidad de modular ese peligro de padecer en el futuro la patología en que nos interesamos. Lo cierto es que, desde el punto de vista técnico, hoy resulta muy fácil conseguir que nos analicen los genes a fin de detectar ese «riesgo» genético. De hecho, hay varias empresas privadas que se dedican a realizar este tipo de exámenes y que ofrecen sus servicios para detectar los peligros asociados con el gen Apo E y la enfermedad de Alzheimer. No obstante, antes de que el lector sienta la tentación de salir precipitadamente en busca de quien le haga la prueba, lo más sensato es plantearse la siguiente pregunta: ¿queremos realmente conocer si nos hallamos en situación de riesgo genético en relación con el alzhéimer?

Algunas personas responderán afirmativamente con toda claridad. Si el peligro que corren como consecuencia de su dotación genética es elevado, siempre podrán modificar su estilo de vida y reducir, al menos potencialmente, la amenaza, y si, por el contrario, el riesgo es bajo, disfrutarán al menos de la posibilidad de no preocuparse en exceso por dicha patología. En cambio, otras personas tenderán a considerar que, en su caso, el examen genético acabaría por abrir una particular «caja de Pandora». Valga decir, a modo de ejemplo, que tal vez se vieran obligados a revelar los resultados de la prueba al sistema de salud, al seguro médico o acaso incluso a la empresa en la que trabajan. Esto no debería constituir un problema en los países provistos de un sistema sanitario nacional y público, como España o Reino Unido, pero, obviamente, en el caso de los estados o las personas con garantías sanitarias dependientes de estructuras privadas, dicha información podría repercutir significativamente en el coste de la póliza y hasta en el empleo. Y lo que es aún más importante, podríamos vernos también en la tesitura de tener que revelar esa información genética a la familia, y muy especialmente a nuestros hijos, debido precisamente a que las características genéticas de los parientes consanguíneos son muy similares. Esto puede transformarse en un reto señaladamente difícil, ya que la información genética no afecta solo al interesado, sino también a cualquier individuo biológicamente relacionado con él.

Llegamos por tanto a una disyuntiva: si, por un lado, resulta técnicamente facilísimo hacerse un examen genético para comprobar si corre uno el peligro de desarrollar el mal de Alzheimer, por otro, hay que tener en cuenta todo un conjunto de consideraciones éticas de peso antes de dar el paso. Lo primero que yo le sugeriría a una persona que esté realmente preocupada ante la eventualidad de que un elevado riesgo genético la lleve a desarrollar un alzhéimer es que lo consulte con su médico de cabecera. Si el paciente potencial y el facultativo deciden de común acuerdo que merece la pena valorar el peligro, lo normal es que el doctor remita el caso al servicio de asesoramiento genético. Este tipo de gabinetes se especializan en el tratamiento de las enfermedades genéticas y pueden orientar al afectado, tanto indicándole si el análisis genético es o no una opción apropiada en su circunstancia concreta como detallándole las potenciales repercusiones que pudiera tener la prueba en su vida y su entorno familiar.

34

Factores no modificables vinculados con el estilo de vida

Siendo tantas las personas inquietas por la amenaza genética de desarrollar el mal de Alzheimer, resulta irónico que no les preocupen tanto, en general, las posibles repercusiones que su estilo de vida pudiera tener en ese mismo peligro. Lo que resulta paradójico es que actualmente sabemos que la amenaza genética de sufrir dicha dolencia es en realidad pequeña. Los datos científicos señalan claramente que la incidencia del estilo de vida en el futuro riesgo de desarrollar esta patología es muy superior al de la herencia cromosómica.

Las pruebas científicas han mostrado que el riesgo de padecer alzhéimer puede imputarse —hasta en un 40 %— al tipo de vida que llevemos. Desde luego, la cifra es asombrosa y normalmente hace que la gente quede atónita, ya que por regla general no somos conscientes de lo mucho que puede influir el cambio de los hábitos vinculados con el estilo de vida en la futura evolución de cualquier enfermedad. Tal y como sucedía en el caso de los factores de riesgo genético, también las circunstancias asociadas con el estilo de vida se dividen en dos, según sean modificables o no. Comenzaremos nuestra exposición precisando las características de los factores existenciales no modificables.

Pero, si no hay forma de cambiarlos, ¿qué sentido tiene detenernos en los factores de riesgo no modificables?

La razón fundamental es bien sencilla: nunca está de más conocer y comprender las causas de esos factores de riesgo, ya que de ese modo no nos cogerán por sorpresa. Empezaré por el más importante e influyente de todos los factores de riesgo que modulan la posibilidad de padecer alzhéimer: la edad.

Edad

Casi parece una perogrullada explicar que la edad es el principal factor de riesgo de la patología que nos ocupa, pero no carece de importancia tener bien presente este hecho. El más evidente de los motivos que hacen de la edad el factor de riesgo de mayor significación en cuanto a las probabilidades de sufrir la enfermedad de Alzheimer estriba en el hecho de que ese peligro resulta tanto más elevado cuantos más años tengamos. Las pruebas científicas indican sin ambages que la amenaza de padecer esta dolencia aumenta en proporción directa a la longevidad. Solo el 2 % de las personas con edades comprendidas entre los sesenta y cinco y los sesenta y nueve años desarrollan alzhéimer. En cambio, entre los ochenta y cinco y los ochenta y nueve ese porcentaje asciende al 19 %.

Como no está en nuestra mano alterar el simple proceso de añadir años a nuestra biografía —al menos hoy por hoy—, el envejecimiento sigue siendo el principal factor no modificable en materia de riesgos vinculados con el alzhéimer. Dicho de manera muy llana: cuantos más años vivamos, mayor será el peligro de que el alzhéimer termine por afectarnos. ¿Por qué? Pues porque, según hoy sabemos, cuanto más envejecemos, tanto mayor es el plazo de tiempo que concedemos a la acumulación de péptido amiloide y proteína tau —de ahí que extraigamos la conclusión de que el riesgo de padecer alzhéimer aumenta en la edad avanzada.

La educación

Por orden de frecuencia, el segundo factor de riesgo no modificable de sufrir alzhéimer es la educación, y más específicamente la recibida por vía formal o académica en la primera infancia. Según indican los datos científicos, cuanto más elevado sea el número de años dedicados a la formación a edades tempranas, menor será la amenaza de desarrollar alzhéimer en las fases tardías de la existencia. Por consiguiente, el incremento del nivel de formación disminuye el peligro de padecer la patología en que aquí nos centramos.

¿Cómo explicar este sorprendente hallazgo?

Una de las razones que podrían hallarse en la base de que la educación sea considerada un factor de riesgo en cuanto al posible desarrollo del alzhéimer es que la forma de valorar si una persona presenta o no los síntomas de la enfermedad es someterla a una batería de test cognitivos —a fin de comprobar, por ejemplo, el rendimiento de la memoria—. Si el paciente sale mal parado de esas pruebas cognitivas, se entiende que quizá esté presentando los primeros signos de la enfermedad de Alzheimer. En cambio, si el interesado hace bien las pruebas, se tendrá la impresión de que no sufre la patología en cuestión. En este caso, el elemento crucial es el siguiente: el hecho de que una persona cuente con una sólida educación formal suele llevar aparejada una mayor experiencia en la realización de test, con lo que es lógico que encuentre mejor las soluciones correctas. Esto es exactamente lo que han detectado varios estudios, al constatar que los individuos con un mayor número de años de educación formal a sus espaldas resuelven mejor las pruebas cognitivas que los que no cuentan con ese bagaje —aun en el caso de que los primeros presenten cambios cerebrales compatibles con el mal de Alzheimer y comprobados por medio de biomarcadores.

Como es obvio, quienes han recibido una educación académica formal tienen una experiencia más amplia en materia de resolución de pruebas memorísticas. Pero eso no es todo, ya que esa formación parece mejorar las competencias relacionadas con un fenómeno que recibe el nombre de «reserva cognitiva». Para hacernos una idea de lo que es, podríamos definir esta reserva como la capacidad del cerebro para superar retos de naturaleza cognitiva. Pese a que en el día a día todos debemos responder a diferentes desafíos cognitivos, la noción de «reserva cognitiva» se centra más bien en los recursos que posee el cerebro para hacer frente a esos retos y en cómo los aborda en caso de sufrir una disfunción cerebral. La reserva cognitiva permite a la persona conservar casi todas sus funciones superiores, aunque la enfermedad arraigue en sus estructuras cerebrales. Sin embargo, la reserva cognitiva no es infinita, así que se agota con el paso del tiempo: cabría decir que la idea de esta «reserva» es a un tiempo metafórica y literal. Por consiguiente, la reserva cognitiva hace posible que el individuo preserve las más altas funciones del órgano del conocimiento, aunque el proceso morboso del alzhéimer ya haya iniciado su andadura en el cerebro. Sin embargo, una vez consumida dicha reserva, la capacidad funcional de la persona afectada caerá rápidamente hasta quedar en niveles similares a los de los pacientes con menor reserva cognoscitiva.

Pero, si ese es el resultado, es decir, si todos acabamos, en último término, en idéntica situación de precariedad, ¿qué importancia puede tener el hecho de contar con una buena reserva cognitiva?

Pues la tiene, ya que las funciones cognitivas son las que determinan en gran medida el desenvolvimiento cotidiano de cada uno de nosotros. Intervienen, por ejemplo, en el control de la economía doméstica, en la elaboración de los menús diarios y en el cuidado y el aseo general de nuestra persona. Si disponemos de una amplia reserva cognitiva, tendremos mayores probabilidades de conservar más tiempo esas funciones habituales y esto a su vez nos dará ocasión de dilatar nuestro período de vida independiente, aun en el caso de que transitemos ya por las primeras fases de la enfermedad de Alzheimer.

No se me escapa el controvertido carácter de afirmar que la educación académica formal, o su carencia, es un factor de riesgo en lo que hace al alzhéimer. En primer lugar, en la edad avanzada es muy poco lo que podemos hacer para modificar el contenido de nuestros primeros años de colegio. Por este motivo se considera un auténtico factor de riesgo no modificable. No obstante, esto parece introducir un elemento bastante determinista, es decir, que dicho factor, refractario al cambio, podría dictar el riesgo de padecer alzhéimer al llegar a la vejez.

¿Y qué pasa con las personas que carecen de una educación formal temprana pero que no solo dedican toda su vida al aprendizaje, sino que se mantienen intelectualmente muy activas hasta el final? Es una buena pregunta que sin embargo carece de respuesta científica, al menos de momento, ya que son muchos los estudios en curso que se centran en investigar precisamente si esos factores establecen o no diferencias en la reserva cognitiva de las personas. Sería importante saberlo, pues si se obtuvieran pruebas de que la actividad intelectual, mantenida de por vida, aumenta efectivamente la reserva cognitiva, tendríamos que concluir que este factor de riesgo pudiera no ser tan «inmodificable» como actualmente se piensa. De ser así, podríamos concebir formas de incrementar la reserva cognitiva y no solo en el transcurso de la existencia, sino incluso después de iniciados los síntomas del padecimiento.

Hay quien ha denominado «aptitud cognitiva» al buen estado de las estructuras cerebrales vinculadas con el aprendizaje y el conocimiento. La idea está emparentada con la noción de ejercicio físico, ya que en esencia sostiene que tenemos la capacidad de entrenar el intelecto y mejorar la salud cognitiva. No obstante, hay que ser extremadamente cauteloso con los programas o las aplicaciones informáticas que prometen un entrenamiento cognitivo susceptible de mejorar sus capacidades. Hasta la fecha, las pruebas científicas que han tratado de comprobar su eficacia se han revelado, en el mejor de los casos, contradictorias. El principal problema que plantean estos supuestos programas de adiestramiento cognitivo es el que se deriva de una crítica de su eficacia, ya que, pese a conseguir ciertamente que mejoremos en la realización de las tareas que nos proponen, hay pocos datos que avalen que realmente alcancen a modificar nuestro rendimiento cognitivo en la práctica —y menos confianza merece todavía la idea de que incrementen la reserva cognitiva—. Todavía no sabemos cuál podría ser el entrenamiento cognitivo más adecuado para prevenir o menguar el impacto de la enfermedad de Alzheimer.

PÉRDIDA DE LA AUDICIÓN

El último factor de riesgo no modificable —la disminución de la agudeza auditiva— es también el menos comprendido. El descubrimiento de que la pérdida del oído era otro factor relacionado con el peligro de sufrir alzhéimer causó cierta sorpresa, incluso entre los componentes de la comunidad científica. Las informaciones especializadas indican que el deterioro de la capacidad auditiva en la mediana edad es un factor de riesgo que puede conducir al ulterior desarrollo de la patología que nos ocupa.

Es bastante normal volverse un tanto duro de oído con la edad. Esto puede deberse a varias causas, de entre las que cabe destacar al menos tres: la exposición, durante largos períodos de tiempo, a niveles de decibelios excesivamente intensos o de duración exagerada; la administración de determinados medicamentos, y la existencia de otros problemas de salud —como la tensión alta o la diabetes—. No está claro, por tanto, si la pérdida del oído es realmente un factor de riesgo que nos predisponga a padecer alzhéimer o si se trata únicamente de un efecto secundario debido a la presencia de otro elemento de peligro asociado con la enfermedad que nos ocupa —como, por ejemplo, la tensión alta (cuestión que examinaremos en el próximo capítulo)—. Pero hay otro elemento que considerar, ya que el debilitamiento de la capacidad auditiva también podría dar lugar a un mayor aislamiento social, puesto que las personas que no oyen bien suelen reducir sus contactos sociales, al resultarles mucho más difícil conversar e intervenir en las interacciones corrientes.

Es evidente que se necesitan nuevas investigaciones para valorar con mayor precisión el peso de este factor de riesgo, ya que prácticamente todos los estudios que muestran que la pérdida de oído es un elemento relacionado con el peligro de padecer alzhéimer se han basado en los datos existentes. Sea como fuere, es posible que pronto tengamos buenas noticias sobre el particular, al menos en potencia, puesto que se ha observado que la utilización de un audífono reduce la amenaza de padecer dicha enfermedad en el futuro. Por consiguiente, la gente que empieza a oír con dificultad pero no recurre a ningún sistema de ayuda a la audición tiene mayores probabilidades de desarrollar una demencia a edades avanzadas. Si usted ha perdido oído y utiliza correctamente un audífono, no verá aumentado el riesgo de verse incurso en un proceso de demencia. Estos descubrimientos sugieren que este factor de riesgo podría ser de hecho más modificable de lo que se había venido pensando hasta la fecha, dado que podemos incidir positivamente en el peligro de una demencia valiéndonos simplemente de un audífono.

Pero pasemos ya a examinar los factores que, siendo modificables, dependen del estilo de vida y pueden reducir la amenaza de una demencia futura.

35

Factores modificables relacionados con el estilo de vida

Hagamos una breve recapitulación de lo dicho a lo largo de esta cuarta parte: los factores de riesgo modificables son aquellos en los que, por definición, podemos influir. Y, es más, si esa influencia es la correcta, tenemos en nuestra mano reducir hasta en un 40 % el riesgo de padecer alzhéimer. Esto es evidentemente una gran noticia. No obstante, los factores de riesgo modificables son tan numerosos que puede resultar complicado decidir en cuáles queremos hacer mayor hincapié. Como tantas veces ocurre en la vida, desmenuzar el problema en sus diversos componentes tal vez nos ayude a conseguir los objetivos que nos hayamos propuesto. Dicho esto, vamos a centrar la atención en los cuatro factores de riesgo modificables más importantes, es decir, en aquellos cuya observancia tiene, además de la capacidad de reducir potencialmente el riesgo de alzhéimer, la rara virtud de marcar la diferencia entre el envejecimiento saludable y el declive achacoso.

Diabetes, hipertensión y obesidad

Vamos a estudiar estos tres factores de riesgo de manera conjunta, ya que es frecuente que vayan de la mano.

El parámetro que determina habitualmente la existencia o inexistencia de una situación de obesidad es el llamado índice de masa corporal (IMC), que se obtiene dividiendo el peso de la persona en kilos por el cuadrado de la estatura en metros. De este modo, el IMC proporciona una estimación aproximada de la razón matemática que media entre la masa y la talla. Se trata de una valoración práctica, aunque imperfecta, que permite delimitar rápidamente el peso ideal de un individuo. En el caso de los adultos, las directrices de salud actuales sugieren que el IMC de una persona sana se sitúa en una horquilla comprendida entre 18,5 y 24,9. Si el IMC es inferior a la primera cifra se considera que el peso es bajo. Por el contrario, si dicho índice queda acotado entre 25 y 29,9 se hablará de sobrepeso. Entre 30 y 39,9, el IMC indica obesidad y, por encima de 40, se entiende que la persona padece una obesidad mórbida o severa.

En todo el mundo, la mayor parte de las sociedades avanzan hacia el sobrepeso y la obesidad. Esto se debe fundamentalmente a la extendida disponibilidad de alimentos baratos con gran contenido calórico en un contexto marcado por unos niveles de actividad física cada vez más bajos. Estos ejemplos lo ilustran bien: los datos muestran que en Reino Unido el 28,7 % de los adultos padece obesidad, que en Estados Unidos es el 36 %, en Australia el 32 % y en Alemania el 19 %. Esto quiere decir que prácticamente las dos terceras partes de la población británica (el 64,3 %) se halla en situación de sobrepeso u obesidad y que en Australia se alcanza el 66 %, mientras que en Alemania la cifra es del 54 % —y lo peor es que estos porcentajes tienden a incrementarse.

Tener unos kilitos de más quizá no sea gran cosa en la juventud, pero puede suponer un gran lastre para la salud al ir cumpliendo años. Si tenemos sobrepeso o estamos obesos, el riesgo de desarrollar diversas patologías relacionadas con la edad aumenta de manera significativa. Esto se debe a que el exceso de grasa hace que el organismo tenga menos capacidad de responder satisfactoriamente al resto de los retos que conlleva la conservación de la salud. En este sentido, una de las principales preocupaciones es que la obesidad puede desembocar en una diabetes de tipo 2 —una dolencia que estresa las funciones del cuerpo e incrementa el riesgo de desarrollar otras enfermedades.

La obesidad también lleva aparejado un empeoramiento de la salud cardiovascular, dado que el corazón tiene que movilizar el torrente sanguíneo en un volumen corporal mucho mayor. Este problema se presenta aun en el caso de que mantengamos una actividad física de cierta intensidad, pese a que ese dinamismo permita que la bomba cardíaca se entrene y logre realizar el esfuerzo que le supone proporcionar oxígeno y nutrientes a la masa corporal y muscular que hayamos podido ganar. Sin embargo, si nos hallamos en una situación de obesidad, las probabilidades de conservar la actividad física disminuyen, lo que significa que el corazón se ve obligado a bregar con un cuerpo de grandes dimensiones sin haber recibido ningún entrenamiento susceptible de facilitar su labor. Para atender a las necesidades de ese incremento del volumen corporal, lo más habitual es que el sistema cardiovascular tome el atajo de aumentar la presión arterial a fin de garantizar el suministro de sangre. A largo plazo, este ascenso de la presión arterial puede generar un cuadro de hipertensión. A su vez, la hipertensión crónica, es decir, mantenida en el tiempo, puede determinar que el futuro venga marcado por distintos padecimientos —de entre los que cabe destacar el infarto cerebral y la demencia.

Por todo ello, no debemos subestimar el peligro que representa la obesidad, ya que, andando el tiempo, puede dar pie a la aparición de graves enfermedades y hasta es posible que reduzca nuestra esperanza de vida en unos cuantos años.

Muy bien, pero ¿qué tiene que ver todo esto con el alzhéimer?

Ya sabemos que la hipertensión puede provocar derrames cerebrales. Esos accidentes cerebrovasculares, y muy particularmente los ataques isquémicos transitorios, más conocidos como «miniderrames», incrementan de forma significativa el riesgo de sufrir la enfermedad de Alzheimer. Por otra parte, la obesidad también puede generar problemas, como la entrada en un estado prediabético y el llamado síndrome metabólico. Este último padecimiento hace que el organismo regule mal los niveles de insulina (la hormona pancreática encargada de mantener las tasas de azúcar en sangre) y por esa razón es frecuente referirse a este cuadro con el nombre de síndrome de insulinorresistencia. El síndrome metabólico puede provocar peligrosos picos de azúcar en sangre, lo que supone un notable sobreesfuerzo para el organismo. La insulina desempeña un papel tanto en el surgimiento de depósitos de amiloide en el cerebro como en su eliminación. No obstante, todavía no sabemos con exactitud qué es lo que permite que la insulina contribuya a la eliminación del amiloide, así que se sigue investigando. Sin embargo, existe una relación entre el aumento de los niveles de insulina en el organismo y una menor eficacia de la remoción del amiloide. Ya sabemos que las grandes cantidades de amiloide incrementan el riesgo de padecer alzhéimer y, por consiguiente, los cambios que inducen la obesidad y el síndrome metabólico, al estimular la secreción de insulina, pueden elevar el peligro de sufrir esta patología.

En la actualidad, no hay pruebas directas de que la insulinorresistencia incida en la fosforilación de tau. Sin embargo, se ha conseguido demostrar que las personas que padecen una diabetes de tipo 2 tienen mayores niveles de tau fosforilada en el líquido cefalorraquídeo. La diabetes de tipo 2 es la forma más común de esta dolencia y casi siempre se declara en individuos de mediana edad —como consecuencia de un consumo de azúcar excesivo—. (La diabetes de tipo 1 se presenta en ocasiones al nacer y no se han encontrado asociaciones —al menos hasta ahora— entre el déficit temprano de insulina y un mayor riesgo de sufrir alzhéimer.) Es muy frecuente decir que la diabetes tipo 2 es una enfermedad vinculada con el estilo de vida y la razón es muy simple, pues tanto lo que comemos como la cantidad de ejercicio que hagamos pueden provocar su inicio. Sin embargo, esto tiene algo bueno, pues está en nuestra mano prevenir la aparición de este tipo de diabetes: basta tomar alimentos saludables, mantenerse físicamente activo y evitar la obesidad. Es más, si ya hemos desarrollado la enfermedad, todavía podemos gestionar nuestro grado de riesgo, puesto que existen medicamentos capaces de controlar los niveles de insulina. Los datos científicos han conseguido mostrar que en los pacientes que siguen un tratamiento adecuado, susceptible de regular correctamente las tasas de insulina, el peligro de sufrir el mal de Alzheimer no es mayor que entre los no diabéticos. En cambio, la peor amenaza es la que se cierne, bien sobre quienes padecen una diabetes de tipo 2 sin diagnosticar, bien sobre las personas que no moderan convenientemente sus niveles de insulina. Como siempre, la prevención es el tratamiento idóneo, así que, si podemos impedir, de entrada, el desarrollo de una diabetes de tipo 2, mejor que mejor.

Teniendo en cuenta las significativas repercusiones potenciales de la obesidad en el riesgo de padecer alzhéimer, resulta extremadamente importante que vigilemos nuestro peso a medida que vayamos entrando en años. Es aceptable acumular unos cuantos kilos de más al envejecer, pero deberíamos evitar, en la medida de lo posible, que nuestra masa corporal experimente grandes cambios, ya que el objetivo es no caer en la obesidad y, menos aún, en la obesidad mórbida. Si nuestro peso supera el umbral que define al individuo obeso, el peligro de desarrollar alzhéimer —y otras muchas enfermedades relacionadas con la edad— aumenta de manera muy notable. Como todo en la vida, los pequeños detalles, uno a uno, van sumándose.

No obstante, el simple hecho de hablar del peso corporal nos permite enlazar con otro de los factores que contribuyen a la aparición del alzhéimer: la falta de ejercicio físico.

La actividad física

Esta faceta del día a día no solo es vital para los músculos y el corazón, también es básica para conservar la salud cerebral. Son muchas las pruebas científicas que muestran que el aumento de la actividad física no solo mejora las capacidades del cerebro, sino que reduce al mismo tiempo el peligro de padecer un amplio conjunto de dolencias. Los gobiernos de todo el mundo llevan tiempo animando a la gente a realizar más ejercicio físico en su existencia cotidiana. Sin embargo, lo que se constata entre la población en general es justo lo contrario, ya que las estadísticas dejan claro que el nivel de actividad es hoy un 20 % inferior al de la década de 1960 —al menos en las sociedades desarrolladas—. Son muchas las razones que explican que el grado de actividad física haya variado. A modo de ejemplo, valga decir que en nuestros días la mayor parte de las personas realizan tareas sedentarias, en oficinas o despachos, cuyo desarrollo no exige grandes esfuerzos físicos. Del mismo modo, la utilización generalizada del coche y el hábito de la conducción también han reducido la actividad del cuerpo.

Pero será mejor que empecemos por el principio: ¿en qué consiste la actividad física?

En este sentido, la definición de «actividad» nos remite a cualquier movimiento que nos obligue a utilizar los músculos —en el bien entendido de que nos estamos refiriendo a acciones efectuadas como parte del día a día—. Casi todo el mundo cree que la noción de actividad física es equivalente a la de ejercicio, pero no es así. El ejercicio es solo uno de los elementos que integran la actividad física en general. La actividad física incluye el ejercicio, pero también los demás movimientos que realicemos a diario. Por el contrario, la definición de ejercicio es más estricta, ya que alude a los movimientos planeados y estructurados que además sean de carácter repetitivo e intencional, como los que conlleva salir a correr, hacer yoga, recibir clases de educación física, ir a nadar, etcétera. Hay personas que aborrecen el ejercicio y tratan de evitarlo al máximo. Pero no debemos olvidar que se puede ser físicamente activo sin hacer ejercicio. Por consiguiente, nuestro objetivo debería consistir en realizar la mayor cantidad de actividad física posible en nuestra existencia cotidiana. Aunque, obviamente, si usted quiere completar esa actividad con una tanda de ejercicios en el gimnasio o en la piscina, ¡no dude en hacerlo!

¿Qué cantidad de actividad física debemos incorporar al día a día?

Las recomendaciones del sistema de salud pública señalan que los adultos tendrían que realizar al menos ciento cincuenta minutos semanales de «actividad física moderada». Decimos que una actividad física es «moderada» cuando la persona consigue hablar —aunque no cantar ni silbar— mientras la realiza. Actualmente, solo el 67 % de los hombres y el 55 % de las mujeres consigue arreglárselas, *de facto*, para dedicar esos ciento cincuenta minutos semanales a la actividad física. Y, además, entre las personas de edad estas cifras se desploman hasta alcanzar mínimos todavía más sorprendentes. No deja de haber una punta de ironía en el hecho de que disminuyamos hasta esos extremos la actividad física en el momento en que más necesario nos resulta, es decir, al cruzar el umbral del último tercio de la existencia.

Una de las excusas más habituales para no realizar actividades físicas en cantidad suficiente es la que invoca el pretexto de la falta de tiempo. Por eso, paso a enumerar algunas fórmulas susceptibles de facilitarnos la consecución de ese objetivo.

- **Un poco todos los días**: si queremos lograr nuestra meta, no es preciso dedicar largos períodos a la actividad física. De hecho, es mejor dedicar breves lapsos de diez minutos a una actividad moderada y espaciarlos en el transcurso de la jornada o la semana. Por ejemplo, en lugar de dar una larga caminata una vez cada siete días, resulta más provechoso consagrar cotidianamente diez minutos a un paseo corto. Simplemente levántese de su asiento y ande un rato a buen paso. No es difícil incluir estos fugaces picos de actividad en una agenda sobrecargada. No obstante, aun en el caso de que no podamos hurtar esos diez minutos al ajetreo diario, bastará que minimice sencillamente el tiempo que pasa en el sillón —comprobará que los efectos son similares—. El solo hecho de ponernos de pie nos mantiene activos.
- **Comience suavemente**: intente no caer en el exceso, tanto en el plano de la actividad física como en el del ejercicio. Nos ha pasado a todos: hemos tomado una de esas drásticas resoluciones que tanto caracterizan el Año Nuevo y ardemos en deseos de dar el *do* de pecho... Sin embargo, demasiadas veces esa determinación comienza a fallar al poco de emprendido el plan —o, peor aún, sufrimos una lesión—. En el ámbito de las ciencias del deporte se dice habitualmente que, al intensificar el entrenamiento, nadie debería

incrementar en más de un 10 % la actividad física o el ejercicio que viniera haciendo hasta entonces. Por consiguiente, si una persona empieza con un volumen de actividad física muy bajo, tiene que avanzar con gran lentitud para evitar lesionarse. Una lesión implica la suspensión del trabajo de mejora y lleva aparejado un nuevo y dilatado período de reposo, lo que a su vez deteriora la salud mental y física del afectado. Por todo ello, no olvide tomárselo con calma cuando empiece a aumentar su actividad física.

- **Fortalézcase**: en general, la gente suele tener la impresión de que eso de mantenerse físicamente activo significa realizar esfuerzos de tipo cardiovascular, como correr, andar en bici, nadar, rastrillar las hojas del jardín o pasar el aspirador por toda la casa. Las actividades cardiovasculares son magníficas, pero lo ideal es completarlas con el fortalecimiento del cuerpo o, para ser más exactos, con la tonificación de los músculos y los ligamentos: estoy pensando en el ejercicio con pesas, en el yoga, en el pilates e incluso en el sencillo gesto de acarrear las bolsas de la compra. Las actividades que tienden a consolidar el sistema musculoesquelético son un importante suplemento del trabajo físico con el que mejoramos la salud cardiovascular. Los gestos fortalecedores desempeñan un papel relevante, ya que evitan el problema de la sarcopenia —una enfermedad que consiste en la pérdida de masa muscular y que afecta comúnmente a las personas de edad avanzada—. Las pruebas científicas muestran que después de los treinta años los sujetos físicamente inactivos pierden anualmente entre el 3 y el 5 % de su masa muscular y también sabemos que en las personas mayores este deterioro se acelera de forma muy notable. ¿Por qué resulta tan problemática esta disminución del músculo? En las personas que sufren una pérdida de masa muscular severa al envejecer, el riesgo de muerte se triplica. Los estudiosos todavía siguen investigando las razones de que la mortalidad aumente de manera tan espectacular por esta causa, pero es claro que la disminución de la cantidad de músculo puede dar lugar a caídas, lo que a su vez abre la puerta a otras complicaciones. Dedicar un par de sesiones semanales a las actividades físicas capaces de fortalecer los músculos, los ligamentos y los huesos puede reducir en más de un 66 % el riesgo de muerte prematura. Por lo tanto, es más que evidente que vale la pena tomar en consideración las actividades físicas que nos tonifican.

- **De la intensidad y la constancia**: por último, aunque no por ello menos importante, hay que incidir en una convicción frecuente: la de que la actividad física o el ejercicio han de ser necesariamente intensos para obtener resultados óptimos. En los últimos años, los ejercicios de intensidad se han hecho enormemente populares. Es el caso, por ejemplo, del «entrenamiento de intervalos de alta intensidad», un método que, según las pruebas científicas, ha conseguido mejorar la salud física. Sin embargo, el trabajo explosivo puede incrementar las probabilidades de una lesión. Para conservarnos sanos a medida que vamos entrando en años no es necesario dedicar tiempo y energía a las actividades físicas o los ejercicios de alta intensidad. Todo lo contrario, ya que en materia de actividad física el factor decisivo es aquí la cantidad, no la explosividad. La constancia vence a la intensidad.

Pondré un ejemplo: la recomendación de que debiéramos dar un mínimo de diez mil pasos al día ha encontrado últimamente un notable eco. Aunque apenas haya pruebas especializadas que corroboren la idea de que ese sea el guarismo mágico de la actividad física, lo cierto es que disponemos de excelentes datos científicos que señalan que andar más reduce efectivamente el riesgo de futuras enfermedades. El número de pasos que necesitemos dependerá, y mucho, de nuestro estado de salud y del nivel en el que situemos el punto de partida de nuestra actividad física. Los estudios recientes han mostrado que el número de pasos que han de aconsejarse a una persona tal vez debiera ser más flexible, en función de la edad y el género. Para los individuos de edades más avanzadas, los efectos benéficos de las caminatas parecen estabilizarse, o alcanzar una meseta en los gráficos, al llegar a los siete mil quinientos pasos diarios. Forzarnos a alcanzar esas diez mil zancadas podría no añadir ninguna ventaja —e incrementar, por el contrario, el peligro de lesión—. Otro de los hallazgos clave que se han obtenido gracias a esos mismos estudios es que la intensidad del paseo —es decir, la rapidez con la que andemos— no es un factor que vuelva más saludable la actividad. En otras palabras, no es necesario caminar aprisa para mantenerse sano, todo lo que hay que hacer es no dejar de andar.

Siguiendo estos consejos, no solo podemos aumentar nuestra esperanza de vida y disfrutar de una vejez saludable, también accedemos a una posibilidad increíble: la de disminuir hasta en un 30 % el riesgo de padecer alzhéimer ¡y solo con no renunciar a la actividad física!

¿Cuáles son los elementos biológicos que explican que la actividad física reduzca la amenaza de la enfermedad de Alzheimer?

Este campo es actualmente objeto de intensas investigaciones, pero hay tres aspectos clave que nos permitirán comprender de qué modo incide la actividad física en el riesgo de desarrollar la patología que nos ocupa.

1. Se ha observado que el incremento de la actividad física atenúa la acumulación de beta amiloide, aminorando para ello la actividad de la gamma secretasa. Es más, el movimiento también refuerza la eliminación del beta amiloide que pueda ir depositándose. Y, por si fuera poco, la actividad física rebaja igualmente la fosforilación de tau.
2. El aumento de la actividad física reduce el desarrollo de procesos inflamatorios en el cerebro. La inflamación puede «avivar las llamas» de la producción y la acumulación de beta amiloide y tau fosforilada. Por lo tanto, el simple hecho de disminuir dichas inflamaciones por medio del ejercicio también ralentiza la evolución de los cambios asociados con la enfermedad de Alzheimer.
3. Se ha conseguido mostrar que la actividad física atenúa el estrés oxidativo al que se ve sometido el cerebro. El estrés

oxidativo es un proceso fisiológico causado por unas moléculas que reciben el nombre de «radicales libres». La aparición de estos radicales libres puede deberse al propio cuerpo o ser producto de las condiciones medioambientales, como la polución del aire. Los radicales libres aumentan el estrés oxidativo de las células y ese estrés tiene efectos similares a los de la inflamación, ya que también «alimenta la hoguera» de la producción de amiloide y tau. Sabemos que el ejercicio disminuye el estrés oxidativo y que por ello mismo empobrece el medio que el alzhéimer encuentra propicio para su desarrollo.

Una última repercusión, si bien más indirecta, que la actividad física tiene en el surgimiento del mal de Alzheimer es su influencia en la regulación de la insulina. Hoy se ha logrado averiguar que un control defectuoso de la insulina, como el que da lugar a la diabetes de tipo 2, puede incrementar el riesgo de padecer la dolencia en que nos centramos. Si sumamos todos estos efectos, la influencia de la actividad en nuestro bienestar físico y mental es enorme. No solo reduce significativamente el peligro de desarrollar la enfermedad de Alzheimer, también frena la eventual aparición de otros muchos padecimientos, como la diabetes de tipo 2 y la hipertensión. Por consiguiente, el mensaje para quien desee un envejecimiento saludable es meridiano: levántese y manténgase activo, ¡vale la pena!

La dieta y la nutrición

Al hablar de los dos factores de riesgo anteriores, ya tuvimos ocasión de mencionar los motivos de que la dieta y la nutrición pudieran aumentar el riesgo de desarrollar el mal de Alzheimer. El dicho «Somos lo que comemos» indica de forma palmaria que lo que nos metemos entre pecho y espalda afecta a nuestra salud, tanto física como mental. Pero lo relevante no es únicamente la cualidad de los alimentos que tomamos, también importa mucho su cantidad.

Ya hemos comentado el grado de actividad física que resulta aconsejable, pero ¿qué podemos recomendar en materia de ingesta de calorías?

A primera vista, parece una pregunta clara y sencilla, pero la respuesta correcta depende de numerosos factores: la estatura, el peso y el grado de actividad física de la persona, por ejemplo, aunque también cuentan las diversas circunstancias del entorno: entre otras, el frío o el calor de la zona o la época del año en que nos encontremos, etcétera. Con todo, podemos indicar que, por término medio, las directrices del sistema público de salud aconsejan que las mujeres consuman unas dos mil calorías diarias y que los hombres eleven esa cifra hasta las dos mil quinientas para el mismo plazo.

Pese a que estas cantidades puedan parecer muy elevadas, lo cierto es que resulta bastante fácil alcanzarlas si nos aficionamos a los pinchos y aperitivos de alto contenido calórico. Remitámonos a un ejemplo: tomarse una magdalena con el café puede suponernos entre trescientas cincuenta y cuatrocientas calorías, lo que equivale al 20 % de la ingesta calórica diaria recomendada. Así pues, en cuanto comprendemos lo calóricos que son los alimentos que ingerimos de manera cotidiana, debería quedar claro que resulta extremadamente sencillo superar, sin darnos siquiera cuenta, las cotas que se nos aconsejan en materia de calorías. Esto no tiene por qué resultar problemático si únicamente ocurre de cuando en cuando o si conservamos un nivel de actividad física adecuado, pero en la mayor parte de los casos estas calorías adicionales van sumándose con el paso del tiempo y terminan acumulándosenos en la cintura.

Antes de ponernos a indagar cómo afectan la dieta y la nutrición al riesgo de padecer alzhéimer, debemos comprender otros dos elementos clave, ambos estrechamente relacionados con el funcionamiento del metabolismo. El primero consiste en lo siguiente: casi todas las calorías que ingerimos se utilizan en atender el gasto energético de la tasa metabólica en reposo, es decir, la consistente en mantener las operaciones normales del organismo. De hecho, la buena marcha del cuerpo de los mamíferos requiere, por lo común, grandes cantidades de energía. En el adulto medio, la tasa metabólica en reposo viene a situarse en una horquilla comprendida entre el 70 y el 90 % de su gasto energético total. El 20 % de esta cifra corresponde al solo gasto del cerebro, pues no en vano es uno de los órganos que más energía consume.

A esta tasa metabólica, imputable al funcionamiento en reposo, hay que añadirle del 10 al 30 % restante, que es el que exige la actividad física, y más en particular la vinculada con la movilización de los músculos. Esto significa, de hecho, que en la actividad física solo empleamos un pequeño porcentaje de nuestro consumo energético cotidiano. Esto es algo que causa frecuentemente gran asombro entre la gente, ya que suele creerse, en general, que la actividad física ha de absorber por fuerza mucha más energía y que, por ello mismo, el hecho de aumentar el número de acciones o de ejercicios puede autorizar un mayor consumo de calorías. En otras palabras, podemos «quemar» esas calorías si nos movemos más. Sin embargo, hoy sabemos que resulta extremadamente difícil «quemar» calorías con el simple expediente de incrementar la actividad o el ejercicio, ya que ese aumento incide únicamente en un reducido porcentaje de nuestra actividad metabólica diaria. Hemos de tener un nivel de actividad física realmente alto para modificar ese equilibrio —y eso es algo que no está al alcance de todo el mundo—. Mucho más eficaz es, por el contrario, la reducción de la ingesta de calorías.

El segundo de los aspectos clave citados más arriba nos exige interiorizar otro concepto: el de que la tasa metabólica en reposo varía con la edad. Al llegar a la treintena, es habitual que la gente cobre conciencia de que aumenta gradualmente de peso, aunque no encuentre ninguna razón clara que lo explique. Comen prácticamente lo mismo que antes y realizan asimismo idénticas actividades físicas, pero, de algún modo, los gramos se van amontonando casi sin sentir. Desde luego, yo también he pasado por eso, ya que fui acumulando unos cuantos kilos en esa etapa de la vida y, finalmente, sin darme cuenta, acabé un tanto «fondón». En la mayor parte de los casos, ese incremento de peso prosigue durante la cuarentena y la cincuentena, con lo que el abultamiento del talle nos va colocando poco a poco en la categoría de las personas con sobrepeso o nos lleva a cruzar incluso los umbrales de la obesidad.

¿Qué ha pasado? Aunque todo parece indicar que la cantidad de comida que tomamos es muy similar a la de antes y que la actividad que desarrollamos también se parece mucho a la anterior, lo cierto es que vamos ganando peso... ¿A qué puede deberse?

Son muchas las razones que subyacen a este aumento ponderal, tan común a medida que vamos cumpliendo años. Una causa posible obedece, por ejemplo, al hecho de que la vida laboral nos esté suponiendo un mayor nivel de estrés. El estrés determina que el cuerpo genere una hormona llamada «cortisol». Esta a su vez hace que el organismo acumule grasa, ya que, en el pasado, las situaciones estresantes solían ser antesala de la escasez de alimentos. En la actualidad, el agobio rara vez presagia el hambre, pero muchos de nosotros seguimos sufriendo estrés crónico, con lo que tendemos a ganar cada vez más peso.

Aun en el caso de que no nos sintamos particularmente estresados, las pruebas que indican que la edad se acompaña de una disminución de la actividad física son muy sólidas. En la mayor parte de los seres humanos, el pico del metabolismo energético vinculado con la actividad física se alcanza entre los últimos años de la adolescencia y la primera mitad de la veintena. El metabolismo energético asociado con la actividad física comienza a reducirse poco antes de cumplir los treinta para después ir declinando gradualmente con la edad. Nos movemos menos y la bajada de nuestro metabolismo físico lo refleja. Como es obvio, si ya no estamos tan activos, quemar calorías se convierte en un objetivo mucho más difícil, por más que en muchas ocasiones creamos estar tan activos como en la primera juventud.

Por último, y para remate, el envejecimiento también provoca el descenso de la tasa metabólica en reposo. No olvidemos que la tasa metabólica en reposo representa nada menos que entre el 70 y el 90 % del consumo de energía total de un individuo. Los datos científicos muestran que después de los veinte la tasa metabólica en reposo baja un 10 % por década. Todos estos factores explican que la circunstancia de entrar en años nos complique cada vez más cualquier intento de sacudirnos de encima esos kilos de más. Con todo, conviene tener presente que las cantidades de comida que ingerimos no agotan la cuestión y que la «calidad» de lo que llevamos a la mesa también cuenta. Reducir el volumen de las raciones diarias es muy positivo, siempre que nos mantengamos en un rango de peso saludable, pero mejor aún es tomar alimentos saludables de manera general. Esta manera de abordar el asunto nos proporcionará beneficios adicionales y no solo para el cuerpo, sino más específicamente todavía, para el cerebro.

Podría dedicarse un libro entero a exponer el tipo de alimentos que nos ayudan a conservar y a mejorar la salud cerebral. De hecho, hay un gran número de obras consagradas a ese fin concreto. Sin embargo, el propósito de este ensayo es otro. En lugar de pasar revista al conjunto de elementos alimentarios ventajosos para el cerebro, lo que voy a hacer es centrar la atención en un régimen de comidas que ya ha mostrado su capacidad de reducir el riesgo de padecer la enfermedad de Alzheimer: la dieta mediterránea. Son muchos los menús equilibrados que favorecen la buena marcha del cerebro, pero en los últimos años ha venido descollando la llamada «dieta mediterránea», considerada actualmente el más importante factor de prevención de la patología que nos ocupa.

¿Qué es la dieta mediterránea?

Llamamos así a la comida que se toma tradicionalmente en los países del sur de Europa. Se compone habitualmente de un gran número de frutas y verduras —sobre todo, las de hoja, no las feculentas (como la patata)—, así como de legumbres y semillas ricas en hidratos de carbono y proteínas, como las lentejas y las alubias. Esta alimentación también incluye la ingesta moderada de pescado azul —como la sardina—, carnes blancas (de pollo, por ejemplo), frutos secos y productos lácteos. En cambio, se consumen pocas cantidades de carne roja (de vaca o de cerdo), azúcar y grasas saturadas —la mayor parte de los lípidos de esta dieta se añade en forma de variantes no saturadas, como el aceite de oliva virgen, que se toma generosamente—. Otro de los factores decisivos de la dieta mediterránea es que el alcohol no tiende a consumirse a palo seco, sino históricamente en dosis moderadas y durante las comidas, una circunstancia que al parecer disminuye los efectos negativos que la bebida tiene en la salud.

Si esta dieta reduce el riesgo de desarrollar la enfermedad de Alzheimer, ¿no cabría esperar que la incidencia de este padecimiento fuera inferior en los países mediterráneos?

Le sorprenderá saber que la respuesta es negativa. En este caso, la razón más relevante obedece al hecho de que la dieta mediterránea «tradicional», pese a ser considerada saludable para el cerebro, no es ya la que se sigue en el Mediterráneo moderno, donde se comen alimentos similares a los habituales en el conjunto de Occidente, cuya dieta se basa de manera muy notable en los cereales y la carne roja. Por el contrario, el factor determinante en la composición de la dieta mediterránea tradicional siempre ha sido la fácil disponibilidad de los alimentos propios de la zona: cítricos, aceite de oliva, sardinas, etcétera. Sin embargo, en las últimas décadas, las sociedades mediterráneas se han apartado de esta dieta. En los años sesenta del siglo pasado se dejaron sentir, por primera vez, los efectos de esta transformación alimentaria —unidos a los de la reducción de la actividad física—, ya que fue en ese período cuando empezaron a dispararse las estadísticas de las dolencias cardiovasculares. Hubo mucha gente que comenzó a mostrar síntomas compatibles con una afección del corazón y el sistema circulatorio, como la aterosclerosis, algo que hasta entonces no había sido nada frecuente en las regiones mediterráneas.

En los países del Mediterráneo, las instituciones públicas responsables de la sanidad comprendieron que las causas más probables de ese aumento de las enfermedades cardiovasculares de la población se hallaban en el cambio de la dieta y en la reducción de la actividad física. En las décadas de 1990 y 2000 se realizaron en España varios estudios de investigación y distintos ensayos clínicos, todos ellos centrados en determinar si el hecho de instar a los ciudadanos a recuperar la variante tradicional de la dieta mediterránea podía influir positivamente en su salud. Los hallazgos de estos trabajos fueron asombrosos, ya que la gente que siguió las instrucciones de los médicos y ajustó su dieta a la comida mediterránea tradicional disminuyó en un 30 % los riesgos de un padecimiento cardiovascular. Para situar este dato en un contexto más preciso, hemos de recordar que una reducción de ese calibre es próxima a la observada en pacientes sometidos a una medicación destinada a rebajar el peligro cardiovascular, como el tratamiento con estatinas. En el futuro, el simple hecho de atenerse a esta dieta podría eliminar la necesidad de tomar fármacos para evitar las enfermedades cardiovasculares. Distintos análisis posteriores vinieron a corroborar tan sensacionales descubrimientos, confirmando así que el disfrute de una dieta más tradicional tiene la capacidad de mejorar el estado de salud de las personas que habitan a orillas del Mediterráneo.

¿Qué implicaciones tiene esto para el alzhéimer?

Ya sabíamos que la mala salud cardiovascular es un factor que aumenta el riesgo de padecer la patología que centra este trabajo. Valga un ejemplo: la hipertensión arterial o la aterosclerosis incrementan el peligro de desarrollar este mal. Por consiguiente, parecería sensato reducir la exposición a esta amenaza disminuyendo el riesgo cardiovascular o, dicho de otro modo, «Lo que es bueno para el corazón es bueno para el cerebro».

El primer estudio que trató de detectar los efectos que pudiera tener la dieta mediterránea tradicional en el desarrollo de síntomas cognitivos y de la enfermedad de Alzheimer se llevó a cabo en Finlandia: me estoy refiriendo al llamado ensayo FINGER. Podría resultar sorprendente que este estudio se efectuara en Finlandia, pero lo cierto es que su objetivo consistía en determinar si existía o no la posibilidad de adaptar la dieta mediterránea a un país no vinculado con ese mar interior y en el que predominara una alimentación completamente diferente. Según los resultados de dicho trabajo, los finlandeses que habían participado en él consiguieron reducir los riesgos de desarrollar una dolencia cardiovascular. No es de extrañar que actualmente se estén realizando muchas indagaciones de este tipo en todo el mundo: todas ellas siguen el enfoque iniciado por estos estudios pioneros y procuran cambiar la dieta de la gente a fin de que se acerque más a la seguida tradicionalmente en la cuenca mediterránea.

Las deducciones que se han ido obteniendo hasta la fecha resultan extremadamente prometedoras y, además, contrastan llamativamente con los numerosos hallazgos negativos que se desprenden de los trabajos sobre los efectos de la medicación. Como es lógico, en los últimos años se ha cambiado el enfoque y de ahí que a la gente se le tienda a recomendar que se alimente bien y se mueva más, es decir, que opte por cambiar su estilo de vida en vez de dejar las cosas para el último momento, confiando en que la solución se encuentre en la farmacia. No obstante, antes de que tire las pastillas a la basura, se adhiera a la dieta mediterránea y comience a aumentar su actividad física, hágame el favor de consultar con el médico.

Debo dedicar un último comentario a algunos de los «tratamientos alternativos de la demencia» que llevan circulando ya bastantes años. En la mayor parte de los casos, esas terapias que proclaman «curar» o prevenir el deterioro cognitivo carecen de pruebas científicas capaces de respaldar esa pretensión o se apoyan en muy pocos datos sólidos. Traigo aquí a colación una cita de Mark Twain: «Una mentira puede dar la vuelta al mundo antes de que la verdad logre calzarse siquiera los zapatos».* Para no cometer imprudencias, deberemos ser precavidos cada vez que nos hablen de «curas milagrosas». Si no está usted seguro de que el tratamiento propuesto sea realmente una posibilidad que valdría la pena probar —ya sea en su propio caso o en el de sus seres que-

* La frase se atribuye a Mark Twain (1835-1910) por haber sido su principal divulgador, pero su autoría y su origen son inciertos. No obstante, en 1710, Jonathan Swift ya publicó en el semanario *The Examiner*, del que fue redactor jefe, un célebre artículo titulado *Essay upon the Art of Political Lying*, en el que puede leerse la siguiente frase: «*Falsehood flies, and the Truth comes limping after it*» (La falsedad vuela, y la verdad, renqueante, viene tiempo después). (*N. del t.*)

ridos—, le pido encarecidamente que hable con su médico o consulte el parecer de las organizaciones benéficas que brinden ayuda en su país a las personas con demencia, ya que ellas podrán proporcionarle información fiable.

Para terminar, vamos a examinar el cuarto factor de riesgo modificable que influye en la enfermedad de Alzheimer: el sueño.

El sueño

El sueño es una parte tremendamente importante de nuestra existencia —pese a que muchas veces ni nos demos cuenta de su valor—. Como pasamos cerca de una cuarta parte de nuestra vida durmiendo (es decir, entre doscientas mil y doscientas cincuenta mil horas), debe de haber una buena razón para que permanezcamos tantísimo tiempo inactivos. Y la hay, en efecto: el conjunto del organismo utiliza el período que dedicamos al sueño para reparar o «poner en orden» los líos que organizamos cuando estamos despiertos. El sueño se asemeja a esos padres o madres que, disgustados, recogen los juguetes y la ropa que sus queridísimos retoños han ido dejando por ahí antes de irse a la cama —bueno, tal vez esté proyectando aquí una realidad personal...—. El sueño es lo que permite reorganizar las cosas antes de que la «locura» diaria reinicie su agitado ciclo.

¿Qué significado tiene para el cuerpo ese proceso de reajuste? Recolocar lo que estaba revuelto permite restaurar las funciones celulares, eliminar los productos de desecho de las células y restablecer las funciones fisiológicas generales. Por consiguiente, dormir es fundamental para una vida saludable y, de hecho, hay un vasto *corpus* de datos científicos que muestra que, si el sueño se ve interrumpido durante un período de tiempo prolongado, la salud se resiente de manera notable y global, lo que significa que también el cerebro sufre las consecuencias.

No obstante, antes de investigar más a fondo los elementos que confieren relevancia al sueño como factor de riesgo asociado con el padecimiento del alzhéimer deberemos comprender un poco mejor los efectos que tiene en el cerebro la acción de dormir. Hasta mediados del siglo XX se pensaba que todo lo que hacía el cerebro durante el sueño era simplemente «apagarse», para volver a «encenderse» por la mañana al levantarnos. Hoy sabemos que en lugar de ese «apagado», lo que ocurre es que el cerebro tiene distintos niveles de actividad durante las diferentes fases del sueño. Dichas fases se suceden de manera muy concreta y, una vez completadas, cada una de esas series forma lo que llamamos un «ciclo de sueño». En una noche normal, vivimos cinco ciclos de sueño, cada uno de los cuales dura entre noventa y ciento diez minutos aproximadamente —con lo que, en total, dormimos de siete horas y media a nueve horas—. En cada ciclo de sueño hay cinco fases, divididas a su vez en «sueño no MOR» y «sueño MOR» (siendo MOR las iniciales de «movimientos oculares rápidos»). Las primeras cuatro fases son de sueño no MOR, mientras que la quinta y última fase es de sueño MOR.

La fase I comienza pocos minutos (a veces segundos) después de habernos tendido en la cama. Es el período que nos lleva a la somnolencia y también recibe el nombre de «fase de sueño ligero». La noción de sueño ligero implica que todavía nos mantenemos levemente alertas y que podemos despertarnos sin sentirnos excesivamente soñolientos. Las «siestecitas» que a veces nos echamos de día son frecuentemente períodos de fase I —y, desde luego, son muchas las personas que las consideran muy reparadoras, ya que no es difícil espabilarse una vez que las damos por terminadas—. El motivo de que se nos antojen tan «vivificantes» es que nuestro cerebro se ralentiza y su actividad pasa a basarse en unas ondas electromagnéticas muy lentas llamadas alfa y theta —y simultáneamente desciende asimismo el ritmo de los movimientos oculares—. Al mismo tiempo, se relaja el cuerpo entero, junto con el aparato muscular. En esta fase pueden darse movimientos espasmódicos de los músculos —cosa bastante frecuente en el momento en que nos deslizamos hacia un sueño más profundo—. La fase I es muy breve y dura únicamente unos cuantos minutos, después de los cuales entramos en la siguiente fase.

La fase II sigue presidida por un sueño más bien ligero, lo que significa que todavía podemos despertarnos con facilidad. No obstante, a diferencia de la fase I, el cerebro presenta en esta fase II los llamados «husos del sueño» y los «complejos K». Los husos del sueño no son más que breves descargas de actividad neuronal y los complejos K son ráfagas similares, igualmente debidas al operar de las células nerviosas —aunque en este caso las descargas son lentas y de una amplitud muy superior a la de los husos del sueño—. Una de las funciones fundamentales de los husos del sueño y los complejos K radica en el hecho de que contribuyan a fijar la información memorística, según un proceso que conocemos con el nombre de «consolidación de la memoria» (recordemos que la palabra «consolidación» viene del latín *consolidare*, que significa «afirmar o compactar conjuntamente o por entero»). El sueño es decisivo en esta condensación de los recuerdos y, en concreto, los husos del sueño de la fase II desempeñan un papel muy relevante en esta función. También sabemos que las personas que padecen alzhéimer muestran muy pocos husos del sueño al quedarse dormidos, aunque todavía desconocemos qué es lo que determina que esos cambios en las descargas neuronales que dan lugar a los husos del sueño afecten a la consolidación de la memoria de los pacientes afectados por esta patología. La segunda función de los husos del sueño y los complejos K consiste en facilitar el proceso de «sumergirse» insensiblemente en un sueño más profundo, ya que ambos estados cerebrales contribuyen de manera muy relevante a suprimir la actividad del cerebro y la atención vigil. Básicamente, los husos del sueño y los complejos K brindan protección al cerebro al impedir que se despierte fácilmente —cosa que logran suprimiendo algunas de las actividades de dicho órgano—. Durante la fase II del sueño, la temperatura corporal desciende y el corazón late más lentamente. De ese modo, quedamos listos para entrar en las fases más profundas del sueño.

Es frecuente fusionar las fases III y IV como si se tratara de una sola, dado que pueden presentar un aspecto muy parecido. Al cruzar este umbral entramos en el sueño profundo, con lo que la actividad del cerebro, que se ralentiza de manera muy notable, genera las llamadas «ondas delta». Esta actividad cerebral se asemeja al suave rumor de las olas del mar. En las fases III y IV resulta mucho más difícil conseguir que nos despertemos. El cerebro ha quedado desconectado del mundo exterior, con lo que el cuerpo puede comenzar su labor de recomposición. Se restaura así, por ejemplo, el tejido muscular; se refuerza el sistema inmunitario, y lo que es de suma importancia para el tema que aquí tratamos: el organismo procede a reparar las células nerviosas y a eliminar los productos de desecho de las mismas. Para quedarnos con lo esencial, lo que ocurre es que se da inicio a la gran operación de limpieza que prepara el cuerpo para el siguiente período de vigilia. Tras ese aseo ya podemos franquear las puertas del universo onírico.

En la fase V del sueño —el conocido como sueño MOR (es decir, de movimientos oculares rápidos)— accedemos al mundo de las ensoñaciones o de las representaciones de imágenes y sucesos en la fantasía del durmiente. La fase V del sueño arranca después de haber pasado por todas las etapas anteriores (I a IV). La fase V, o de sueño MOR, puede llegar a prolongarse una hora y, desde luego, es la fase más larga de todas. El cerebro vuelve a activarse y las neuronas inician un nuevo ciclo de descargas —cuya intensidad crece a medida que van acelerando el procesamiento de la información—. Este incremento de la actividad cerebral es lo que genera las visiones oníricas. Pese a que casi todo el mundo sueñe, todavía desconocemos qué función desempeñan esas representaciones fantásticas. Sin embargo, en términos fisiológicos sabemos muy bien lo que sucede durante la fase de sueño MOR. En ella, el cuerpo queda totalmente inmóvil —de hecho, la actividad del cerebro suprime la movilidad muscular—. Si procede de ese modo es con el fin de protegernos, ya que así no corremos el riesgo de «vivir o traducir en actos lo que soñamos», con el peligro que pudiera conllevar. Dada esta circunstancia, lo mejor es que los músculos permanezcan relajados y que todos los sucesos ocurran en nuestro cerebro. No obstante, hay ocasiones en que la supresión de la actividad muscular se revela imperfecta y por ello actuamos en sueños —lo que sin duda atemoriza a cualquiera que lo observe—. Es perfectamente normal tener de cuando en cuando episodios de ese tipo y «actuar en sueños». Sin embargo, si su frecuencia aumenta, podría ser de hecho un signo indicador de otro tipo de demencia: aquella en la que aparecen los llamados cuerpos de Lewy en el interior de las neuronas corticales. Aun así, lo habitual es que la actuación en sueños no sea una circunstancia que guarde relación con la enfermedad de Alzheimer.

Aunque hoy sabemos que el cerebro suprime el conjunto de la actividad muscular durante el sueño MOR, también somos conscientes de que existe una excepción: la de los grupos de músculos que rodean el globo ocular. Como ya hemos señalado, las siglas MOR —abreviación de «movimientos oculares rápidos»— hacen referencia al hecho de que en esta fase del sueño los ojos se muevan rápida y espasmódicamente en distintas direcciones, pese a que los párpados permanezcan cerrados a lo largo de toda la etapa. Todavía estamos tratando de determinar con exactitud la relevancia que pueda tener el sueño MOR en la patología que vertebra este ensayo. En cualquier caso, tenemos constancia de que, al igual que los husos del sueño de la fase II, el período marcado por los movimientos oculares rápidos también desempeña un papel en el aprendizaje y la memoria, aunque su función específica todavía no esté clara. Y lo que es más importante, tampoco estamos seguros de que el sueño MOR intervenga de una u otra manera, significativa o no, en la pérdida de memoria que se observa en los pacientes que sufren alzhéimer. Por lo demás, es habitual que, al término de la fase de sueño MOR, el acto de dormir conozca una breve pausa antes de que el organismo vuelva a la fase I. Es igualmente común que sea en ese corto período de transición —el que nos hace pasar del sueño MOR a la fase I— cuando nos despertamos en plena noche antes de caer de nuevo en brazos de Morfeo. Al envejecer dormimos menos que en la juventud. Los niños y los adolescentes necesitan entre nueve y diez horas de sueño; los adultos en edad laboral precisan ocho, y, finalmente, los ancianos se contentan, en la mayor parte de los casos, con seis o siete por término medio (además de alguna que otra siestecita ocasional a lo largo del día). Esta circunstancia —la de que, al avanzar en edad, el sueño exija menos tiempo— resulta un tanto desconcertante, ya que es en ese período de la vida cuando el cuerpo precisa mayores «trabajos de restauración», de hecho. No conocemos a ciencia cierta a qué se debe esta realidad, pero debemos estar tranquilos, puesto que es totalmente normal dormir menos a medida que se van cumpliendo años. No obstante, la edad también introduce otros cambios en las pautas del sueño, como el despertarse a primera hora de la mañana o tener que ir al baño. Todo eso es absolutamente natural y no debe preocuparnos. Sea como fuere, parece evidente que, si la modificación de los ritmos del sueño nos causa alguna inquietud, lo que hay que hacer es comentárselo al médico de cabecera, aunque, insisto, en la mayor parte de las ocasiones, las variaciones del modo en que la persona duerme forman simplemente parte del proceso de envejecimiento saludable.

Más problemáticas resultan, por el contrario, las enfermedades que inciden directamente en el sueño. La apnea obstructiva del sueño es una afección en la que el individuo sufre breves períodos de interrupción de la respiración o pasa por momentos en que su oxigenación es muy superficial, todo lo cual altera o interrumpe el sueño. Este tipo de apnea es un padecimiento muy común, en particular entre los hombres de más de cuarenta años que tienen sobrepeso o el hábito de beber alcohol en exceso. La causa de este trastorno respiratorio hay que buscarla en el hecho de que los tejidos laxos de la boca y la garganta, como la lengua y el paladar blando, al relajarse temporalmente, estrechen las vías respiratorias o lleguen incluso a ocluirlas por completo, reduciendo o impidiendo la inhalación de aire durante un breve espacio de tiempo. Esta relajación de los músculos produce fuertes ronquidos (con la consiguiente molestia para quien comparta la habitación con nosotros) y despierta al afectado, que inhala profundamente una o dos veces. Esto explica que la gente que padece apnea del sueño afirme dormir muy mal y sentirse extremadamente cansada a lo largo del día. Sea como fuere, lo más preocupante es que, a largo plazo, una apnea del sueño sostenida en el tiempo puede desencadenar otros males, como la hipertensión arterial y mayores probabilidades de sufrir un derrame cerebral o desarrollar la enfermedad de Alzheimer. Debo decir, una vez más, que, si una persona pasa una mala noche de cuando en cuando o ronca, no debe preocuparse en absoluto, salvo que se trate de un suceso recurrente y habitual, en cuyo caso sí que conviene consultar al facultativo, ya que puede deteriorarse la calidad del sueño y aumentar el riesgo de padecer ciertas dolencias, como el alzhéimer.

¿Y qué ocurre entonces con las personas cuyo trabajo conlleva una alternancia de turnos de día y de noche?

El trabajo por turnos es bastante frecuente en muchas profesiones. Ahora bien, hay que saber que este tipo de vida laboral altera realmente los ciclos del sueño, dado que en unas ocasiones estamos despiertos cuando deberíamos estar durmiendo mientras que en otras permanecemos dormidos cuando lo normal habría sido mantener la vigilia. La perturbación resulta especialmente notable si la alternancia incluye turnos de día, de tarde y de noche. Hay estudios muy voluminosos que muestran que el riesgo de padecer alzhéimer es significativamente más elevado entre los profesionales que trabajan por turnos durante mucho tiempo —entendiendo por «mucho» una vida laboral de más de veinte años sujeto a dicho sistema—. Lo irónico del caso es que se trata de una situación que afecta, entre otros trabajadores, a los enfermeros, los médicos y el personal sanitario —todos los cuales han de cuidar con frecuencia a pacientes con demencia—. La mayor parte de las personas que trabajan por turnos duermen únicamente entre cinco y seis horas al día, por término medio, lo que significa que pierden cotidianamente uno o dos ciclos enteros de sueño. Si solo trabajamos por turnos unos cuantos años, la situación podría no resultar problemática, pero hay pruebas científicas que muestran claramente que, si la pérdida de uno o dos ciclos de sueño se prolonga por espacio de varias décadas, tendremos mayor riesgo de padecer alzhéimer en períodos posteriores de la vida.

¿Cómo es que las irregularidades o las alteraciones del sueño, mantenidas en el tiempo, influyen en el peligro de desarrollar el mal de Alzheimer?

Las razones exactas todavía se hallan bajo investigación. Sin embargo, los primeros estudios científicos sobre el particular muestran que las irregularidades o las alteraciones del sueño afectan a la remoción de beta amiloide y tau fosforilada. Ya sabemos que el cerebro elimina sus productos de desecho durante las fases III y IV del sueño. Entre los elementos llamados a desaparecer con esta limpieza de materiales sobrantes figuran el beta amiloide y la tau fosforilada. Los estudios recientes han mostrado que el beta amiloide es «barrido» y expulsado del espacio interneuronal, que es donde se acumula, durante las fases III y IV del sueño. Es lógico pensar, por tanto, que una alteración y hasta una mera reducción de esas fases del sueño pudieran provocar un mayor acúmulo de amiloide, ya que el volumen de residuos que el cerebro «desaloja» disminuye. No obstante, será preciso realizar nuevos estudios científicos para confirmar este extremo. Todo cuanto estamos en condiciones de afirmar ahora mismo es que, a largo plazo, un sueño perturbado o irregular aumenta el peligro de padecer alzhéimer.

Otros factores de riesgo modificables relacionados con el estilo de vida

En los apartados anteriores hemos pasado revista a las principales circunstancias que aumentan las probabilidades de padecer la enfermedad de Alzheimer. Sin embargo, hay también otros factores que no hemos tenido ocasión de examinar. Se ha conseguido mostrar, por ejemplo, que el tabaquismo, los traumatismos craneoencefálicos, la contaminación atmosférica, la reducción del contacto social y la depresión incrementan igualmente la amenaza de un futuro alzhéimer. Lo cierto es que, en último análisis, son muchos los factores de riesgo potenciales que deberíamos tener en cuenta. Sin embargo, lo malo de multiplicar las circunstancias inquietantes es que puede revelarse contraproducente y causar más perjuicios que beneficios. Esta es la razón de que en este capítulo me haya centrado únicamente en algunos de los factores de riesgo más sobresalientes. Si el lector logra embridar los grandes peligros que hemos detallado, puede estar tranquilo, ya que los datos científicos muestran inequívocamente que de ese modo reducirá de forma muy significativa el riesgo de desarrollar la patología que nos ocupa.

Dejemos pues a un lado las preocupaciones y empecemos a modificar nuestro estilo de vida, en la confianza de que eso influirá notabilísimamente en el tipo de vejez que nos toque vivir.

Resumen de la cuarta parte

En esta parte del presente ensayo hemos abarcado los siguientes puntos:

- Son muchos los riesgos que pueden favorecer la aparición de la enfermedad de Alzheimer. Unos no podemos modificarlos, pero sobre otros muchos sí que podemos incidir.
- En general, el riesgo genético de desarrollar este padecimiento es muy bajo. Además, el peligro de tener una dotación genética destinada a generar irremediablemente el mal de Alzheimer es particularmente reducido, ya que esa situación se debe a la presencia de una mutación que solo se da en familias muy concretas.
- Hay también otros genes de riesgo vinculados con el alzhéimer. Sin embargo, todos ellos se «limitan» a aumentar o disminuir el grado de amenaza de padecer alzhéimer que pueda cernerse sobre una persona.
- Es preciso sopesar cuidadosamente las ventajas y los inconvenientes de los exámenes genéticos (aun en el caso de que la indagación trate de discernir si el individuo tiene o no genes de riesgo en su dotación cromosómica), ya que no solo podrían afectar al rango de cobertura del seguro sanitario y poner en peligro nuestro puesto de trabajo, sino que tam-

bién es probable que repercutan en el equilibrio familiar e incluso en sus hijos.

- Entre los factores de riesgo relacionados con el estilo de vida, los hay que son modificables y otros que no admiten modificación por parte del interesado.
- Los factores de riesgo no modificables asociados con la enfermedad de Alzheimer son, entre otros, el envejecimiento, el grado de educación formal recibido en la edad juvenil y la pérdida de oído en la mediana edad. En cualquier caso, todavía no está del todo claro que dos de esos factores sean efectivamente inalterables. Me refiero a los niveles de formación académica y a la disminución de la capacidad auditiva entre los cuarenta y los sesenta años, ya que quizá sean ligeramente modificables.
- Los factores de riesgo modificables ligados al estilo de vida y susceptibles de contribuir a la aparición (o no) de la enfermedad de Alzheimer han ido adquiriendo una importancia creciente, debido a que el desarrollo de nuevos medicamentos está tardando más de lo esperado.
- El aspecto positivo de ese estado de cosas radica en el hecho de que la modificación del estilo de vida puede reducir hasta en un 40 % el riesgo de sufrir con el tiempo la patología que nos ocupa.
- En el plano de los factores de riesgo modificables ligados al estilo de vida hay cuatro que revisten especial importancia: la diabetes y la hipertensión, unidas a la obesidad; la actividad física; la dieta junto con la calidad de la nutrición, y el sueño.
- La diabetes, la hipertensión y la obesidad han de analizarse en conjunto, ya que se hallan estrechamente unidas. Mantenerse en una horquilla de peso saludable no solo reduce el riesgo de padecer una diabetes de tipo 2 y las probabilidades de que se instale la hipertensión, también dificulta la aparición de la enfermedad de Alzheimer.
- La actividad física es otro de los factores de riesgo modificables y resulta clave, ya que, por sí solo, tiene la capacidad de

disminuir el peligro del alzhéimer en un 30 %. Dicha actividad no se circunscribe a lo que entendemos por «ejercicio», sino que comprende todas las acciones que tengamos costumbre de realizar de manera cotidiana. Mostrarse lo más activo posible desde el punto de vista físico —con independencia de la intensidad o la duración de la acción en sí— es crucial para envejecer con buena salud.

- La dieta y la calidad de la nutrición son elementos relevantes para la buena forma del sistema cardiovascular. La dieta más prometedora para la prevención del alzhéimer es la mediterránea tradicional, que limita el consumo de cereales y carne roja.
- El último factor de riesgo relacionado con el tipo de vida que llevemos es el sueño. Dormir permite que el organismo regenere y «depure» nuestras células, incluidas las del cerebro. Se ha conseguido mostrar que las fases del sueño aumentan la eliminación de beta amiloide y, a la inversa, que la alteración de las pautas de sueño puede reducir su remoción. Dormir plácida e ininterrumpidamente es determinante para disfrutar de una buena salud cerebral.
- Otros factores de riesgo, como el hábito de fumar, la depresión y la contaminación atmosférica también pueden elevar el peligro de desarrollar el mal de Alzheimer. Sin embargo, el solo hecho de centrarse en los cuatro factores más importantes de entre los que conllevan riesgos modificables ligados al estilo de vida puede reducir la amenaza de esta enfermedad en un 40 %.
- La idea más importante es la siguiente y con ella debemos quedarnos: podemos tener controlados muchos de los factores de riesgo que nos exponen a desarrollar un alzhéimer. En lugar de permanecer de brazos cruzados y aguardar pasivamente a ver si la patología termina por afectarnos o no, está en nuestra mano modificar esos factores y no propiciar la dolencia incidiendo de forma activa en prevenirla. Y, además, eso nos permitirá disfrutar de una vida más saludable.

Quinta parte

Formas infrecuentes de la enfermedad de Alzheimer

Las anteriores secciones del libro nos han presentado muchas de las facetas del alzhéimer, pero, hasta el momento, «solo» hemos examinado la forma más común de esta enfermedad. Dicha forma es, de hecho, la responsable del 80 o 90 % de las variantes que vemos habitualmente, ya que es la que se acompaña de los síntomas clásicos, como la pérdida de la memoria episódica y las alteraciones de la orientación espacial. Por esta razón, la manifestación estudiada es la más relevante en la mayor parte de los casos y la que la gente tiene en mente cuando conversa acerca de este padecimiento. Lo cierto, sin embargo, pese a que no conozcamos tan a fondo las formas raras de esta patología (que, por otra parte, también son objeto de un menor número de trabajos de investigación), es que la gravedad de sus repercusiones en las personas que las padecen y sus familiares es muy parecida. Por ello, la exposición de las características de esas formas poco frecuentes del mal de Alzheimer no solo servirá para informar al público en general de las distintas variantes en que se presenta el padecimiento, sino que también contribuirá a poner al día a los profesionales sanitarios, que tal vez se hayan centrado menos en los pormenores de las mismas.

El hecho de que les endosemos la etiqueta de «raras» alude simplemente a la circunstancia de que, en un grupo de población dado, dichas formas aparecen con una frecuencia muy inferior a las que consideramos «normales». Aun así, no debe entenderse que la voz «raras» viene a significar implícitamente que son «de menor importancia». Más bien todo lo contrario. Las personas que padecen esas variantes «raras» de la enfermedad de Alzheimer son a menudo las que más apoyo precisan y por una doble razón: en primer lugar, porque muchas veces su diagnóstico se retrasa en exceso y, en segundo lugar, porque, aun después de reconocida su condición de infrecuentes, la ayuda que se proporciona a los pacientes demenciados se basa en lo que se sabe de la forma «común» del alzhéimer.

Desde el punto de vista científico, la relevancia de estas formas raras radica en la circunstancia de que nos ofrezca la posibilidad de contemplar desde otro ángulo la patología subyacente. En realidad, el hecho de cotejar tanto los síntomas como el desarrollo de las variantes raras con la manifestación y el progreso de la forma habitual nos ayuda a comprender tanto las dolencias infrecuentes como la patología común. Para ser más precisos, el estudio de las formas raras nos permite entender que la dolencia puede declararse de distinta manera en individuos diferentes —lo que tiene implicaciones de peso en la diagnosis y el tratamiento de todas las formas del mal que nos ocupa.

Debemos aclarar un último extremo antes de pasar revista a las formas más infrecuentes de la enfermedad de Alzheimer: todos los tipos que hemos calificado de «raros» presentan los mismos cambios fisiopatológicos que la forma común. En otras palabras, la característica fisiopatológica clave del conjunto de las variantes menos corrientes es la acumulación de beta amiloide y tau fosforilada. Precisamente el hecho de que las formas raras cursen con los mismos cambios fisiopatológicos que se observan en el tipo habitual es lo que determina que se las considere variantes del alzhéimer y no un tipo de demencia diferente.

Ahora bien, si los cambios que se aprecian en las cantidades de beta amiloide y tau fosforilada de estas formas raras son idénticos a los que se dan en el tipo común, ¿qué es lo que distingue la forma corriente de las variantes poco frecuentes de la enfermedad de Alzheimer?

La diferencia clave reside muy a menudo en la zona del cerebro en la que empiezan a manifestarse los depósitos de amiloide y tau. La región en la que se amontonan las proteínas, provocando así la pérdida de células nerviosas, es justamente el factor que establece los síntomas que habrán de desarrollar las personas afectadas por esta patología. Ya se trate de un tipo raro o de la forma común, la dolencia de base es esencialmente la misma, ya que la diferencia radica en la sintomatología que la acompaña.

36

La variante frontal de la enfermedad de Alzheimer

La primera forma rara que vamos a estudiar del padecimiento que nos ocupa es la que llamamos «variante frontal», aunque en ocasiones también reciba el nombre de «alzhéimer con síntomas disejecutivos».* Y es que en esta variante poco frecuente la memoria episódica presenta, por lo general, algunos problemas (en un grado relativamente leve), aunque también aparezcan, simultáneamente, importantes síntomas relacionados con el lóbulo frontal, que son los que provocan los efectos disejecutivos.

¿Qué son los síntomas frontales o disejecutivos?

Para comprender expresiones como «frontal» o «disejecutivo» es preciso echar antes un vistazo a la anatomía del cerebro. Recordemos que la forma de alzhéimer más común afecta al lóbulo temporal medial del cerebro, en cuyo centro se asienta el hipocampo. Recapitulemos brevemente: ya sabemos que, en el tipo habitual de alzhéimer, la acumulación inicial de amiloide y tau se localiza tanto en el lóbulo temporal medial como en el hipocampo. Dada la importancia que tienen el hipocampo y el lóbulo temporal medial en el correcto funcionamiento de la memoria episódica y la

* La denominación teórica de «funciones ejecutivas» se aplica a todos aquellos procesos cerebrales que regulan, controlan y gestionan otras actividades cognitivas. (*N. del t.*)

orientación en el espacio, es lógico que los fallos en la capacidad de recordar y de ubicarse sean los primeros síntomas de la forma común del alzhéimer.

En la variante frontal de la dolencia, el péptido amiloide y la proteína tau se acumulan más en el córtex prefrontal, una región cerebral próxima al lóbulo temporal medial. El córtex prefrontal —al que también se denomina «lóbulo frontal» (de ahí que su afectación reciba el nombre de «variante frontal del mal de Alzheimer»)— se encuentra delante lóbulo temporal medial. De hecho, la mayor parte de su masa se halla detrás de los ojos y la frente. Y a diferencia de la región del lóbulo temporal medial, cuyo tamaño es bastante reducido, el córtex prefrontal es una amplia zona del cerebro y desempeña un gran número de funciones distintas. De hecho, la trascendencia del córtex prefrontal no reside únicamente en la circunstancia de que sea la zona que inicia y coordina los movimientos y el habla, se debe también a que resulta crucial en la conducta y la toma de decisiones. En consecuencia, la variante frontal del alzhéimer perturba de manera particularmente severa el comportamiento y las funciones decisionales de la persona afectada.

El córtex prefrontal no solo da comienzo a nuestros actos y a las determinaciones de la voluntad, también los inhibe. Además, organiza los pensamientos, las acciones y la producción lingüística, consiguiendo que todo ello forme secuencias ordenadas. Un sector específico del córtex prefrontal se encarga de controlar la empatía que nos inspiran las personas y de procesar las decisiones éticas y morales, como ocurre, por ejemplo, cuando hacemos lo que es debido en el momento oportuno. Por último, el córtex prefrontal interviene notablemente en nuestra percepción de las recompensas y los castigos, lo cual modula a su vez nuestros actos y decisiones futuras.

Dadas las numerosas funciones que desempeña esta gran región cerebral, el punto concreto del córtex prefrontal en el que terminen produciéndose los depósitos de amiloide y tau será lo que determine los síntomas del paciente. Es importante entender bien este extremo, ya que esa misma amplitud de funciones es, *de facto*, lo que explica la dificultad de reconocer y diagnosticar la variante frontal del alzhéimer. Las personas que padecen esta forma rara del padecimiento en que nos centramos pueden presentar sintomatologías muy diversas. Entre los más corrientes destacan los cambios en las funciones ejecutivas del córtex prefrontal, es decir, en la organización de los pensamientos, la producción lingüística y las acciones. Si un individuo manifiesta tener problemas en los módulos ejecutivos del cerebro, se dice que tiene síntomas «disejecutivos» (voz formada por el prefijo griego δυσ, «dis-», que denota «anormalidad» o «imperfección»).

Cuando acuden al médico, los enfermos de alzhéimer frontal muestran habitualmente una gran desorganización en la formulación de sus pensamientos, expresiones lingüísticas y acciones. Las reflexiones o juicios deshilvanados son, de lejos, el síntoma más corriente, ya que la gente se enreda en un mar de confusiones cuando quiere decir o recordar algo. Tal y como vimos en la primera parte de este ensayo, al examinar las dificultades de la memoria atencional, el córtex prefrontal también contribuye a recuperar la información almacenada en el hipocampo. Por lo tanto, si el mal de Alzheimer afecta a dicho córtex, lo más frecuente es observar que los pacientes sufren problemas de memoria, igual que en el tipo común de la dolencia, pero con una diferencia: que esos problemas repercuten más intensamente en la formación de los recuerdos o en su recuperación que en la indexación o el almacenamiento propiamente dichos de los datos memorísticos. Las personas que tienen estos síntomas de tipo disejecutivo dan frecuentemente la impresión de hallarse distraídas y confusas, ya que además de embarullarse pasan de un tema a otro sin ilación aparente.

Otro signo habitual de la variante frontal de la enfermedad de Alzheimer es la falta de motivación, manifestada en forma de apatía (término que significa «ausencia de emociones», ya que procede del griego antiguo ἀπάθεια —*apatheia*—, compuesto a su vez por la partícula privativa «a-» —que denota privación o negación de algo— y πάθος —pasión, exaltación o sentimiento—).*

* Tal vez interese comentar, como curiosidad, que la actual connotación negativa de la palabra «apatía», como indiferencia o falta de vitalidad, es opues-

Muchas veces, los familiares de los enfermos indican que estos acostumbran a permanecer sentados durante largos períodos de tiempo, con la mirada fija al frente, y que dejan de participar en actividades que antes les resultaban gratas, como la de dedicarse a sus aficiones o pasatiempos. No obstante, y a pesar de que sigue siendo posible animar a los pacientes a hacer cosas y a salir de su estado de apatía, resulta desgarrador para sus allegados ver que un ser querido aquejado de tales síntomas se desentiende de toda ocupación, incluso de aquellas que previamente le encantaban.

La variante frontal del alzhéimer presenta asimismo otros cambios conductuales bastante menos frecuentes —aunque, caso de darse, sean menos severos—. Es posible, por ejemplo, que la gente muestre un comportamiento y un lenguaje más desinhibidos y que eso le induzca a hacer o decir en voz alta cosas que jamás se habría atrevido a expresar anteriormente. Esto es frecuentemente motivo de bochorno, así que importa comprender que el enfermo no realiza adrede esos comentarios o esas acciones inconvenientes, puesto que el elemento causante es la patología que sufre.

Para terminar, diré que los cambios en el córtex prefrontal también pueden incidir en la regulación de nuestras emociones. Las personas que padecen la variante frontal del mal de Alzheimer pueden mostrarse más irritables o caer incluso en la agresividad, lo que significa que a veces «pierden los estribos» por cualquier cosa o sin motivo aparente. No obstante, esta modulación defectuosa de las respuestas emocionales también puede manifestarse de manera totalmente contraria en la variante frontal. En esos casos, la gente se vuelve más emotiva o propensa al llanto, con lo que puede romper a llorar sin razón alguna. Una vez más, es posible que esto resulte extremadamente estresante para el propio afectado y sus familiares, pero no debemos olvidar que esos súbitos estallidos emocionales han de atribuirse a las transformacio-

ta al sentido clásico de los estoicos, en el que es señal de libertad interior, entendida como serenidad o imperturbabilidad frente a las pasiones perturbadoras externas. En cualquier caso, debe quedar claro que la apatía médica a la que aquí se alude nada tiene que ver con ese ideal de entereza racional. (*N. del t.*)

nes ocurridas en el córtex prefrontal, no a la eventual circunstancia de que el paciente esté sintiéndose efectivamente disgustado.

Como ya hemos visto, estos síntomas de la variante frontal de la enfermedad de Alzheimer se presentan a menudo acompañados de problemas de memoria episódica. Sin embargo, los primeros pueden llegar a eclipsar las dificultades relacionadas con la recuperación de los recuerdos. La razón obedece fundamentalmente al hecho de que la gente suele percibir los cambios en la personalidad de un allegado con mayor facilidad que las pérdidas de memoria. La circunstancia de que el foco de atención se centre en las modificaciones conductuales hace que resulte muy difícil diagnosticar que el paciente sufre la variante frontal del alzhéimer, pues lo primero que investigan los clínicos es si esas alteraciones del comportamiento pudieran ser la consecuencia de acontecimientos familiares, efectos secundarios de alguna medicación o resultado de una incidencia de salud mental.

Otras formas raras de demencia (que no pertenecen al grupo de variantes del alzhéimer), como la versión conductual de la demencia frontotemporal, cursan con idénticos cambios de comportamiento. La causa de la forma conductual de la demencia frontotemporal radica en un conjunto de proteínas distintas del amiloide y la tau, que son las que intervienen en todos los tipos de alzhéimer, como sabemos. Esto quiere decir que los enfoques terapéuticos han de ser muy diferentes. Se están desarrollando actualmente varias investigaciones orientadas a determinar si el uso de biomarcadores podría permitirnos discernir quién padece la variante frontal del mal de Alzheimer y distinguir al mismo tiempo a esos pacientes de los que sufren otras demencias. De ser así, la identificación de la enfermedad de Alzheimer dejaría de basarse tanto en el señalamiento de los síntomas específicos que presentan los afectados y pasaría a concentrarse en la clase de depósitos de proteínas que muestren sus análisis. En última instancia, por tanto, la estrategia terapéutica se centraría en las acumulaciones de proteínas y eso a su vez debería detener e incluso corregir el avance de la sintomatología.

No obstante, todo eso, que será estupendo, hay que dejarlo para los tratamientos futuros, ya que a día de hoy apenas sirve para paliar los síntomas frontales de las personas que manifiestan cambios en la conducta y la capacidad de tomar decisiones. Son muchas las pruebas que señalan que el peso y el estrés que ha de sobrellevar el cuidador de los pacientes es realmente extremo en estos casos. Y la razón hay que buscarla en un doble hecho: por un lado, los cambios en el comportamiento y la personalidad de alguien resultan mucho más difíciles de aceptar que una gradual pérdida de memoria y, por otro, es verdaderamente doloroso ver que la conducta de un ser querido se trastorna por completo ante nuestros propios ojos. Además, la transformación del comportamiento también nos exige poner en contribución toda nuestra energía, porque no resulta en modo alguno sencillo encauzar o «manejar» esas modificaciones de la conducta y la personalidad —no hay que olvidar que el enfermo se conduce muy a menudo de forma errática, lo que añade aún más estrés al que ya soportan comúnmente cuidadores y familiares.

Los profesionales solemos dar a quienes se encargan de atender a las personas que padecen la variante frontal de la enfermedad de Alzheimer, o que presentan los síntomas propios de dicha afección, un consejo especial: los animamos a que se informen de las recomendaciones que se aplican a la variante conductual de la demencia frontotemporal (que, según hemos señalado antes, no pertenece al grupo de las patologías que denominamos «alzhéimer»). Pese a que la variedad frontal de la enfermedad de Alzheimer y la variante conductual de la demencia frontotemporal sean padecimientos distintos en muchos aspectos, los cambios que se observan en el comportamiento y la personalidad de los pacientes pueden resultar notablemente similares. Por consiguiente, las técnicas que empleamos en el cuidado y la supervisión de los pacientes que padecen la variante conductual de la demencia frontotemporal podrían ser más indicadas para atender a las personas con la variante frontal de la enfermedad de Alzheimer que los planteamientos asistenciales que hoy se aplican a la forma común del alzhéimer.

No obstante, si miramos al futuro, es claro que necesitamos mejorar las actuales directrices de diagnóstico y cuidado de la variante frontal de la enfermedad de Alzheimer. Los nuevos biomarcadores que venimos usando en la detección del alzhéimer común podrían cambiar el panorama, ya que permitirán identificar las características de la dolencia subyacente, con independencia de cuáles sean los síntomas visibles. Sin embargo, tal y como están las cosas, lo cierto es que todavía carecemos de información suficiente para prestar una atención cabal a las personas que sufren la variante frontal de la enfermedad de Alzheimer. Es preciso abordar esta situación; no solo para aliviar los síntomas de los pacientes, sino también para aligerar la carga y el estrés que soportan las familias y los cuidadores de esos enfermos.

No tardaremos en comprobar que estamos ante un problema habitual en las formas raras del mal de Alzheimer —justamente por tratarse de padecimientos mucho menos conocidos—. De hecho, la carencia que acabo de mencionar resalta al mismo tiempo la urgente necesidad de contar con protocolos más detallados para ayudar a las personas afectadas por ese grupo de patologías cognitivas poco frecuentes. Solo así lograremos completar el creciente volumen de informaciones relativas a la forma común de la dolencia descubierta por Alois Alzheimer. Y dicho esto, pasemos ya a examinar otra de las variantes raras de dicha patología: la atrofia cortical posterior.

37

La atrofia cortical posterior

En la denominación de esta enfermedad —atrofia cortical posterior (ACP)— ni siquiera figura la voz «alzhéimer», aunque su causa también obedece a la acumulación de péptido amiloide y proteína tau.

¿Qué significa exactamente el nombre de «atrofia cortical posterior»?

En primer lugar, el adjetivo «posterior» indica ya que el problema se sitúa «detrás» de algo, mientras que la voz «cortical» hace referencia al córtex, o corteza, es decir, al manto de tejido nervioso que cubre la superficie de los hemisferios cerebrales. Por último, la palabra «atrofia» nos habla de la consunción o encogimiento del cerebro debido a la pérdida de neuronas. Dicho de otro modo, la atrofia cortical posterior afecta a las zonas superficiales de la parte de atrás del cerebro, es decir, a lo que llamamos córtex parietal y córtex occipital.

Las primeras partes que se ven afectadas en una persona que padezca atrofia cortical posterior son las regiones situadas en las porciones posterosuperior y trasera del cerebro, mientras que el lóbulo temporal medial permanece intacto (a diferencia de lo que ocurre en la forma común de la enfermedad de Alzheimer). Y, también al contrario de lo que sucede en el alzhéimer corriente, los individuos con una atrofia cortical posterior muestran —debido a lo que acabamos de señalar— muy pocos problemas de memoria episódica y, a veces, ninguno (al menos en los inicios de la dolencia). A causa justamente de esta ausencia de dificultades en la activación de la memoria episódica hubo que esperar a la década de 1980 para que la medicina comprendiera que la gente afectada por este trastorno cortical padecía en realidad una variante rara del alzhéimer. Todavía hoy son muchas las personas que desconocen, al no estar especializadas en las cuestiones sanitarias, la existencia de esta forma infrecuente de la patología en que nos centramos.

Ahora bien, si la atrofia cortical posterior no cursa con patentes problemas de memoria, ¿cuáles son entonces los síntomas que presentan las personas a las que afecta?

Para entender esto, debemos volver a examinar tanto la anatomía del encéfalo como las funciones que desempeña esa «parte posterior del cerebro». Dicha región trasera está fundamentalmente constituida por dos grandes estructuras situadas en posición contigua: el córtex occipital y el córtex parietal. El primero es la zona del cerebro que se encuentra justo encima de la nuca, mientras que el segundo se sitúa delante y ligeramente por encima de él. Ambas regiones cerebrales son decisivas para el buen funcionamiento de la vista y los demás sentidos, incluidas las sensaciones corporales internas.

En primer lugar, el córtex occipital procesa toda la información que le llega a través de los ojos y por ello mismo es crucial para «ver» el mundo que nos rodea. Podría parecer sorprendente que esta zona no se encuentre cerca de los globos oculares, en la parte frontal del cerebro, sino en el extremo opuesto, es decir, lo más lejos posible de los órganos externos de la visión. Resulta efectivamente un tanto contraintuitivo, pero la responsabilidad de esta arquitectura anatómica solo puede atribuirse a la evolución biológica. Sin embargo, no resulta excesivamente difícil percibir de forma práctica la importancia que tiene el córtex occipital para el sentido de la vista, ya que inmediatamente después de que una persona se golpee la parte posterior de la cabeza contra una superficie dura lo más frecuente es que refiera estar «viendo las estrellas», en alusión a esa especie de formaciones luminosas que parecen flotar frente al accidentado. Está claro que no vemos esa suerte de chispas o destellos con los ojos. Lo que ocurre es más bien que el impacto que ha encajado el córtex occipital ha provocado un fallo en su funcionamiento y eso es lo que genera las brillantes ilusiones visuales.

El córtex occipital no solo «ve» lo que captan los ojos, también «recompone» los datos que estos le envían. Me explicaré. Los ojos no son excesivamente perspicaces, pues se limitan a registrar lo que aparece ante ellos, pero son incapaces de reconocer o interpretar lo que reflejan. Esa labor corresponde a los córtex occipital y parietal. El córtex occipital ensambla toda la información que recibe a través de la retina y de ese modo forma en el cerebro una imagen del mundo que nos rodea. El córtex parietal, por su parte, toma los datos que obtiene del córtex occipital y añade una vuelta de tuerca más a su procesado. Pondré un ejemplo: esta corteza parietal une la información visual previamente tratada por su homóloga occipital con los datos procedentes de los demás sentidos, como el tacto y el oído, y lo vincula todo con las áreas cerebrales relacionadas con el movimiento. Cabe decir, por tanto, que el córtex parietal es una región clave del cerebro, ya que cumple una función «integradora» que literalmente configura un todo congruente con las informaciones procedentes de las zonas cerebrales próximas a él.

Lo que ocurre en la atrofia cortical posterior es justamente que estos procesos de «recomposición» e integración de los córtex occipital y parietal se interrumpen o se deterioran. Esto puede hacer que la persona afectada tenga problemas de visión, pese a que sus ojos realicen perfectamente su trabajo. A su vez, el fallo de las funciones visuales del cerebro, pese a que los ojos sigan intactos, puede provocar la aparición de la sintomatología característica de la atrofia cortical posterior, como la «ceguera cortical» y la «omisión visual». Llamamos ceguera cortical a un cuadro médico en el que el paciente sufre un cierto grado de ceguera debido a la ocurrencia de cambios en su córtex occipital: el individuo es incapaz de ver, total o parcialmente, aunque sus ojos funcionen correctamente. Ahora bien, al hablar aquí de «ceguera», no debemos pensar necesariamente en una anulación completa de la visión. Antes al contrario, ya que, en la atrofia cortical posterior, la ceguera debida a la disfunción del córtex se presenta básicamente como un conjunto de «puntos ciegos» en el campo de visión. En esos puntos ciegos, la persona no logra ver algunas partes de los objetos o escenas situados en dicho espacio.

La omisión visual es el otro gran síntoma de la interrupción o el deterioro del córtex parietal. En este caso no aparecen puntos ciegos en determinadas zonas o acontecimientos del campo de visión, lo que sucede es que el enfermo «desatiende» lo que ve, le hace «caso omiso». Esto quiere decir que si bien sus ojos y su córtex occipital trabajan sin ningún problema, su cerebro deja de prestar atención a algunas partes de lo que aparece ante sus ojos. La forma más común de omisión visual hace que la gente se muestre incapaz de ver la parte derecha o izquierda de su campo visual.

Todo esto es un tanto abstracto, así que lo mejor será poner un ejemplo. Prácticamente todo el mundo conoce la *Mona Lisa*, el celebérrimo óleo de Leonardo da Vinci (en caso contrario, tómese por favor la molestia de echarle un rápido vistazo en la red). Una de las circunstancias más fascinantes y misteriosas de este cuadro radica en el hecho de que la mitad izquierda difiera notablemente de la parte derecha —incluso en el retrato mismo—. Lo que ha dado fama a la *Mona Lisa* es sin duda su insondable sonrisa y, de hecho, la gente no logra ponerse de acuerdo en si realmente está sonriendo o no. Al pintar una clara sonrisa en el lado derecho del rostro del modelo, dejando en cambio más serio el costado izquierdo de su semblante, Da Vinci trata deliberadamente de engañar al córtex parietal. Como, al contemplar la obra, la atención del espectador pasa una y otra vez de un lado a otro, el cerebro recibe informaciones opuestas, así que unas veces le parece ver sonreír a la joven y otras en cambio la cree más reservada. Leonardo consigue engatusar con gran brillantez al cerebro y, gracias a ello, nos mantiene fascinados frente a la tabla. La imagen también nos ofrece una fantástica forma de comprender lo que es la omisión visual, puesto que separa intencionadamente las mitades derecha e izquierda de la pintura.

Una persona que padezca esta afección de la omisión visual y mire de frente el óleo, verá a la Mona Lisa, bien con una sonrisa permanente, bien con invariable aspecto grave y circunspecto. El hecho de que entienda que sonríe o no dependerá de qué parte del córtex parietal —izquierda o derecha— se encuentre más afectada por su dolencia. En este ejemplo, el dato clave es que el sujeto aquejado de omisión visual no puede hacer bascular la atención a diestra y siniestra, alternando así los campos de visión, con lo que «omite» o «desatiende» una u otra parte de la escena. En cambio, un individuo al que se le haya diagnosticado una ceguera cortical parcial podrá ver a la Mona Lisa en su integridad, así que la contemplará con expresión risueña o seria según el enfoque en el que se centre. No obstante, también a estos pacientes les resultará problemático ver completas algunas secciones de la pintura. Dejarán de advertir, por ejemplo, las manos de la Mona Lisa o tal vez su rostro incluso. De hecho, en los espacios que no perciban, todo lo que habrá será simplemente una mancha negra.

Tanto la ceguera cortical como la omisión visual son síntomas cruciales para el diagnóstico de la atrofia cortical posterior. Como ya hemos visto, la causa de esta dolencia es la acumulación de amiloide y tau. La cuestión ahora es que, de manera similar, la presencia de esos mismos depósitos en las cortezas occipital y parietal es lo que genera los síntomas visuales propios de la atrofia cortical posterior. Es más, dado que el amontonamiento de amiloide y tau se produce poco a poco, la sintomatología asociada con el campo de visión, que indica el desarrollo de esta atrofia, no solo va aflorando con igual lentitud, sino que se manifiesta, en sus primeras fases, de forma subrepticia. Estos sutiles problemas visuales que se dan en los inicios de la enfermedad hacen que las personas a las que afecta esta patología crean que les pasa algo en la vista y por eso lo más habitual es que los pacientes que atraviesan esos primeros estadios del mal acudan al óptico para verificar si necesitan o no unas gafas de otra graduación o pidan hora con el oftalmólogo a fin de cerciorarse de no estar sufriendo alguno de los demás problemas vinculados con la edad, como la formación de una catarata. Como es obvio, hoy sabemos que unas gafas nuevas o una operación de cataratas no solucionarán en nada las dificultades llamadas a aparecer en las fases posteriores de la atrofia cortical posterior, puesto que los síntomas no se deben a fallos oculares, sino al modo en que los córtex occipital y parietal procesan las informaciones que les transmiten los ojos.

Ahora bien, ¿cómo detectar los síntomas de una atrofia cortical posterior?

Los problemas de visión son extremadamente comunes al envejecer, así que no debería preocuparnos demasiado descubrir que nuestra capacidad visual se modifica. Ir a la óptica o al facultativo es un primer paso muy adecuado, ya que así se podrá valorar nuestra agudeza visual y determinar si los cambios en la facultad de ver tienen o no un origen ocular. En caso afirmativo, lo más probable es que unas gafas nuevas o algún otro procedimiento médico consigan solucionar el problema. Sin embargo, si estos implementos no alcanzan para mejorar los síntomas, quizá valga la pena exponer el asunto al médico de cabecera para que decida si conviene o no derivar el caso a un neurólogo o a un neuropsicólogo.

Los neurólogos y los neuropsicólogos disponen de pruebas diagnósticas más sistematizadas (similares a la analogía que he planteado con el ejemplo de la *Mona Lisa*), así que pueden comprobar si el paciente ve enteras las imágenes que se le presentan o se pierde algunas zonas. Estos profesionales también pueden echar un vistazo a la forma en que la persona lee un escrito, ya que la gente con atrofia cortical posterior tiene crecientes dificultades para descifrar textos. La razón hay que buscarla en el hecho de que la lectura exija fijar claramente la posición de las letras, las palabras y las líneas que forman la página. Son muchos los pacientes con atrofia cortical posterior que barajan rápidamente los renglones y que se pierden, ya que se arman un lío con las hileras del texto. El motivo, una vez más, es la atención visual, que, en su correcto funcionamiento, nos ayuda a seguir de manera ordenada la información que leemos —tal y como usted mismo está haciendo en este momento.

Otro de los síntomas comunes en la atrofia cortical posterior es el de los tropezones y golpes de los pacientes con los muebles o los marcos de las puertas sin que exista ninguna causa aparente. También aquí, los problemas visuales de las personas a las que afecta esta atrofia cortical son los que determinan que el enfermo no logre ver los objetos y que acabe chocando con ellos. Afortunadamente, lo habitual es que esos «topetazos» causen únicamente magulladuras, pero de cuando en cuando pueden dar lugar a lesiones más serias. Además, ese tipo de trastazos también dejan contusionada, si bien metafóricamente, la salud mental, ya que las personas con problemas de visión acaban titubeando mucho cada vez que tienen que desplazarse, al ser plenamente conscientes de que pueden hacerse daño.

Hay un último aspecto de la atrofia cortical posterior que hemos de mencionar. Se trata de que la consideración médica de esta forma rara del mal de Alzheimer es la de una «demencia de inicio temprano». Esta denominación hace referencia al hecho de que los primeros síntomas se presentan antes de los sesenta y cinco años.

¿Y por qué sesenta y cinco?, cabría preguntar...

La respuesta más honesta es sencillamente que estamos ante un umbral decidido de manera arbitraria. Pese a todo, permite que los científicos y los especialistas en medicina clínica establezcan una diferencia entre las demencias de aparición temprana (por debajo de esa cifra de sesenta y cinco) y las de aparición tardía (las que se manifiestan después de esa edad), ya que la inmensa mayoría de las personas que padecen alzhéimer presentan problemas cognitivos con más de sesenta y cinco años. La mayor parte de la gente con atrofia cortical posterior muestra los primeros síntomas antes de ese límite. No es infrecuente ver pacientes de cincuenta y tantos años con esta atrofia, mientras que los individuos que pasan de los setenta o los ochenta rara vez desarrollan esta forma rara de alzhéimer.

En el próximo capítulo examinaremos otra expresión inhabitual del alzhéimer. También en este caso se tratará de una demencia de inicio temprano. Me refiero a la variante logopénica de la afasia progresiva primaria.

38

Variante logopénica de la afasia progresiva primaria

Este nombrecito de «variante logopénica de la afasia progresiva primaria» tiene algo de trabalenguas, así que será mejor empezar con una explicación terminológica que nos permita aclarar a qué se refiere la denominación de esta forma rara de la enfermedad de Alzheimer. El adjetivo «logopénico» procede del griego antiguo y en él se combinan las voces λόγος (*logos*, es decir, «razón, lenguaje o discurso») y πένια (*penia*, que significa «falta o deficiencia» de algo). Por consiguiente, «logopénico» alude literalmente a una «carencia de palabras». Al calificarla de «primaria» entendemos que esta escasez de vocabulario es el primer síntoma —o el más importante— que presentan las personas que padecen la variante del alzhéimer a la que nos estamos refiriendo en este capítulo. Y, por último, la especificación de «afasia progresiva» (del griego ἀφασία —*aphasía*, o «sin habla»—) indica que se trata de un síndrome en el que los problemas de comunicación oral se agravan poco a poco. Por lo tanto, la «afasia logopénica» es la forma de señalar que la dolencia se caracteriza por una «carencia de palabras que merma cada vez más el habla del individuo». En muchos casos, el primer contacto de la gente con la expresión «afasia» se produce tras conocer a alguien que, después de un infarto cerebral, ve afectadas las áreas cerebrales del lenguaje y comienza a tener dificultades para hablar. La diferencia entre una afasia debida a un accidente cerebrovascular y otra causada por el alzhéimer consiste en que en el primer caso el episodio afásico ocurre solo una vez, lo que significa que la merma de la capacidad de comunicación verbal del paciente es inmediata y que los síntomas permanecen estacionarios o mejoran al cabo de un cierto tiempo. En cambio, en la afasia progresiva —como ocurre con la forma logopénica primaria que nos ocupa— el habla y los síntomas relacionados con el lenguaje aparecen paulatinamente y empeoran con el paso de los meses. Tal y como sucedía en el caso de la atrofia cortical posterior, tampoco figura mención alguna de la enfermedad de Alzheimer en la denominación de la dolencia que preside el presente capítulo —variante logopénica de la afasia progresiva primaria—. La razón hay que encontrarla en el hecho de que se haya tardado mucho tiempo en considerar que este padecimiento formara parte de las distintas formas de alzhéimer. De hecho, lo que se pensaba era que las personas que presentaban estos síntomas sufrían un tipo de demencia distinto del alzhéimer: la llamada demencia frontotemporal. Esto se debe a que los problemas de lenguaje que aparecen en la variante logopénica de la afasia progresiva primaria son muy similares a la variante no fluente, o agramatical, de la afasia progresiva primaria (disculpen la sucesión de palabros), que es una de las manifestaciones de la demencia frontotemporal. Hasta los propios encuentran a veces difícil distinguir estos subtipos.

A principios del siglo XXI se «descubrió» que la variante logopénica de la afasia progresiva primaria era en realidad una variante del mal de Alzheimer. Es algo que consiguió comprenderse al comprobar que los biomarcadores mostraban la presencia de las proteínas características de esta patología en la sangre o el líquido cefalorraquídeo de los enfermos. En otras palabras, la causa de la variante logopénica de la afasia progresiva primaria radica en la acumulación de las mismas proteínas que se observan en el resto de las formas de alzhéimer: amiloide y tau.

Es muy raro que entre los síntomas de la gente que padece la variante logopénica de la afasia progresiva primaria figure la desorientación espacial, a diferencia de lo que ocurre en el tipo común del alzhéimer. Entonces, ¿cuáles son los síntomas lingüísticos específicos de la forma logopénica de la afasia progresiva? En la práctica, esa sintomatología es bastante tenue, ya que la mayor parte de las personas que sufren esta variante del alzhéimer explican que tienen dificultades para «encontrar las palabras» que necesitan. Esto recuerda mucho a lo que sucede en la forma habitual del alzhéimer, ¿verdad? No olvide que en la primera parte de este libro Alois Alzheimer ya trataba de ahondar en los problemas de vocabulario de la señora Deter. No obstante, los pacientes con afasia primaria, logopénica y progresiva también refieren hallarse en idénticos aprietos, pero hay que tener en cuenta que, en su caso, no se trata de que no logren recordar los vocablos (de hecho, la memoria de estos enfermos suele permanecer intacta, al menos, en las fases iniciales de la dolencia). Lo que están señalando estas personas es más bien que no pueden pronunciar en voz alta la palabra que quieren usar, pese a que se acuerden de ella y sepan lo que significa.

El hecho de que la gente que padece la forma logopénica de la afasia progresiva primaria retenga el sentido de las palabras también nos permite distinguir su situación de la de quienes sufren otras afasias progresivas primarias —en este caso, sin conexión con el mal de Alzheimer—, como la variante semántica de la afasia progresiva primaria (también conocida con el nombre de demencia semántica), que en realidad es una forma de demencia frontotemporal. Ya hemos visto que los individuos afectados por la variante logopénica de la afasia progresiva primaria tienen dificultades para pronunciar las palabras de viva voz, pese a conocer el significado de las mismas. En cambio, lo habitual es que las personas que padecen la variante semántica de esta afasia progresiva sepan decir los términos en alto, pero sin saber ya lo que estos denotan.

Para poner de manifiesto esta diferencia, los facultativos clínicos suelen pedir a estos pacientes que repitan vocablos complejos y polisílabos, para solicitar a continuación que indiquen su significado. Entra dentro de lo posible que a una persona con la variante logopénica de la afasia progresiva le resulte complicado pronunciar un término de muchas sílabas, como, por ejemplo, «estetoscopio» o «hidrodinámico», pero desde luego conocen la significación de estas palabras. A los sujetos que tienen la forma semántica de la afasia progresiva primaria les sucede lo contrario, ya que consiguen repetir «estetoscopio» o «hidrodinámico», pero no saben a qué remiten esas voces. Otra de las pruebas consiste en pedirle a los enfermos que repitan una oración complicada o que sigan una orden de actuación que implica una larga sucesión de pasos. Idealmente, la frase o el mandato deberían contener una proposición principal y otra subordinada, ya que eso añade presión a nuestras funciones lingüísticas. Por ejemplo, el médico puede pedirle a una persona que diga la siguiente frase: «Coge el papel después de haber tocado la mesa». La repetición de una oración tan sencilla como esta plantea dificultades bastante importantes a los individuos que padecen la variante logopénica de la afasia primaria. Y lo que es más importante, los pacientes tendrán que hacer grandes esfuerzos para realizar las acciones solicitadas en el orden adecuado.

Los familiares del enfermo quedan asombrados al comprobar que su ser querido encuentra todos estos problemas para efectuar la acción pedida y hacerlo además en la secuencia correcta. A fin de cuentas, si el papel se encuentra frente al sujeto de la prueba, parece verdaderamente sencillísimo «coger el papel después de haber tocado la mesa». Sin embargo, para alguien que haya desarrollado la variante logopénica de la afasia primaria, la estructura de la oración se revela extremadamente confusa, ya que debe tener presente en la memoria que ha de tocar la mesa antes de hacerse con el folio en cuestión. La mayor parte de los pacientes recogen primero el papel, pero también hay otros que palpan la mesa con una mano mientras enganchan la hoja con la otra, todo al mismo tiempo. Muchas veces, tras ejecutar incorrectamente la acción, llegan incluso a preguntar: «¿Puede repetirme cuál era el orden correcto?». Lo relevante es comprender que no solo olvidan las instrucciones, sino que también encuentran problemático entender la frase en sí.

¿Qué sucede en el cerebro cuando se manifiestan estos síntomas? Sabemos ya que la causa de la variante logopénica de la afasia progresiva primaria reside en las mismas proteínas amiloide y tau que dan lugar a la enfermedad de Alzheimer. No obstante, también hemos aprendido que la zona del cerebro en la que se acumulen el amiloide y la tau es decisiva —sobre todo, si queremos comprender a qué obedece la sintomatología—. En el caso de la variante logopénica de la afasia progresiva primaria, el amiloide y la tau se depositan en una región cerebral a la que damos el nombre de «unión temporoparietal». Es una zona de intersección de dos regiones cerebrales: el córtex temporal y el córtex parietal.

Ya hemos topado antes, en previos apartados del presente libro, con dichas áreas. El córtex temporal es una amplia región del cerebro y comprende el lóbulo temporal medial —que es justamente el punto en el que se inicia la forma común del alzhéimer—. En la variante logopénica de la afasia progresiva primaria, el amiloide y la tau se acumulan precisamente en la zona de confluencia entre lóbulo temporal y el córtex parietal. Como recordaremos, al exponer el funcionamiento de la visión, ya destacábamos la importancia que tiene el córtex parietal en la integración de los sentidos, entre ellos, los de la vista, el oído y las sensaciones somáticas. Sin embargo, en la variante logopénica de la afasia progresiva primaria la patología no incide en la vista, sino en la parte auditiva que se encarga de procesar el lenguaje.

La unión temporoparietal desempeña un papel crítico en el habla, ya que forma parte de lo que ha dado en llamarse el «bucle fonológico».

¿Qué es el bucle fonológico?

Hay veces en que, al leer una frase, la oímos con nuestra «voz interior». No pronunciamos las palabras en voz alta, pero podemos «escucharlas» con toda claridad en el interior del cerebro. Así opera el bucle fonológico, con ese «oído» y esa «voz» internos. Si queremos estar al tanto de todo aquello que se dice o lee es preciso poner en marcha el bucle fonológico. Si careciéramos de esa memoria lingüística de trabajo a corto plazo nos resultaría imposible seguir una conversación y perderíamos el hilo de cualquier lectura, ya que olvidaríamos lo que acababa de decirse o lo que estuviéramos leyendo. La memoria lingüística a corto plazo es muy distinta del sistema que se encarga de los recuerdos episódicos y recaba y retiene la información relativa a los sucesos o los espacios. La total desigualdad de ambas funciones memorísticas es también lo que determina que se hallen situadas en dos regiones cerebrales diferentes. Como sabemos, el lóbulo temporal medial cumple funciones relevantes en materia de memoria episódica, mientras que en el caso del bucle fonológico el elemento crucial es la unión entre los córtex temporal y parietal. Para pronunciar palabras de cierta longitud o comprender oraciones complejas, hay que tener intacto el bucle fonológico.

Los términos polisílabos, por ejemplo, nos obligan a retener en la «mente» sus diversos componentes antes de decirlos en voz alta. Evidentemente, quien no tiene problema alguno con su bucle fonológico ni siquiera es consciente del operar de esta suerte de ensayo general de la información que maneja. Sin embargo, tan pronto como la enfermedad de Alzheimer comienza a afectar a las regiones del cerebro que intervienen en el funcionamiento del bucle fonológico, la persona se las verá y deseará para lidiar con el vocabulario de varias sílabas. Las deficiencias funcionales del bucle fonológico se vuelven tanto más patentes cuanto más complejas sean las frases y más cláusulas subordinadas contengan, dado que este es el tipo de oraciones que requieren retener la información —como puede suceder, por ejemplo, para saber «quién hace una determinada acción y quién realiza otra»—. Pongamos un ejemplo: la instrucción «coger el papel después de haber tocado la mesa» exige memorizar el doble hecho de que primero ha de tocarse la mesa y de que solo después puede recogerse el trozo de papel. Quizá nos parezca una recomendación banal, pero este tipo de situaciones pueden tener implicaciones muy significativas si se trata de normas de seguridad, como ocurre con advertencias como la siguiente: «No desconecte la tubería del gas sin haber cerrado antes la llave de paso».

Además de los síntomas propios del bucle fonológico, es también frecuente que las personas que padecen la variante logopénica de la afasia progresiva primaria pronuncien de forma ligeramente defectuosa las palabras de una misma frase. Constatamos aquí, una vez más, la importancia del bucle fonológico en el correcto «ensamblaje» de los términos que componen las oraciones. Por consiguiente, si el bucle fonológico comienza a fallar, el paciente tendrá grandes dificultades para enlazar las frases y quizá hasta las sílabas. No obstante, puede resultar muy complicado detectar estos cambios lingüísticos en las conversaciones cotidianas, ya que, de cuando en cuando, todos pronunciamos mal las palabras o empleamos un vocablo equivocado que no corresponde adecuadamente al contexto. Esto significa que no debemos preocuparnos si nos suceden estos percances de tanto en tanto. Ahora bien, si el contratiempo se transformara en una circunstancia repetida con regularidad, sería aconsejable acudir al médico y exponerle los síntomas a fin de obtener una valoración profesional.

Tal y como ocurría en el caso de las personas que sufren una atrofia cortical posterior, que muchas veces acuden a un óptico, como primera medida, la gente con la variante logopénica de la afasia progresiva primaria suele ser enviada inicialmente a un logopeda. Este profesional es quien está capacitado para determinar si los cambios en la comunicación lingüística del paciente se deben o no a un déficit del bucle fonológico.

En resumen, la variante logopénica de la afasia progresiva primaria ha de ser considerada un tipo de alzhéimer vinculado con el lenguaje, pues sus principales síntomas guardan básicamente relación con las dificultades en la comunicación verbal, no con los problemas de memoria. Llegados a este punto, podemos decir que ya hemos cubierto casi todas las formas raras de la enfermedad de Alzheimer. Solo una ha quedado en el tintero: el síndrome corticobasal.

39

Síndrome corticobasal

He optado deliberadamente por dejar para el final el análisis del síndrome corticobasal. El motivo principal que me ha llevado a tomar esta decisión es que, de todas las formas raras de alzhéimer, esta es precisamente la más desconocida, aunque también ha pesado en mi resolución el hecho de que el síndrome corticobasal pueda enmascarar otras muchas enfermedades, ya que, en ocasiones, sus síntomas se superponen a los de otros trastornos. De hecho, estrictamente hablando, el síndrome corticobasal no pertenece al grupo del alzhéimer. Sin embargo, sus causas guardan relación con ciertos elementos de la fisiopatología del alzhéimer, aunque los cambios fisiopatológicos cubran la expresión de otras enfermedades neurodegenerativas. Bienvenidos a las «procelosas aguas» de la degeneración corticobasal.

¿Qué es el síndrome corticobasal?

Esta pregunta aparentemente sencilla tiene, de hecho, muy difícil respuesta. Como indica su misma denominación, esta patología es un síndrome. Un síndrome es un conjunto de síntomas cuya presentación suele darse simultáneamente (en este sentido, la demencia es un síndrome). Ahora bien, como estos síntomas pueden deberse a distintas enfermedades, resulta complicado determinar cuál de ellas es la que los está causando. Me pregunto si, a estas alturas, el lector no habrá quedado desconcertado. En tal caso, no se preocupe: no es el único. En esencia, el síndrome corticobasal puede deberse a varios tipos de demencia diferentes, entre los que cabe incluir la enfermedad de Alzheimer, la demencia frontotemporal y la parálisis supranuclear progresiva.

Una vez aclarada la significación de «síndrome», pasemos a la parte «corticobasal» de la patología que describimos en este capítulo. Este término hace referencia a las partes del cerebro en las que se manifiesta el conjunto de síntomas que constituyen el síndrome. Dos son las regiones cerebrales en cuestión: el córtex (de ahí el término «cortico-» de «corticobasal») y los ganglios basales (de donde procede la parte «-basal» de la palabra), que se sitúan en las regiones más profundas del cerebro. Más adelante volveremos a ocuparnos de las funciones que realizan estas regiones encefálicas y estudiaremos cómo podría contribuir su deterioro a la aparición del cuadro sintomático. No obstante, lo primero que hemos de hacer es conocer los síntomas propios de la degeneración corticobasal, pues son ellos los que definen el síndrome.

¿Cuáles son esos síntomas?

En su mayor parte, los síntomas del síndrome corticobasal tienen que ver con problemas relacionados con los movimientos musculoesqueléticos y podrían ser similares a los que se encuentran en otro desorden de la motilidad: la enfermedad de Parkinson. De hecho, es frecuente decir que se trata de síntomas «parkinsonianos», lo que significa que se parecen bastante a los característicos de la enfermedad de Parkinson. De entre esos síntomas parkinsonianos cabe destacar los siguientes: el ralentizamiento de los gestos, según un fenómeno que recibe el nombre de «bradicinesia» —del griego clásico βραδύς (*bradys*), que significa «lento», y κίνησις (*kinesis*), «movimiento»—; el agarrotamiento de los músculos (razón por la que los clínicos hablan de «rigidez»), y una sucesión de pequeñas sacudidas involuntarias de las extremidades (el conocido signo médico de los «temblores»). Además de estos síntomas parkinsonianos, el síndrome corticobasal también presenta otras señales más específicas, tales como la apraxia de las extremidades o rigidez asimétrica de las mismas.

La apraxia de las extremidades (voz de raíz griega, formada por la partícula privativa ἀ-, que denota negación, como sabemos; y πραξία, que indica «acción») alude a la incapacidad de realizar gestos o movimientos intencionales. Muchas veces se constata que la apraxia de las extremidades es más pronunciada en un miembro que en otro o en ambos miembros de un mismo lado del cuerpo. En sus primeras fases, la sintomatología de la apraxia de las extremidades puede ser bastante tenue y, de hecho, es frecuente que únicamente se revele al efectuar acciones que exijan la realización de movimientos complejos y una buena coordinación —como ocurre, por ejemplo, al vestirnos—. Al ponerse la ropa, las personas que padecen el síndrome corticobasal encuentran habitualmente dificultades para introducir los brazos en las mangas y las piernas en las perneras del pantalón. Para casi todo el mundo, el hecho de vestirse no parece precisar más que una coordinación muy elemental, pero olvidamos, sin embargo, que es de hecho una acción que necesita mucha coordinación, máxime en el caso de los movimientos más minuciosos, como los que efectuamos para introducir las manos en las mangas. Los pacientes afectados por la apraxia de las extremidades encuentran extremadamente complicado el conjunto de gestos que conlleva ponerse la ropa, así que la aparición de problemas al vestirse puede ser un síntoma típico del síndrome corticobasal. La región del cerebro sobre la que recae de manera muy particular la responsabilidad de los síntomas de esta apraxia es el córtex parietal.

Ya hemos tenido ocasión de hablar del córtex parietal en los capítulos anteriores, al interesarnos por dos formas infrecuentes de alzhéimer: la atrofia cortical posterior y la variante logopénica de la afasia progresiva primaria. Sabemos asimismo que el córtex parietal es importante para el buen funcionamiento de nuestros sentidos, ya que interviene en la atención visual (alterada en la atrofia cortical posterior) o en el bucle fonológico (en el caso de la variante logopénica de la afasia progresiva primaria). Sin embargo, otra de las operaciones relevantes que corren a cargo del córtex parietal es la de conectar entre sí las distintas regiones cerebrales que guardan relación con el movimiento y las sensaciones corporales internas.

Es sumamente importante asociar lo que vemos con lo que hacemos: basta pensar en todos los movimientos que es preciso coordinar para realizar el sencillo gesto de coger un vaso de agua. Si el circuito visual no indicara al sistema motor hasta dónde hay que estirar la mano, resultaría difícil coger el objeto en cuestión. De no ocurrir así, hay dos resultados probables: bien calculamos una distancia excesiva y terminamos por volcar el vaso, bien el gesto se nos queda corto e intentamos asir un espacio vacío. Por otro lado, con los datos que obtienen cada vez que tocamos algo, las zonas del cerebro vinculadas con el movimiento nutren constantemente de información a los sistemas de la vista y el tacto. Esta retroalimentación determina que ambos sistemas se hallen en constante interacción y que se mantengan al tanto de la localización de las diferentes partes del organismo.

La región parietal del cerebro permite el flujo ininterrumpido de la información relativa al movimiento y a los sentidos. Es verdad que no somos conscientes de estos procesos, pero son cruciales en nuestra vida cotidiana. La apraxia de las extremidades es un ejemplo clásico de lo que sucede cuando el lóbulo parietal deja de funcionar adecuadamente. Por consiguiente, no debería sorprendernos que las personas con apraxia de las extremidades tengan dificultades para coordinar sus movimientos, dado que el déficit operativo del córtex parietal impide el normal desarrollo del bucle de realimentación que corre a cargo de esa región cerebral. No es por tanto extraño que, de repente, la persona encuentre difícil ponerse la ropa.

El lóbulo parietal transmite al sistema neuromuscular la información que le llega de los sentidos. La pérdida de una parte de esta retroalimentación sensorial puede generar el segundo signo específico del síndrome corticobasal: la rigidez de las extremidades. Esto es lo que ocurre: si el reenvío de la información que proporcionan los sentidos —como, por ejemplo, el del tacto— no es correcta, puede suceder que los músculos no se relajen de manera apropiada y adquieran una cierta rigidez. Es habitual que los médicos valoren el grado de dicha rigidez pidiendo a los pacientes que relajen los brazos y procediendo a continuación a movérselos pasivamente. Si dejamos caer los brazos con la mayor flacidez posible, el médico podrá zarandearlos de lado a lado sin el menor problema, mientras que, por el contrario, si existe rigidez en las extremidades, el facultativo notará que los músculos de la persona afectada ofrecen una cierta resistencia al movimiento.

Otra característica relevante del síndrome corticobasal radica en el hecho de que la rigidez en cuestión afecta únicamente a una extremidad o a las dos extremidades de un mismo lado del cuerpo. La explicación es clara, ya que, en las primeras fases del síndrome corticobasal, la afectación incide exclusivamente en uno de los costados del córtex parietal. En ocasiones, los déficits sensoriales de este síndrome también pueden afectar a la capacidad táctil del individuo, lo que reduce la sensibilidad de sus extremidades —en los dedos de las manos o los pies, por ejemplo—. Las deficiencias sensoriales pueden variar enormemente de una persona a otra. En realidad, el síndrome corticobasal también afecta a los ganglios basales, situados en una zona muy profunda del cerebro. No obstante, dado que los ganglios basales son complejos, será mejor atenerse a unos cuantos conceptos clave.

La primera noción fundamental que se hace necesario entender es la siguiente: muchas veces los ganglios basales actúan como relés o transmisores de la interacción entre las regiones profunda y superficial del cerebro. Si se deterioran o trabajan de manera imperfecta, pueden dar origen a todo tipo de problemas. Imagínese, por ejemplo, que el distribuidor de la bomba encargada de inyectar carburante en el motor de su vehículo tuviera un fallo. El coche seguiría andando, pero «ratearía», y la carburación no se realizaría de forma óptima. Lo mismo ocurre en el cerebro. Pese a que las regiones de la superficie cerebral funcionen con normalidad, los cambios en los ganglios basales pueden determinar que la masa encefálica en su conjunto opere por debajo de sus niveles máximos.

El segundo concepto clave que es preciso comprender respecto de los ganglios basales radica en el hecho de que, pese a ser relativamente pequeños, conectan muchas de las zonas superficiales del cerebro (según un tipo de vínculo que se conoce con el nombre «relación de uno a varios»).* Por consiguiente, un bajón funcional de los ganglios basales puede incidir de manera muy sutil en muchas regiones distintas del cerebro. Y, a su vez, esto puede dar lugar a la aparición del amplio número de síntomas sutiles que atribuimos a los trastornos corticales. Sin embargo, la causa de todos esos problemas y síntomas reside *de facto* en la disfunción de los ganglios basales. Para comprender un poco mejor este complejo concepto voy a tratar de explicarlo mediante una analogía con una determinada red de aeropuertos. Imaginemos que los ganglios basales son una gran terminal aeroportuaria, como la del londinense Heathrow o el John F. Kennedy de Nueva York —cuyas instalaciones coordinan una gran cantidad de vuelos de conexión con otros aeropuertos—. Un día, el vasto aeródromo de nuestro ejemplo queda gravemente perturbado, digamos que por efecto de un apagón en una de sus dependencias. Como es obvio, la incidencia va a afectar al conjunto de los vuelos que llegan a la terminal o salen de ella rumbo a otros destinos. Por consiguiente, la interrupción del suministro eléctrico genera un efecto dominó que se deja sentir en los demás aeropuertos, lo que afecta negativamente a su funcionamiento, pese a que en ellos no haya habido sobresalto ni apagón. Comprobamos así que, debido a este efecto dominó, la disfunción de los ganglios basales puede provocar una amplia variedad de síntomas diferentes. Por lo tanto, las personas que padecen el síndrome corticobasal pueden presentar lo que llamamos una sintomatología en «mosaico».

Debo advertir al lector que no debe preocuparle que este capítulo sobre el síndrome corticobasal le parezca confuso, ya que su perplejidad es perfectamente comprensible. Hasta a los expertos en la materia les cuesta entender la complejidad de este síndrome y su constelación de síntomas. En consecuencia, nada tiene de ex-

* Se trata de una expresión de origen informático que desempeña un papel fundamental en el diseño de bases de datos. Alude a la conexión entre dos colecciones organizadas de informaciones y al hecho de que una única instancia de la primera tabla se halle relacionada con múltiples instancias de la segunda tabla. Un foro de consultas en internet podría ser un buen ejemplo, ya que una misma pregunta puede tener muchas respuestas. (*N. del t.*)

traño que el correcto diagnóstico del síndrome corticobasal se demore con frecuencia largo tiempo. Se trata simplemente de una dolencia muy difícil de distinguir de otras patologías. Es posible que los nuevos marcadores biológicos capaces de señalar la presencia de un alzhéimer acaben contribuyendo a la rápida obtención de un diagnóstico diferencial y que de ese modo la gente quede en condiciones de recibir el tratamiento adecuado. Por lo demás, baste recordar ahora que el síndrome corticobasal puede presentarse como un elemento concomitante con la enfermedad de Alzheimer, aunque sus efectos se dejen sentir principalmente en la realización de movimientos.

40

Una última consideración sobre las formas menos comunes de la enfermedad de Alzheimer

Antes de resumir los hallazgos efectuados en esta parte, vale la pena reiterar el hecho de que las variantes infrecuentes de la enfermedad de Alzheimer, a pesar del amplio abanico de síntomas diferentes que presentan y de las distintas formas en que se expresan, encuentran invariablemente su causa en la acumulación de amiloide y tau. Por consiguiente, y por mucho que los cuadros sintomáticos de estas manifestaciones raras puedan diferir grandemente unos de otros, lo cierto es que todos ellos obedecen en último término a la patología a la que hemos dedicado el libro —siendo la única excepción el síndrome corticobasal, cuyo origen sigue sometido a investigación.

A pesar de que todas estas formas raras se hallen subsumidas bajo el epígrafe general del mal de Alzheimer, lo que he podido constatar por mi experiencia profesional es que las personas que sufren alguna de esas formas inhabituales y sus familias suelen sentirse irritadas al comprobar que, debido a ese carácter insólito, los diagnósticos y tratamientos correctos tardan en producirse mucho más de lo normal. La principal razón reside, como digo, en la propia rareza de estas variantes, ya que eso implica que la detección y el adecuado diagnóstico de las mismas solo puede correr a cargo de especialistas —y, por desgracia, en los casos comunes, el contacto con esos facultativos puede retrasarse largo tiempo—. Otro motivo de frustración estriba en la circunstancia de que, aun después de obtener un diagnóstico, los mecanismos de apoyo que contribuyen a paliar los efectos de las formas raras están menos desarrollados que en la presentación común de la enfermedad de Alzheimer. Además, las personas que sufren estas variantes infrecuentes y sus familias también se sienten desplazadas en su contacto con otros pacientes y esto incluso en los grupos de ayuda para la demencia —pese a tratarse de espacios capaces de brindar una asistencia muy notable—, ya que tienen la impresión de ser los únicos en tener que enfrentarse a ese conjunto de síntomas y desafíos. Si están pasando por este trance, es importante que traten de localizar los denominados servicios de apoyo para «las demencias raras» o «de inicio temprano» a fin de entrar en comunicación con sus integrantes. Estos servicios de apoyo no solo incluyen a las personas que sufren alguna de las formas raras de alzhéimer, también respaldan a los pacientes afectados por otras variantes poco comunes de demencia, como la frontotemporal, la que cursa con presencia de cuerpos de Lewy, la parálisis supranuclear progresiva, etcétera. Dada la frecuencia con la que se solapan los síntomas de las manifestaciones inhabituales de la demencia, la ayuda que proporcionan estos grupos de asistencia viene a añadirse a la que puedan prestar los servicios generales de auxilio a los individuos con demencia.

Por último, la escasez de conocimientos e información que planea sobre las expresiones más insólitas del alzhéimer pone de manifiesto la gran necesidad que tenemos de más y mejores investigaciones, ya que solo así alcanzaremos a entender bien estas variantes. Por desgracia, el grueso de los estudios médicos en este campo todavía sigue concentrándose en la forma común de la enfermedad de Alzheimer. Con todo, en el transcurso de los últimos años ha empezado a crecer la conciencia de que los pacientes que sufren alguna de las expresiones menos frecuentes de nuestra patología (así como sus familiares) merecen mejor información y mayor apoyo.

Resumen de la quinta parte

En esta parte de la obra hemos examinado los elementos que siguen:

- Pese a que la mayor parte de las personas que padecen alzhéimer presenten los habituales síntomas de esta dolencia, como la pérdida de memoria y la desorientación, lo cierto es que se trata de una enfermedad que se expresa de distintas maneras.
- Es frecuente que los individuos aquejados de la variante frontal del mal de Alzheimer muestren cambios de conducta y vean alterada su capacidad de tomar decisiones —exhibiendo, por ejemplo, un comportamiento más desinhibido e incluso temerario—. La posibilidad contraria, que también se da, es que caigan en la apatía y muestren muy escasas motivación e iniciativa.
- Del mismo modo, la variante frontal del alzhéimer dificulta la facultad de ordenar adecuadamente la información y por eso dan muchas veces la impresión de pensar, hablar y actuar de manera embarullada.
- La atrofia cortical posterior es una forma rara de alzhéimer cuyas manifestaciones no consisten tanto en los conocidos déficits de memoria como en la aparición de disfunciones visuales.
- Por ello, la atrofia cortical posterior puede considerarse una «forma visual» del mal de Alzheimer, ya que lo común es que los pacientes tengan dificultades para ver los objetos, lo que determina que tropiecen con los muebles o que golpeen el coche contra algún obstáculo, pongo por caso.
- Otro de los síntomas frecuentes es la omisión visual, una afección que hace que la gente perciba únicamente una parte del campo visual.
- Por su parte, la variante logopénica de la afasia progresiva primaria es la forma «lingüística» del mal de Alzheimer. Las personas que la sufren suelen encontrar problemático pronunciar palabras polisílabas en voz alta o seguir instruccio-

nes complejas. Los afectados siguen teniendo conciencia de lo que quieren decir, pero les cuesta mucho «encontrar los términos apropiados». Esto se debe a la aparición de cambios en el bucle fonológico.

- En sentido estricto, el síndrome corticobasal no es una forma de alzhéimer, pero el cuadro fisiopatológico que presenta se solapa con los síntomas habituales del mal de Alzheimer.
- Los sujetos que padecen un síndrome corticobasal encuentran difícil realizar y coordinar movimientos, como, por ejemplo, los que se precisan para vestirse correctamente.
- La gente que presenta esta forma de demencia puede mostrar lo que llamamos un «mosaico» de síntomas. La causa hay que buscarla en el hecho de que los ganglios basales son los elementos encargados de conectar entre sí las distintas partes del cerebro.
- Es urgente comprender más a fondo estas formas patológicas raras, ya que solo así podremos mejorar el diagnóstico y los tratamientos.

Agradecimientos

Bueno, ya está, querido lector: ya ha alcanzado el tramo final del libro. Espero de todo corazón que le haya servido para hacerse una idea mejor de la historia y los fundamentos científicos de la enfermedad de Alzheimer.

Llegados a este punto, y con un poquito de suerte y no poco esfuerzo, lo más probable es que haya conseguido comprender usted a qué se deben los característicos síntomas de ausencia de memoria y desorientación que se producen en el transcurso de esta dolencia. Habrá asistido a la importante contribución de Alois Alzheimer y Auguste Deter (junto con el olvidado Oskar Fischer), ya que gracias a ellos pudo descubrirse la raíz de la patología. Habrá visto asimismo que el péptido amiloide y la proteína tau no solo provocan los cambios cerebrales que acaban por desencadenar el mal que aquí nos ha ocupado, sino que también determinan los actuales enfoques terapéuticos de este padecimiento. Habrá comprobado igualmente que la genética y las decisiones relacionadas con el estilo de vida influyen en el riesgo de desarrollar un alzhéimer con el paso del tiempo. Y, por último, habrá cobrado conciencia de que las formas infrecuentes del mal de Alzheimer manifiestan síntomas diferentes, siempre en función de los puntos concretos en que se acumulen el amiloide y la tau.

Si por fin conoce las respuestas a todos estos extremos, le felicito: ¡ya puede usted considerarse una persona oficialmente «empollada» en el campo de las informaciones científicas vinculadas con el alzhéimer!

Me encantaría saber que ha disfrutado usted con la travesía de estas páginas y que le ha complacido tanto como a mí mismo. Quiero pensar que este ensayo le ha hecho conocer mejor esta dolencia. A fin de cuentas, el conocimiento es poder, así que, habiendo encontrado esta nueva fuente de influencia, me permito abrigar la esperanza de que sepa usted aplicar ese conocimiento a los mejores fines.

Desearía agradecer la ayuda que me han brindado las numerosísimas personas que han hecho posible la presente obra. En primer lugar, debo gratitud a mi familia, cuyos miembros han tenido que soportar los momentos en que me he tenido que encerrar para redactar el texto, ya fuera en fin de semana, a última hora de la tarde o durante las vacaciones —fue esa paciencia lo que me permitió avanzar y mantener el ritmo—. También debo mencionar a todas las personas que me han apoyado ofreciéndome una opinión razonada sobre las versiones iniciales del libro. Entre esos colaboradores figuran simples individuos legos en medicina, cuidadores de pacientes aquejados de una demencia y personas que estaban experimentando en carne propia las primeras transformaciones cognitivas. Debo especial agradecimiento a Neil Foley, Joyce Hopwood, Willy Gilder y Cerilynne Higgins, cuyos magníficos comentarios y su labor en todo lo relacionado con el libro me han aportado mucha luz. Finalmente, es de rigor reconocer que no habría podido elaborar este ensayo sin la literatura médica anterior. El volumen de estudios y obras científicas disponible supera indudablemente la posibilidad de toda mención pormenorizada, pero sí quisiera resaltar los trabajos de los profesores Konrad y Ulrike Maurer, que han publicado un gran número de escritos centrados en la biografía de Alois Alzheimer. Me he apoyado mucho en sus monografías. Del mismo modo, quisiera dar igualmente las gracias al profesor Michel Goedert, cuyo texto sobre Oskar Fischer me hizo cobrar conciencia de la «subestimada» figura de este neuropsiquiatra checo, cuya labor fue decisiva en el descubrimiento de la dolencia. Quedo muy agradecido por ello.

Debo asimismo gratitud a Canbury Press, la editorial que me ha permitido sacar a la luz este libro. Entre su personal, Martin Hickman y Gaby Monteiro merecen un reconocimiento especial por la perspicacia con la que acertaron a comentar los aspectos esenciales de mis sucesivos borradores.

Recursos adicionales

- Fundación Alzheimer España (ALZFAE): alzfae.org/el-alzheimer.
- Alzheimers.gov: alzheimers.gov/es/alzheimer-demencias/enfermedad-alzheimer.
- Fundación Pasqual Maragall: fpmaragall.org/.
- La Confederación Española de Alzheimer y otras demencias (CEAFA): www.ceafa.es/es.
- Ministerio de Sanidad: sanidad.gob.es/areas/calidadAsistencial/estrategias/enfermedadesNeurodegenerativas/home.html.

Índice de contenidos

Prólogo 19

PRIMERA PARTE
ALOIS Y AUGUSTE (CON UNA PIZCA DE OSKAR)

1. Las ideas del doctor Hoffmann 21
2. La señora Deter 29
3. Alois Alzheimer 41
4. A Múnich por Heidelberg 49
5. El año de 1906. 51
6. Las consecuencias de lo ocurrido en Tubinga 57
7. La enfermedad de Fischer 61
8. El legado del doctor Alzheimer 67

Resumen de la primera parte 69

SEGUNDA PARTE
MEMORIA Y ESPACIO

9. «No eres mi tipo» 77
10. El arte de recordar 83
11. Unas cuantas técnicas de memorización «secretas» . . 89

12. «¡Atención!» 97
13. «Que entre el caballito de mar» 101
14. Codificación, almacenamiento y recuperación 107
15. «Todo es cuestión de acceso» 111
16. La imaginaria señora A 117
17. La desorientación espacial 129
18. «Perdidos en el espacio» 135
Resumen de la segunda parte 141

Tercera parte
Amiloide y tau: dos macromoléculas clave

19. ¡Dichosas proteínas! 147
20. El material amiloide 151
21. La formación del beta amiloide 155
22. «Localización, localización, localización... y en el momento justo» 161
23. La proteína tau 163
24. «Pero ¿quién narices ha pedido todo ese fosfato?» 169
25. La acumulación de tau entendida como «infección» 173
26. El «afloramiento» de la enfermedad 177
27. La tecnología de los marcadores biológicos 183
28. Enfoques terapéuticos susceptibles de contrarrestar el exceso de amiloide 191
29. Perspectivas de tratamiento de los depósitos de proteína tau 201
Resumen de la tercera parte 206

Cuarta parte
Genética y estilo de vida

30. El abecé de la genética 217
31. La enfermedad de Alzheimer como dolencia familiar 223

32. Los factores de riesgo genético susceptibles de «modificación» . . . 233
33. Un apunte sobre el examen genético . . . 241
34. Factores no modificables vinculados con el estilo de vida . . . 245
35. Factores modificables relacionados con el estilo de vida . . . 253
Resumen de la cuarta parte . . . 279

Quinta parte
Formas infrecuentes de la enfermedad de Alzheimer

36. La variante frontal de la enfermedad de Alzheimer . . 289
37. La atrofia cortical posterior . . . 297
38. Variante logopénica de la afasia progresiva primaria . . 305
39. Síndrome corticobasal . . . 313
40. Una última consideración sobre las formas menos comunes de la enfermedad de Alzheimer . . . 321
Resumen de la quinta parte . . . 323

Agradecimientos . . . 325
Recursos adicionales . . . 329